畅销升级版

理想·宅◎编

·北京·

内容简介

本书对常见的100多种室内建材进行了分类，根据使用位置不同，分成了顶面材料、墙面材料、地面材料、卫浴材料和厨房材料。本书对每一种材料的特性、价格、规格等做了详细的讲解，同时加入材料的挑选、保养和施工等实用内容，帮助读者更全面地认识材料。

本书是一本图文并茂的装修建材工具书，既可作为室内装饰专业人员的案头参考书，也可供广大装修业主使用。

图书在版编目（CIP）数据

装修建材速查图典：畅销升级版/理想·宅编. —北京：化学工业出版社，2021.10（2023.11重印）

ISBN 978-7-122-39657-0

Ⅰ.①装… Ⅱ.①理… Ⅲ.①装修材料-图集 Ⅳ.①TU56-64

中国版本图书馆CIP数据核字（2021）第152567号

责任编辑：王　斌　邹　宁　　　文字编辑：冯国庆

责任校对：张雨彤　　　装帧设计：王晓宇

出版发行：化学工业出版社（北京市东城区青年湖南街13号　邮政编码100011）

印　　装：北京宝隆世纪印刷有限公司

710mm×1000mm　1/16　印张18½　字数370千字　2023年11月北京第1版第2次印刷

购书咨询：010-64518888　　　售后服务：010-64518899

网　　址：http://www.cip.com.cn

凡购买本书，如有缺损质量问题，本社销售中心负责调换。

定　　价：98.00元

前　言

FOREWORD

建材在市场上品种繁多、性能各异，用途广泛，随着高新技术在材料制造中的巧妙运用，材料更新换代迅速，新型建材不断涌现，建材已经成为大众心中“熟悉的陌生人”。因此，我们编写了这本书，希望能够帮助读者能以较轻松的方式去认识建材、了解建材。

《装修建材速查图典》汇集了 100 多种材料，将地面、顶面、墙面常用的、新型的材料以速查表的形式附加材料图片将其一一排列，并在每个图片上方附带页码，做到真正的快捷便利，每一种材料都附带详细的说明，从环保、挑选、对比、购买、使用寿命、施工、应用、保养等进行“一站式”的介绍。将材料的特征以非常细致化的形式进行讲解，让读者更深入地了解每种材料的性能。

《装修建材速查图典》自 2014 年出版以来，销售数万册，受到众多读者好评。为了能给读者提供更好的阅读体验，我们对该书进行了补充与调整，一方面对过时、老旧的图片进行了更换，替换为国内外新近设计案例的实景图；另一方面，补充了一部分室内装修常用的建材，并收集了国内正在兴起的新型建材。除此之外，对于书中涉及的国家标准规范进行了修改和补充。

由于编者水平有限，书中不足之处在所难免，希望广大读者批评指正。

编者

CONTENTS

目 录

第一章 顶面材料汇总 001

第二章 墙面材料汇总 019

漆及涂料

玻璃

壁纸

墙面装饰

第三章 地面材料汇总 139

地板

第五章 卫浴材料汇总 227

墙地通用材料

洁具及五金

第六章 门窗材料汇总 259

门

门配件

窗

装饰窗

室内装饰材料速查表

100 种常用材料缩略速查

纸面石膏板 P002

硅酸钙板 P004

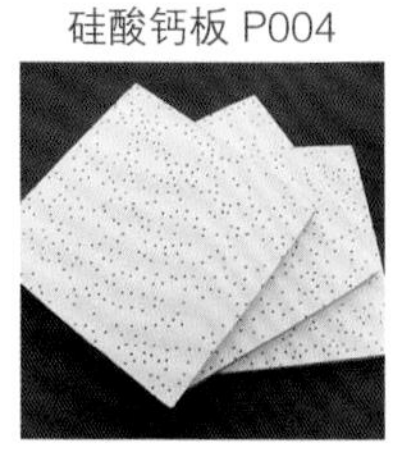

吸音板 P006

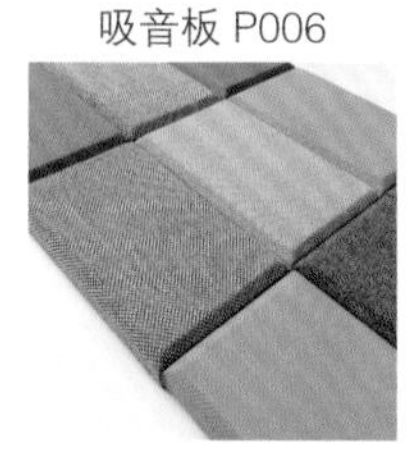

胶合板 P008

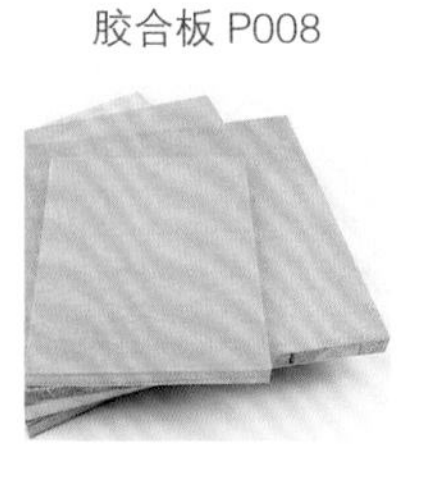

PVC 扣板 P009

铝扣板 P010

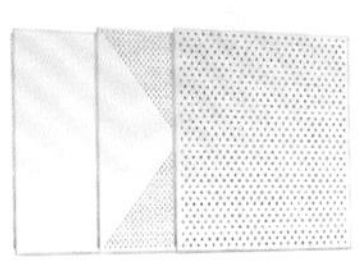

装饰线 P013

灯具 P015

木纹饰面板 P020

模压板 P024

细木工板 P026

欧松板 P030

澳松板 P032

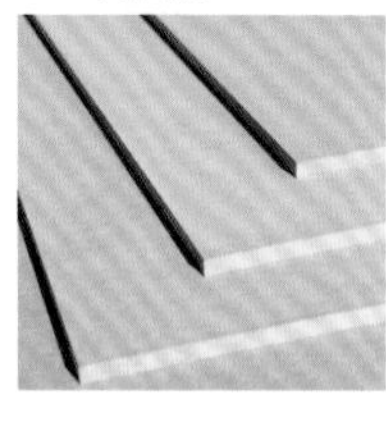

防火板 P034

生态树脂板 P037

免漆板 P038

椰壳板 P040

UV 板 P042

水泥板 P044

玻璃纤维增强石膏板 P046

仿石材砖 P048

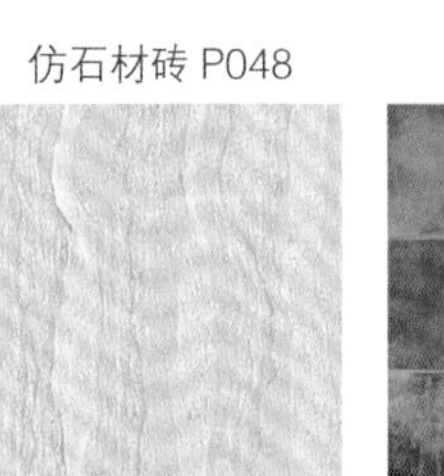

仿古砖 P050

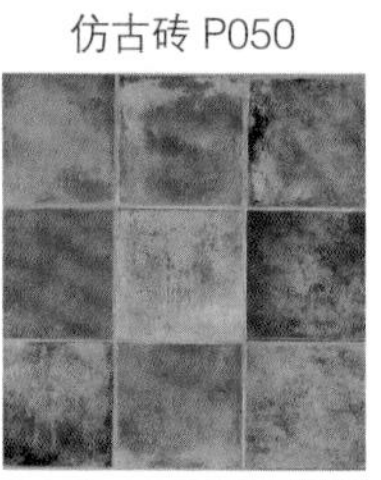

马赛克 P054

金属砖 P062

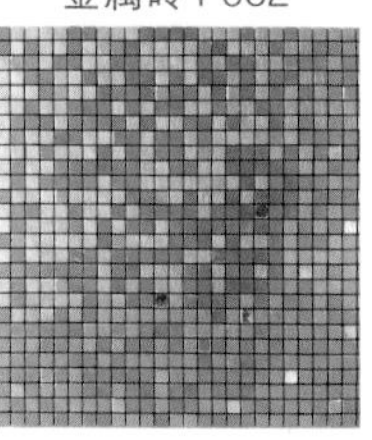

文化石 P066

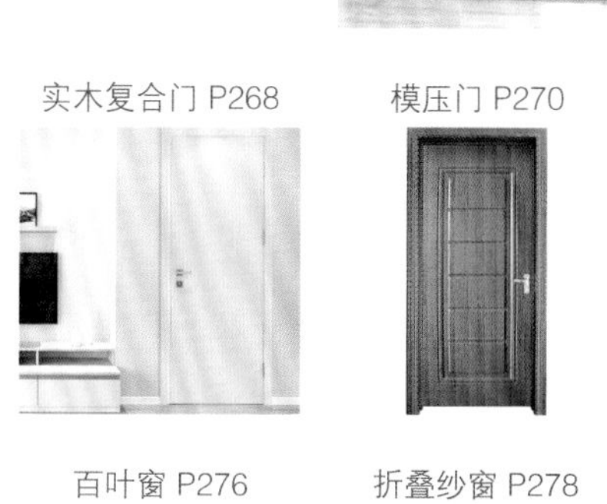

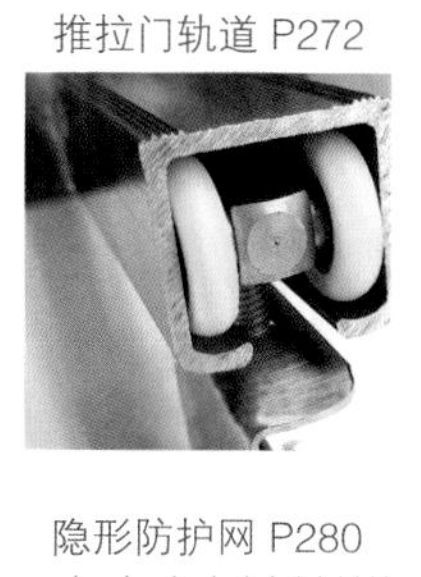

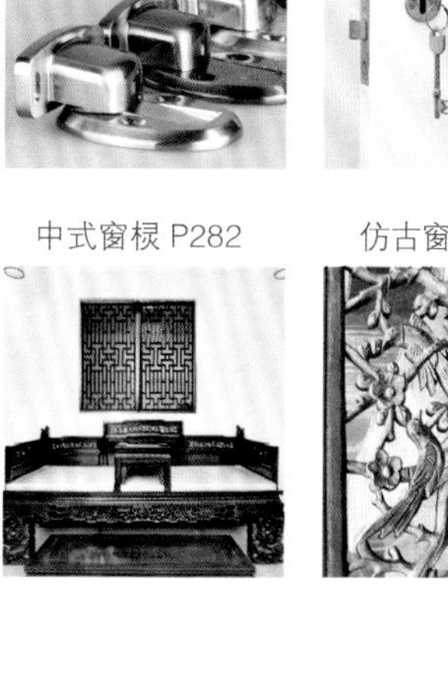

第一章

顶面材料汇总

板材与其他

顶面设计常常被人们忽略，

恰当的顶面造型设计能够提升空间档次。

好的造型需要依靠材料才能够实现，

选择合适材料的前提是要了解材料，

本章对顶面材料进行了汇总，

帮助读者更好地学习、认识顶面材料。

板材·纸面石膏板

保温隔热、易加工

纸面石膏板是以建筑石膏和护面纸为主要原料，掺加适量纤维、淀粉、促凝剂、发泡剂和水等，制成的轻质建筑薄板。它具有轻质、防火、加工性能良好等优点，而且施工方便、装饰效果好。除了用于顶面，还可用来制作非承重的隔墙。

纸面石膏板详情速览

分类		应用场所	适用	规格	价格
平面		适合用于干燥环境中吊顶以及墙面造型、隔墙的制作	适用于各种风格的室内环境中	长 2400 毫米、宽 1200 毫米、厚 9.5 毫米	40~105 元 / 张
浮雕		干燥环境中吊顶、墙面造型、隔墙的制作	适用于欧式或中式风格的室内环境中	根据具体情况定制加工	85~135 元 / 张
防水		适合用在厨房以及卫浴间等潮湿环境中吊顶及隔墙的制作	适用于各种风格的室内环境中	长 2400 毫米、宽 1200 毫米、厚 9.5 毫米	55~105 元 / 张
穿孔		主要用于干燥环境中吊顶造型的制作	适用于各种风格的室内环境中	长 2400 毫米、宽 1200 毫米、厚 9.5 毫米	40~105 元 / 张

注：表内价格仅供参考，请以市场价为准。

防火、质轻，绿色环保

石膏板芯的部分是石膏，遇火后会释放化合水从而吸收大量的热气，延迟周围环境温度的升高，进而起到阻燃的作用。

板材外层为纸面，是天然原料制品，因此不含有害物质，非常环保。

良好的装饰性、施工简单

纸面石膏板的表面平整，板块之间通过接缝处理可形成无缝对接，面层非常容易装饰，且面层可搭配使用的材料非常多样，例如乳胶漆、壁纸等。它能够代替木质线角来制作各种石膏装饰板的吊顶，使室内装饰天衣无缝，立体感强，整体性好。

室内作业施工简单，仅用壁纸刀就可以进行块面的切割，用它做装饰可以摆脱传统的湿作业法，大大地提高施工的效率，加工方便，可用钉、锯、刨、粘等方法施工。

▲家庭吊顶多数为纸面石膏板做主材

板材的施工及存放

施工：面层拼缝要留缝 3mm 的缝隙，且要双边坡口，不要垂直切口，这样可以为板材的伸缩留下余地，避免变形、开裂。

存放：搬运时宜两人竖抬，平抬可能会导致板材断裂。存放处要干燥、通风，避免阳光直射。存放的地面要平整，最下面一张与地面之间、每张之间最好添加至少 4 根 100 毫米高的垫条，平行放置，使板材之间保留一定距离。单板不要伸出垛外，可斜靠或悬空放置。如果需要在室外存放，需要注意防潮。

纸面石膏板的挑选

1. 看纸面。纸面的好坏直接决定着纸面石膏板的质量，优质纸面石膏板的纸面轻且薄，强度高，表面光滑，没有污渍，韧性好。劣质板材的纸面厚且重，强度差，表面可见污点，易碎裂。

2. 观察石膏芯。高纯度的石膏芯主料为纯石膏，而低质量石膏芯则含有很多有害物质，从外观看，好的石膏芯颜色发白，而劣质的发黄，颜色暗淡。

3. 检验纸面粘接。用壁纸刀在石膏板的表面画一个“X”，在交叉的地方撕开表面，优质的纸层不会脱离石膏芯，而劣质的纸层可以撕下来，使石膏芯暴露出来。

4. 称重量。相同大小的板材，优质的纸面石膏板通常比劣质的要轻。可以将小块的板材泡到水中进行检测，相同的时间里，最快掉落水底的板材质量最差，而高质量板材的则应该浮在水面上。

5. 查看检验报告。石膏板的检验报告有一些是委托检验，对于委托检验可以特别生产一批板材送去检验，并不能保证全部板材的质量都是合格的。而还有一种检验方式是抽样检验，是不定期地对产品进行抽样检测，有这种报告的产品质量更具保证。

板材·硅酸钙板

环保、防火、耐久

硅酸钙板是由硅质材料（如石英粉、粉煤灰、硅藻土等）、钙质材料（如石灰、电石泥、水泥等）、增强纤维、助剂等按照一定比例配合，经过一定的模压工序形成的一种新型无机建筑材料。其强度高、耐潮、重量轻，并有良好的可加工性和不燃性，不会产生有毒气体，被广泛地应用于吊顶、制造隔墙的家庭装饰工艺中。

硅酸钙板详情速览

分类		应用场所	适用	规格	价格
平面		可用于吊顶、隔墙的制作	较多用于公共空间的装修中，少用于家装	长 600 毫米、900 毫米、1200 毫米，宽 600 毫米、900 毫米、2400 毫米，厚 6~12 毫米	40~150 元 / 张
穿孔		可用于吊顶的制作	较多用于公共空间的装修中，少用于家装	长 600 毫米、900 毫米、1200 毫米，宽 600 毫米、900 毫米、2400 毫米，厚 6~12 毫米	40~150 元 / 张

注：表内价格仅供参考，请以市场价为准。

防火、声学性能好，环保

硅酸钙板是不燃 A1 级材料，发生火灾时，板材不会燃烧，也不会产生有毒的烟气，非常安全。硅酸钙板的热导率很低，有良好的隔热保温性能，同时具有很好的隔音能力。

硅酸钙板作为墙体材料，由于其轻质，有利于减少建筑物的负重；硅酸钙板的制造和回收不会损害环境。

▲硅酸钙板在家庭装修中多用作墙面装饰

优良的防水性能、强度高

硅酸钙板有良好的防水性能，在卫生间、浴室等高湿度的地方使用，仍能保持很高的稳定性，不会膨胀、变形。

6mm 厚的硅酸钙板，其强度要大大高于 9.5mm 厚的石膏板，由硅酸钙板构成的墙面不易受损破裂。

尺寸稳定、使用寿命长

硅酸钙板的胀缩率在加工时都控制在理想的范围内，不易因潮湿或干燥而发生变形。硅酸钙板性能稳定，耐酸碱、不易被腐蚀，也不会遭潮气或者虫蚁等损害，使用寿命比较长。

施工简便、快捷

硅酸钙板在室内装修中多用于隔墙以及天花板的制作，采用普遍的干作业方式，安装施工简单快捷，虽然不能弯曲，但是能够保证使用的安全性。

若用硅酸钙板做壁材，不宜悬挂重物

采用硅酸钙板做隔墙的主材，其承重力不足，若需要悬挂重物，则要在背后钉制铁板，增加载重量，或选用较厚实的板材来替代铁板也可以。另外，施工时会有钉制的痕迹，因此外层需要再上一层墙面漆，或者覆盖装饰面板、壁纸等做美化处理。施工时，为了避免日后热胀冷缩的变化，造成墙壁的变形，在板材与板材之间，可保留 0.2~0.3 厘米的间隙，为变化做准备，避免发生变形。

硅酸钙板的挑选

1. 检验环保性。先看产品是否环保，是否符合《建筑材料放射性核素限量》(GB 6566—2010) 标准规定的 A 类装修材料要求。

2. 查看是否含石棉。在选购时，要注意看背面的材质说明，部分含石棉等有害物质的产品会有害健康。

3. 售后服务的质量。售后服务是最体现一个产品质量的关键。一流的生产商会将客户使用过程中可能遇到的问题考虑周全，制定相关售后服务方针，彻底解决使用者的后顾之忧。

4. 注意售价。很多低价出售的材料通常都是粗制滥造或生产不达标的材料。因此最好到正规市场的授权经销商处购买，授权经销商的进货渠道、产品质量和销售服务均有保障。

硅酸钙板与石膏板的比较

硅酸钙板在外观上保留了石膏板的美观，在重量方面大大低于石膏板，强度高于石膏板，改变了石膏板易受潮变形的缺点，延长了板材的使用寿命；在隔音、保温等方面优于石膏板。石膏板的功能比较强大，可弯曲，能够做各种造型。

板材·吸音板

吸音佳、结构结实

吸音板是指板状的具有吸音降噪作用的材料，吸音板的表面有很多小孔，声音进入小孔后，便会在结构内壁中反射，直至大部分声波的能量被消耗转变成热能，由此达到隔音的功能。

吸音板详情速览

材质		应用场所	适用	规格	价格
木质吸音板		适用于既要求有木材装潢及温暖效果，又有声学要求的场所	根据声学原理精致加工而成	长 600 毫米、宽 600 毫米；长 600 毫米、宽 1200 毫米；长 1200 毫米、宽 1200 毫米；长 1200 毫米、宽 2400 毫米；长 2400 毫米、宽 2400 毫米	12~75 元 / 平方米
木丝吸音板		适用于对音质环境要求比较高的场所，展现高品位的公众形象，增添温暖和谐的商务及办公氛围	结合了木材与水泥的优点，如木材般质轻、如水泥般坚固	长 600 毫米、宽 2400 毫米、厚 15 毫米 /20 毫米 /25 毫米	20~105 元 / 平方米
矿棉吸音板		适合用在需要隔音、吸音的场所，如会议室、影音室、电视墙等	表面处理形式丰富，有较强的装饰效果	长 300 毫米、宽 600 毫米；长 600 毫米、宽 600 毫米；长 600 毫米、宽 1200 毫米；	10~30 元 / 平方米
布艺吸音板		适合用在需要隔音、吸音又有装饰氛围的场所，如电视墙、会议室、录音室等	手感温和，能够创造出较温和的氛围	长 600 毫米、宽 1200 毫米；长 600 毫米、宽 600 毫米；长 800 毫米、宽 600 毫米；长 1200 毫米、宽 1200 毫米；厚 25 毫米 /50 毫米	25~145 元 / 平方米
聚酯纤维吸音板		适用于矿山作业、建筑工地、电动机消音、大型器械运作环境等对声学要求较严格的场所	能满足不同吸音与消音效果的要求	长 1220 毫米、宽 2420 毫米，厚 9 毫米 /12 毫米 /24 毫米	15~100 元 / 平方米

注：表内价格仅供参考，请以市场价为准。

吸音减噪、装饰空间

吸音板内包含着许多细小的孔隙，这些孔隙对声波产生吸音效果，特别是对频率高于 600Hz 的声波吸收效果十分显著。吸音板是一种理想的吸音装饰材料，具有吸音环保、阻燃、隔热、保温、防潮、防霉变、易除尘、易切割、可拼花、施工简便、稳定性好、抗冲击能力好、独立性好等优点，有丰富的颜色可供选择，可满足不同风格和档次的吸音装饰需求。

1. 科技性。多种材质根据声学原理，合理配合，具有出色的降噪性能，对中、高频吸音效果尤佳。

2. 艺术性。产品的装饰性极佳，可根据需要饰以天然木纹、图案等多种装饰效果，提供良好的视觉享受。

3. 工业化生产。改变传统建筑材料粗放型生产，用全自动计算机控制设备，大规模标准生产，既提高生产能力，也能保证产品质量。

吸音板的挑选

1. 注意看性能检测报告。吸音板旨在吸音，所以吸音效果的好坏是选择吸音板的第一考虑。在选购时千万不要听信商家的宣传而影响了判断。同时，应特别注意商家的资质、信用或者商誉，尽可能选择老牌子厂家，避免上当受骗，买到劣质产品。

2. 选择环保等级较高的产品。如今社会越来越提倡健康环保，环保等级低的吸音板不仅造成环境的污染，而且长期使用会逐渐危害到人体健康。所以在选择时，环保也是一个不可忽视的标准。

▲木丝吸音板用在顶面的装饰效果

3. 看是否易安装。很多人不知道，吸音板商家说的隔音效果是吸音板在实验室中的检测值，专业人员表示，吸音板在实际工程中的隔音效果要比在实验室中的低。因此，为了达到更好的隔音效果，消费者应尽量选择易于安装的吸音板，这样才能尽可能减少安装人员的失误，使隔音效果接近理想值。

4. 比较厚度和重量。有些商家为了提高吸音板的隔音效果，不计后果地将吸音板加厚、加重。这样做可能会让隔音效果变差、安装起来更加困难、售价提高等，都是这一举措存在的问题。

5. 看是否防火。如果安装吸音板的墙体需要耐高温的话，像厨房、车库等地方，最好选择防火等级 B1 以上的吸音板，消除安全隐患。

6. 注意防潮效果。如果安装吸音板的墙面靠近卫生间、水龙头等潮湿的地方，应选择防水、防潮性能较好的吸音板，只有这样才能保证吸音板的使用寿命，否则隔音效果会逐渐减弱。

板材·胶合板

变形小、幅面大、施工方便

胶合板是由木段旋切成单板或由木方刨切成薄木，再用胶黏剂胶合而成的三层或多层的板状材料，常用的有三合板、五合板等。

胶合板详情速览

分类		应用场所	适用	规格	价格
Ⅰ类胶合板		供室外条件下使用的耐候胶合板	具有耐久、耐煮沸、耐蒸汽和抗菌等性能；由酚醛树脂胶或其他性能相当的胶黏剂胶合而成	长 915 毫米 /1220 毫米 /1830 毫米 /2135 毫米、宽 915 毫米；长 1220 毫米 /1830 毫米 /2135 毫米 /2440 毫米、宽 1220 毫米	80~350 元 / 张
Ⅱ类胶合板		供潮湿条件下使用的耐水胶合板	能在冷水中浸渍，能经受短时间热水浸渍，具有抗菌等性能，但不耐煮沸	长 915 毫米 /1220 毫米 /1830 毫米 /2135 毫米、宽 915 毫米；长 1220 毫米 /1830 毫米 /2135 毫米 /2440 毫米、宽 1220 毫米	60~300 元 / 张
Ⅲ类胶合板		供干燥条件下使用的不耐潮胶合板	能耐短时间冷水浸渍；由低树脂含量的脲醛树脂胶、血胶或性能相当的胶黏剂胶合而成	长 915 毫米 /1220 毫米 /1830 毫米 /2135 毫米、宽 915 毫米；长 1220 毫米 /1830 毫米 /2135 毫米 /2440 毫米、宽 1220 毫米	50~250 元 / 张

注：表内价格仅供参考，请以市场价为准。

胶合板的挑选

1. 看含水率。国家标准规定装饰单板贴面胶合板的含水率指标为 6%~14%。

2. 看性能要求。我国现行的是推荐标准《装饰单板贴面人造板》（GB/T 15104—2006），绝大部分企业的生产执行此标准。该标准对装饰单板贴面胶合板在外观质量、加工精度、物理力学性能等方面规定了指标。其物理力学性能指标有：含水率、表面胶合强度、浸渍剥离性能等。《室内装饰装修材料人造板及其制品中甲醛释放限量》（GB 18580—2017）还规定了该产品的甲醛释放限量指标。

3. 看使用场所。可能受潮的隐蔽部分和防水要求较高的场合应考虑选用Ⅰ类或Ⅱ类的胶合板，室外使用的胶合板应选用Ⅰ类胶合板。

板材·PVC 扣板

质轻、防潮、易清洁

PVC 扣板吊顶材料，是以聚氯乙烯树脂为基料，加入一定量的抗老化剂、改性剂等助剂，经混炼、压延、真空吸塑等工艺而制成的，因易损坏，现多用铝扣板。

PVC 扣板详情速览

图片	特点	规格	价格
	PVC 扣板质轻、隔热、防水、安装简便、价格低	宽 200 毫米，厚 7 毫米、9 毫米、10 毫米、12 毫米，长 6 米	10~65 元 / 米

注：表内价格仅供参考，请以市场价为准。

重量轻、防火阻燃

PVC 塑料扣板以 PVC 为原料，重量轻、安装简便、防水防潮、防蛀虫、价格低。表面的花色图案变化非常多，并且耐污染、好清洗，有隔音、隔热的良好性能，新工艺中加入阻燃材料，使其能够离火即灭。

PVC 扣板的挑选

1. 索要相关材料。选择的产品一定要有质检报告和产品检测合格证。

2. 观察外观表面。外表美观，板面应平整光滑、无裂纹、无磕碰，能拆装自如，表面有光泽，无划痕。

3. 敲击听声音。用手敲击板面，如果发出的声音清脆有力，便是优质品。

4. 捏折板面。用力捏板面，捏不断，则表明板质的刚性好。180 度折板边 10 次以上，板边不断裂，则表明韧性好。用指甲用力掐板面端头，不产生破裂则表明板质优良。

5. 闻味道。闻板材，如带有强烈刺激性气味，则对身体有害，应选择无味安全的产品。

PVC 扣板易变形

PVC 遇水不易不变形，但其主材是塑料，普遍缺点就是物理性能不够稳定，即便 PVC 扣板不遇水，或者离热源较近，时间长了也会变形，因此使用时要特别注意这个缺点。

板材·铝扣板

色彩多样、便于养护

铝扣板是以铝合金板材为基底，通过开料、剪角、模压成型得到，铝扣板表面使用各种不同的涂层加工得到各种铝扣板产品。近年来厂家将各种不同的加工工艺都运用到家装铝扣板中，像热转印、釉面、油墨印花、镜面等，以板面花式、使用寿命等优势逐渐代替 PVC 扣板，获得人们的喜爱。

铝扣板详情速览

图片	应用场所	适用	规格	价格
	铝扣板可用于厨房、卫浴间等需要防潮的室内空间中的吊顶工程	适用于各种风格的室内环境中	长 300 毫米、600 毫米，宽 300 毫米、600 毫米。面积小的空间，建议选长 300 毫米、宽 300 毫米的产品	30~500 元 / 平方米

注：表内价格仅供参考，请以市场价为准。

耐酸碱、使用寿命长

优质的铝扣板一般采用优质涂料，由进口全自动高速涂装线涂装，板面平整，无色差，涂层附着力强，能耐酸、碱、盐雾的侵蚀，防腐、防潮，长时间不变色，涂料不脱落。氟碳涂层板是户外使用的极为理想的装饰材料，使用寿命在 20 年以上，且保养方便，用水冲洗便洁净如新。

复合度牢、适温性强

极强的复合牢度。优质的铝扣板精选塑料与高分子材料经热压复合而成，一般经 2 小时沸水试验无黏合层破坏现象。

适温性强。铝扣板一般可在较大的温度变化下使用，其优良性能不受影响。

重量轻、强度高，隔热、隔音

一般每张板平均质量为 8.5 千克左右，在相同刚度情况下，重量远比其他材料轻。

铝塑板具有金属和塑料的双重性能，其震动衰减系数是纯铝板的 6 倍，空气隔音量优于其他板材，且热导率小，是理想的隔音、隔热、防震的建筑材料。

▲采用拼花的形式使用，更具个性

非可燃特性

安全无毒、防火。铝扣板的芯层是无毒的聚乙烯，其表面是非可燃的铝板，故表面燃烧特性符合建筑法规的耐火要求。

色彩丰富，可加工性强

通过捏合、混炼、拉片、切粒、挤压或压铸等工艺极易加工成型，可满足各种型材规格的需要。色泽繁多，色彩可以组合搭配，和谐高雅。

铝扣板可以用普通的木材和金属加工工具进行剪、锯、铣、冲、压、折、弯等加工成型，能准确完成设计造型要求。

拆装方便

铝扣板装拆方便，每件板均可独立拆装，方便施工和维护。

如需调换和清洁吊顶面板时，可用磁性吸盘或专用拆板器快速取板，也可在穿孔板背面覆加一层吸音面纸或黑色阻燃棉布，能够达到一定的吸音标准。

购买集成吊顶最省力

很多商家推出了集成式的铝扣板吊顶，包括板材的拼花、颜色，灯具、浴霸、排风的位置都会设计好，而且负责安装和维修，比起自己购买单片的来拼接更为省力、美观。

厚度不是越厚越好

铝扣板并不是越厚越好，而是由它的综合性能决定的。0.7 毫米的拉丝覆膜所用的铝扣板由铝、镁、锰三种金属加工合成。有的进口基材，镁含量较高，在 1.3%~1.8% 之间，可以增加基材的弹性。另外加入含量在 0.1%~0.3% 之间的锰金属，可以增加基材的刚性。而其他的铝扣板只能以增加厚度来保障刚性，无论是从美观还是从维修的角度上考虑，都是不可取的。有些厂家采用回收的废料制作板材，因为材料不佳，做薄了则不平整，因此只能增加厚度。

铝扣板的挑选

1. 看厚度。许多人都认为铝扣板越厚越好，其实不然。有的商家以板材的厚度作为卖点，称其板材厚度达到 0.8 毫米，一是利用消费者不知行情，二是掩盖其技术缺陷，其实板材的厚度达到 0.6 毫米即可。

判断铝扣板厚度最直接的方法是看产品的规格说明，长度、厚度等信息在产品说明上一目了然。再者，可以通过肉眼和手感判断铝扣板的厚度。

2. 选工艺。铝扣板的表面处理可分为喷涂、滚涂、覆膜等几种形式。其中喷涂板存在使用寿命短、容易出现色差等缺点；滚涂板表面均匀、光滑，无漏涂、缩孔、划伤、脱落等；覆膜板表面是一层 PVC 膜，具有表面粘贴牢固、无起皱、无划伤、无脱落、无漏贴等优点。

选购时，可通过手感判断铝扣板表面是否光滑细腻。此外，选购覆膜板时更要小心，由于覆膜板工艺要求高，若是人工直接在铝扣板上贴膜，一旦温度变化过大，表层容易脱落。

3. 挑材质。铝扣板的材质分为钛铝合金、铝镁合金、铝锰合金和普通铝合金等类型。铝镁合金最大的优点是抗氧化能力好，铝锰合金的强度和刚度均优于铝镁合金，但抗氧化能力要低于铝镁合金。普通铝合金材料由于镁、锰的含量较少，强度、刚度以及抗氧化能力均弱于前两者；钛铝合金扣板不仅具备前两者的优点，而且具有抗酸碱性强的特点，是在厨房、卫生间长期使用的最佳材料。

鉴别铝扣板材质的优劣，除了观察板材薄厚是否均匀外，还要看铝扣板的弹性和韧性。可通过选取一块样板，用手把它折弯。若是铝材不好，很容易被折弯且不会恢复原来的形状；质地好的铝材被折弯之后，会在一定程度上反弹。

4.“雪花”镀锌面质量更佳。铝扣板吊顶龙骨有轻钢龙骨和木龙骨之分，安装方式有轻钢龙骨加木龙骨或者轻钢龙骨加丝杆吊件等。由于木龙骨易受潮变形且阻燃性欠佳，一般建议采用轻钢龙骨加丝杆吊件安装。品质较好的轻钢龙骨经过镀锌后，表面呈雪花状，俗称“雪花板”。

龙骨的表面处理尤为重要，在选购吊顶时可注意龙骨是否有雪花状的镀锌表面，若雪花图案清晰、手感较硬、缝隙较小即属于质量较好的龙骨。

5. 比售后。铝扣板是半成品，需要专业的安装才能使用，可以说是“三分质量，七分安装”。完善的售前、售中和售后服务是产品质量的保障。铝扣板和电器作为天花吊顶的重要组成部分，在安装之初，要充分考虑铝扣板和电器的匹配，避免维修电器时，再次对铝扣板进行切割。

铝扣板的清洁

铝扣板在家庭中多用于厨房和卫浴间中，比较潮湿且容易附着水汽，经常清洁能够保持美观，延长板材的寿命。一般用清洁剂清一遍，再用清水清洗一遍即可，清洁剂一定要用中性的，不能用碱性和酸性的。

其他·装饰线

增加空间的层次感

装饰线用在天花板与墙面的接缝处，在空间整体效果上来看能见度不高，但是却能够起到增加室内层次感的重要作用。早期的装饰线以石膏线或者木线为主，但是存在一定的缺点，石膏线不易施工而木线易受虫蛀。目前的装饰线多以防虫、防蛀、防火的 PU 装饰线应用为主。

装饰线详情速览

图片	应用场所	适用	特点	价格
	适合用在顶面与墙面的衔接处，可以丰富层次感	根据装饰线造型的不同，适用于不同风格的室内环境	防火、质轻，防水、防潮，不龟裂、防虫蛀，尺寸可根据室内尺寸定制	基本线条约 20 元 / 米，雕花上色的款式为 20~50 元 / 米

注：表内价格仅供参考，请以市场价为准。

丰富室内层次感

装饰线是丰富室内层次感的最佳帮手，特别是进行简装的空间，墙面和顶面之间的衔接过于直白，会产生单调感。这时候可以采用装饰线来做装饰，层次就会变得丰富起来。装饰线的款式多种多样，可以根据室内的风格进行不同颜色的描漆。

混搭选择更出色

现在的装饰趋势流行混搭，若家具采用华丽的欧美风格，装饰线可以选择简单一些的款式；若家具的线条简洁，装饰线则可以多点变化，作为局部点缀能够使室内呈现出多元化的风格。

施工简单但无法完全 DIY（自己动手安装）

装饰线的施工非常简单，工期很短，只需钉在天花板与墙面的连接处后，将接缝处补齐再上漆即可。但是对于没有经验

▲同款线条上色前后的差别

而想要自行 DIY 的业主来说，还是存在一定难度的，若不想委托给家装公司，也可以自行去市场挑选心仪的款式，备好主料以及辅料以后，请木工师傅来施工。

避免使用劣质装饰线

虽然装饰线的使用部位距离视线比较远，但质量的好坏还是会影响室内整体效果的，若装饰线的接合处出现明显的缝隙或者不能完全贴合于墙面，则品质较差，不宜购买。偷工减料的装饰线通常价格比较低，是正常产品的 1/3 左右，但是非常容易断裂，防火性能也达不到标准，这一点上可以向厂家索取防火证明，以确保使用的安全。

其他装饰作用

装饰线除了可用在墙面与顶面衔接处外，还可以用在顶面做装饰。且除了线条外，方便雕刻、容易上色的 PU 材质也可以雕刻出小天使、葡萄藤蔓、壁炉花纹、几何图形等，还可以制作出仿古白、金箔色、古铜色等各种色系，可以装饰在门上或者墙上，与同系列的装饰线组合使用更出彩。

▲使用装饰线可以丰富空间的层次感

▲装饰线还可用在顶面上做装饰

材料小知识

线条宽窄可根据室内面积选择

装饰线的宽度有很多种可以选择，在自行选购时，可以参考室内的面积来定宽窄，面积大的室内空间搭配宽一些的款式比较协调，雕花或者纹路可以复杂一些，来彰显华美的效果，特别是欧式风格的居室，非常适合这样选择。而面积小一些的空间，建议采用窄一些的线条，款式以比较简洁为佳，这样看起来会比较协调，彰显层次感的同时不会让人觉得突兀。

其他·灯具

实用性以及制造层次感

灯光是居室内最具魅力的“调情师”，不同的造型、色彩、材质、大小能为不同的居室营造不同的光影效果。如今的灯具被称为灯饰，可以看出灯具从单一的实用性到兼具实用性和装饰性的转变。靠灯具的造型以及位置的高矮，可以轻易地改变室内的氛围。

灯具详情速览

分类		应用场所	使用特点
吊灯		适合用在酒店、酒吧、KTV等公共场所的大堂以及家居中的客厅、餐厅、卧室中。通常情况下吊灯的最底部距地面以不低于 2.2 米为佳	常用的吊灯有欧式烛台吊灯、中式吊灯、水晶吊灯、羊皮纸吊灯、时尚吊灯、锥形罩花灯、尖扁罩花灯、束腰罩花灯、五叉圆球吊灯、玉兰罩花灯、橄榄吊灯等。用于居室的分为单头吊灯和多头吊灯两种
吸顶灯		基本没有使用空间的限制，在所有的公共场所和家居空间中都可以使用	常用的吸顶灯有方罩吸顶灯、圆球吸顶灯、尖扁圆吸顶灯、半圆球吸顶灯、半扁球吸顶灯、小长方罩吸顶灯等。安装简易，款式简洁，具有清朗明快的感觉
壁灯		属于局部照明，同时兼具装饰作用，多用于欧式、中式风格的室内空间中	常用的壁灯有双头玉兰壁灯、双头橄榄壁灯、双头鼓形壁灯、双头花边杯壁灯、玉柱壁灯、镜前壁灯等。壁灯的安装高度，其灯泡应离地面不小于 1.8 米
台灯		装饰类台灯应用广泛，例如酒店房间、家居客厅、卧室等，护眼灯则用于书房、工作室中	按材质分为陶灯、木灯、铁艺灯、铜灯等；按功能分为护眼台灯、装饰台灯、工作台灯等；按光源分为灯泡、插拔灯管、灯珠台灯等。台灯光线集中，便于工作和学习
落地灯		一般跟随沙发组合出现，落地灯的灯光柔和，作为点缀光源，夜晚的效果很好。灯罩材质种类丰富，可根据喜好选择	常用作局部照明，不讲全面性，而强调移动的便利，对于角落气氛的营造十分实用。落地灯的采光方式若是直接向下投射，则适合阅读等需要精神集中的活动；若是间接照明，可以调整整体的光线变化。落地灯的灯罩下边应离地面 1.8 米以上

续表

分类		应用场所	使用特点
筒灯		在家居空间中最常用于天花板的周边做点缀或过道中做主灯，公共空间中用于周边或者做成“满天星”的密集造型	筒灯是嵌装于天花板内部的隐置性灯具，所有光线都向下投射，属于直接配光。可以用不同的反射器、镜片来获得不同的光线效果。装设多盏筒灯，可增加空间的柔和气氛
射灯		主要起到让装饰物更突出的作用，可安置在吊顶四周或家具上部，也可置于墙内、墙裙或踢脚线上	射灯的光线可以直接照射在需要强调的家居器物上，以突出主观审美作用，达到重点突出、层次丰富、气氛浓郁、缤纷多彩的艺术效果。射灯光线柔和，雍容华贵，既可对整体照明起主导作用，又可局部采光，烘托气氛

灯光改变环境氛围

正确选择光源并恰当地使用它们可以改变室内的氛围，创造出舒适的家居环境。塑造舒适的灯光效果，设计时宜结合家具、物品陈设来考虑。如果一个房间没有必要突出家具、物品陈设，就可以采用漫射光照明，让柔和的光线遍洒每一个角落；而摆放艺术藏品的区域，为了强调重点，可以使用定点的灯光投射，以突出主题。

灯具的造型分类

灯具的造型有仿古、创新和实用三类。吊灯、壁灯、吸顶灯等都是依照 18 世纪宫廷灯具发展而来的，适合于空间较大的社交场合。造型别致的现代灯具，如各种射灯、牛眼灯属于创新灯具。平时的台灯、落地灯等都属于传统的常用灯具。这三类灯的造型在总体挑选时应尽量追求系列化。

选择灯具时，若注重实用性，可以挑选黑色、深红色等深色系镶边的吸顶灯或落地灯，若注重装饰性又追求现代化风格，可选择活泼点的灯饰。如喜爱民族特色造型的灯具，则可以选择雕塑工艺落地灯。

灯光布置的两点原则

灯光用得恰如其分，才能够起到烘托家具质感和造型特点的作用。在布置灯光时，可以参照以下两点原则进行：一是灯具本身的造型和色彩与空间搭配呈现协调感，例如餐厅中使用黄光，可以让食物看起来更为可口，而厨房用黄光就不太适合；二是选择具体的灯具形式，可以根据它所处位置是主光源还是点光源来选择，例如主灯可以选择吊灯或者吸顶灯，而射灯则不能用作主灯，只能作为辅助光源使用。

灯光的色温与环境

1. 调节氛围。不同材质的灯具具有不同的色彩温度，低色温给人温暖、含蓄、柔和的感觉，高色温给人清凉奔放的气息。不同色温的灯光，能够调节居室的氛围，营造不同的感受。例如：餐厅中采用显色性好的暖色吊灯，能够更真实地反映出食物的色泽，引起食欲；卧室中的灯光宜采用中性的、令人放松的色温，加上暖调辅助，能够营造出柔和、温暖的氛围；厨卫应以功能性为主，灯具的显色性要好一些。

2. 调节重量感。光与影在视觉上给人不同的重量感，明亮的光线给人扩张及轻盈感，而暗色的影则给人收缩和重量感。在家居设计中，喜好现代简约风格，家居空间中采用明亮的光，能够诠释休闲自由、轻便的生活理念；如果追求豪华、带有文化底蕴的复古风格，可运用强烈的光影对比，加强空间层面的层次感，以及对室内局部的重点照明，配以低色温灯光，将会把空间渲染出一种厚实、稳重的灯光氛围。

3. 调节距离感。如果等距离地看两种颜色，一般而言，暖色比冷色更富有前进的特性，两色之间，亮度偏高、饱和度偏高的呈前进性，因此不同色温的灯光能够对环境的距离感产生影响。如果灯光与物体颜色接近，会使物体的颜色效果减弱；光色与物体颜色完全互补的话，会使物体更显得暗淡。例如，红、黄等暖色在白炽灯照射下，会光彩夺目，用荧光灯照射却会减弱原有色彩。在居室环境设计中要考虑到灯光的色温对物体本身的色彩以及距离感的影响。根据主人对家居风格的追求和生活的品位来决定灯光对物体距离感的影响。

▲灯光的加入使室内的层次感变得更为丰富

第二章

墙面材料汇总

板材、砖石、漆及涂料
玻璃、壁纸、墙面装饰

墙面在室内界面中占据较大的面积，

且位于人的视线水平线位置，

会最先被看到，

因此可以说，其材料的选择和设计，

是室内材料设计的重中之重。

但墙面材料分类多、品种多，

本章对常见的墙面材料进行汇总，

以便快速了解墙面材料的种类与特性。

板材·木纹饰面板

保温隔热、易加工

木纹饰面板，全称装饰单板贴面胶合板，它是将天然木材或科技木刨切成一定厚度的薄片，黏附于胶合板表面，然后热压而成的一种用于室内装修或家具制造的表面材料。木纹饰面板种类繁多，施工简单，是应用比较广泛的一种板材。

常见木纹饰面板详情速览

材质		应用场所	规格	价格
榉木		分为红榉和白榉。纹理细而直或带有均匀点状。木质坚硬，强韧，耐磨、耐腐、耐冲击，干燥后不易翘裂，透明漆涂装效果颇佳。可用于壁面、柱面、门窗套以及家具饰面板	长 2440 毫米、宽 1220 毫米、厚 3 毫米	85~290 元 / 张
水曲柳		呈黄白色，结构细腻，纹理直而较粗，胀缩率小，耐磨、抗冲击性好。分为水曲柳山纹和水曲柳直纹。水曲柳颜色黄中泛白，制成山纹后纹理清晰，更为常见	长 2440 毫米、宽 1220 毫米、厚 3 毫米	70~320 元 / 张
胡桃木		颜色由淡灰棕色到紫棕色，纹理粗而富有变化。透明漆涂装后纹理更加美观，色泽深沉稳重。常见的有红胡桃、黑胡桃等，在涂装前要避免表面划伤泛白，涂刷次数要比其他饰面板多 1~2 道	长 2440 毫米、宽 1220 毫米、厚 3 毫米	105~450 元 / 张
樱桃木		纹理通直，纹理里有狭长的棕色髓斑，结构细。装饰面板多为红樱桃木，合理使用可营造高贵气派的感觉。价格因木材不同差距比较大，进口板材效果突出，价格昂贵	长 2440 毫米、宽 1220 毫米、厚 3 毫米	85~320 元 / 张

续表

材质		应用场所	规格	价格
柚木		包括柚木、泰柚两种，质地坚硬，细密耐久，耐磨耐腐蚀，不易变形，胀缩率是木材中最小的一种	长 2440 毫米、宽 1220 毫米、厚 3 毫米	110~280 元 / 张
枫木		可分为直纹、山纹、球纹、树榴等，花纹呈明显的水波纹，或呈细条纹。乳白色，格调高雅，色泽淡雅均匀，硬度较高，胀缩率高，强度低。适用于各种风格的室内装饰	长 2440 毫米、宽 1220 毫米、厚 3 毫米	360 元 / 张
橡木		花纹类似于水曲柳，但有明显的针状或点状纹。可分为直纹和山纹，山纹橡木饰面板具有比较鲜明的山形木纹，纹理活泼、变化多，有良好的质感，质地坚实，使用年限长，档次较高	长 2440 毫米、宽 1220 毫米、厚 3 毫米	110~580 元 / 张
檀木		有沈檀、檀香、绿檀、紫檀、黑檀、红檀几种，价格比较贵。其质地紧密坚硬、色彩绚丽多变，适用于比较华丽的风格	长 2440 毫米、宽 1220 毫米、厚 3 毫米	120~410 元 / 张
沙比利		按花纹，可分为直纹沙比利、花纹沙比利、球形沙比利。光泽度高，重量、弯曲强度、抗压强度、耐用性中等，沙比利木加工比较容易，上漆等表面处理的性能良好，特别适用于复古风格的居室	长 2440 毫米、宽 1220 毫米、厚 3 毫米	70~430 元 / 张
花梨木		可分为山纹直纹、球纹等，颜色黄中泛白，饰面用仿古油漆别有一番风味，纹理自然，具有独特的美感和可塑性，非常适合用在中式风格的居室内	长 2440 毫米、宽 1220 毫米、厚 3 毫米	120~360 元 / 张
酸枝木		纹理具光泽，可分为山纹、直纹等，山纹酸枝呈波纹状，粗而清晰的纹理尽显大气磅礴的气势，是高档装饰的理想材料，新切面略有甜味，所以表面光洁的酸枝更是装饰材料中的极品	长 2440 毫米、宽 1220 毫米、厚 3 毫米	130~580 元 / 张

续表

材质		应用场所	规格	价格
铁刀木		肌理致密，紫褐色深浅相交成纹，酷似鸡翅膀，因此又称为鸡翅木。原产量少，木质纹理独具特色，因此比较珍贵。适用于各种风格的室内装修	长 2440 毫米、宽 1220 毫米、厚 3 毫米	360 元 / 张
影木		常见的种类有红影和白影两种，纹理十分具有特点，结构细且均匀，强度高，90 度对拼时产生的花纹在柔和的光线下显得十分漂亮，是影木饰面板应用中的一大特色	长 2440 毫米、宽 1220 毫米、厚 3 毫米	110~280 元 / 张

注：表内价格仅供参考，请以市场价为准。

花纹逼真，施工简单

木纹饰面板品种多样，既具有木材的优美花纹，又充分利用了木材资源，降低了成本。

施工简单、快捷，效果出众，可用于墙面、门窗以及家具的装饰中。

可为空间增添温馨与质朴感

木纹饰面板不仅可以令空间更具温馨感，同时也可以令空间呈现出自然的原始

▲木纹饰面板在室内装饰中的应用

状态，给人以质朴的空间感受。如果觉得木纹饰面板过于单调，还可以通过造型和软装来丰富空间视觉效果。

天然饰面板与人造饰面板的区别

人造饰面板与天然饰面板的外观区别在于人造饰面板纹理通直、有规则，色泽一致，而天然饰面板则纹理、图案自然，变异性大，无规则。通常天然板材的价位要高于人造板材，选择时可根据所需要的效果和预算情况综合考虑。

木纹饰面板的挑选

1. 厚度。表层木皮的厚度应达到标准，太薄会透底，若厚度佳，油漆后的实木感更真、纹理清晰、色泽鲜明饱和度好。如何鉴别贴面板的厚薄程度呢？看板的边缘有无砂透，板面有无渗胶，涂水后有无泛青，若有这些现象则属于薄皮面板。还要注意基层的厚度、含水率是否达到国家标准，以及是否做了除碱处理等。

2. 胶层结构稳定。看板材是否翘曲变形，能否垂直竖立、自然平放。如果翘曲或板质不挺拔、无法竖立者则为劣质底板。木皮与基材一定要接缝严密，木皮与基材、基材内部各层之间不能出现鼓泡、分层、脱胶现象。可以用刀撬法来检验胶合强度，用锋利的平口刀片沿胶层撬开，如果胶层被破坏，但木材完好无损，则说明胶合强度差。

3. 美观。饰面板外观应细致均匀、色泽清晰、木纹美观，配板与拼花的纹理应按一定规律排列，木色相近，拼缝与板边近乎平等。表面无疤痕，色彩要一致。可以根据板面纹理的清晰度和排布来分等级，纹理清晰、色泽协调的为优；色泽不协调，出现有损伤的规律色差，甚至有变色、发黑者则要看其严重程度分为一等品、合格品或者不合格品。

选择的装饰板表面应光洁，无毛刺沟痕和刨刀痕；应无透胶现象和板面污染现象（如局部发黄、发黑现象）；应尽量挑选表面无裂纹、裂缝，无节子、夹皮、树脂囊和树胶道的饰面板；整张板的自然翘曲度应尽量小，避免由于砂光工艺操作不当、基材透露出来的砂透现象。

4. 气味。应避免选用具有刺激性气味的装饰板。如果刺激性气味强烈，说明甲醛释放量超标，会严重污染室内环境，用在室内也就越危险。可以向商家索取检测报告，看该产品是不是符合环保标准。

选择有明确生产企业的产品：绝大多数有明确厂名、厂址、商标的产品，性能表现会较好。

饰面板的甲醛释放限量

2017 年，国家质量监督检验检疫总局发布了《室内装饰装修材料人造板及其制品中甲醛释放限量》（GB 18580—2017），规定了室内装饰装修材料人造板及其制品中甲醛释放限量值为 0.124 毫克 / 立方米。

板材·模压板

木纹逼真，不开裂、不变形

模压板的材料通常选择优质的中密度板，进行铣型、砂光后，在表面通过真空吸塑的原理，把 PVC 膜紧密地贴上而形成的门板和装饰板产品，具有防水性能好、环保、造型和色彩纹理多样的优点，也是目前性价比较高和常用的产品。

模压板详情速览

分类	特点	规格	价格
直纹	与木纹饰面板直纹效果类似，但是具有立体效果，比平板装饰效果更为突出、华丽一些	长 2440 毫米、宽 1220 毫米、厚 3.3 毫米	60~170 元 / 张
山纹	与木纹饰面板山纹效果类似，具有立体效果，比直纹板纹理的变化更多一些，更为活泼、自然	长 2440 毫米、宽 1220 毫米、厚 3.3 毫米	60~170 元 / 张
平板	没有浮雕花纹，清洁起来比较方便，可用于各种风格室内空间中	长 2440 毫米、宽 1220 毫米、厚 3.3 毫米	60~170 元 / 张

注：表内价格仅供参考，请以市场价为准。

模压板的优缺点

模压板也叫吸塑板，基材为密度板，表面经真空吸塑而成或采用一次无缝膜压成型工艺。

1. 优点。色彩丰富，木纹逼真，单色色度纯艳，不开裂、不变形。由于吸塑门板四板封住成为一体，不需要封边，解决了封边长时间后可能会开胶的问题。

2. 缺点。模压板不能长时间接触或靠近高温物体，同时设计主体不能太长太大，否则容易变形。最好不要在其附近吸烟，烟头的温度会灼伤板材表面薄膜。

▲模压板橱柜的装饰效果

应用：可用于背景墙以及家具、橱柜、门扇的装饰。

模压板的挑选

选购时可从以下几点入手。

1. 膜皮的厚薄。好的模压板膜皮较厚，对加工工艺有一定的要求。基材经过雕刻后呈立体形式，膜皮薄的很容易完全覆盖；膜皮厚的很难塑型，但是厚的膜皮更耐磨，成型后的模压板整体橱柜热胀冷缩的概率比较小。

2. 看加工后的塑型。好的机器加工出来的模压板边角应该是均匀的，无多余的角料，没有空隙。边角处理不好容易卷边。

3. 检查胶水是否环保。胶水一定要环保，不好的胶水容易造成模压板整体橱柜的膜皮起泡、脱落、卷边。

4. 观察基材边缘。看基材边缘有没有爆口，如果有爆口的现象，时间长了，潮气进入门板内，膜皮也会很容易卷边。

模压板的保养

1. 不要用尖锐的物体碰或划擦门板表面。不要用类似钢丝球之类的物体摩擦门板表面。

2. 不要用尖锐的物体挤压或插进三维膜与基材的结合处。

3. 不要用高浓度或腐蚀性的洗涤剂擦洗门板表面，只要用温水加一点洗洁精，用柔软的布擦拭即可。

4. 如表面有污渍、油渍，则应在 8 小时内清洗干净。

模压板板材购买须知

模压板不同于免漆板，它的表面虽然上过一层底漆，但是施工后必须还要做面层漆处理，特别是高密度模压板，面层只能做混油漆处理（白色或其他覆盖色），不能上清漆。在购买时，一定要询问清楚，以免造成麻烦。

板材·细木工板

握钉力好、强度高、绝热

细木工板俗称大芯板，是由两片单板中间胶压拼接木板而成的。中间木板是由优质天然的木板方经热处理（即烘干室烘干）以后，加工成一定规格的木条，由拼板机拼接而成的。拼接后的木板两面各覆盖两层优质单板，再经冷、热压机胶压后制成。

细木工板详情速览

图片	应用场所	适用	特点	价格
	可用于墙面造型基层以及家具、门窗造型基层的制作	具有质轻、易加工、握钉力好、不变形等优点，是室内装修和高档家具制作的较理想材料	长 2440 毫米，宽 1220 毫米，厚 15 毫米、17 毫米、18 毫米	120~310 元 / 张

注：表内价格仅供参考，请以市场价为准。

细木工板的优缺点

1. 优点。细木工板握螺钉力好，强度高，具有质坚、吸音、绝热等特点，细木工板含水率不高，为 10%~13%，加工简便，可用于家具、门窗及套、隔断、假墙、暖气罩、窗帘盒等，用途非常广泛；由于内部为实木条，所以对加工设备的要求不高，方便现场施工。

2. 缺点。因细木工板在生产过程中大量使用脲醛胶，甲醛释放量普遍较高，环保标准普遍偏低，这也是大部分细木工板都有刺鼻味道的原因。

若产品内部的实木条缝隙较大，板材内部就会存在空洞，如果在缝隙处打钉，则基本没有握钉力。

细木工板内部的实木条为纵向拼接，故竖向的抗弯压强度差，长期的受力会导致板材明显的横向变形。内部的实木条材质不一样，密度大小不一，只经过简单干燥处理，易起翘变形；结构发生扭曲、变形，影响外观及使用效果。

由于细木工板表面比较粗糙，所以木工现场加工，在对表面的处理时通常使用大量胶水或油漆，故以此板材制作出的家具极不环保，这也是装修时为什么味道十分刺鼻的主要原因，对人体的伤害非常大。

细木工板的加工工艺

细木工板的加工工艺分为机拼与手拼两种。手工拼制是用人工将木条镶入夹板中，木条受到的挤压力较小，拼接不均匀，缝隙大，握钉力差，不能锯切加工，只适宜做部分装修的子项目，如做实木地板的垫层毛板等。而机拼的板材受到的挤压力较大，缝隙极小，拼接平整，承重力均匀，长期使用，结构紧凑，不易变形，适合用于做造型以及制作家具等。

芯材的选择

细木工板的主要部分是芯材，种类有许多，如杨木、桦木、松木、泡桐等，其中以杨木、桦木为最好，质地密实，木质不软不硬，握钉力强，不易变形，而泡桐的质地很轻、较软、吸收水分大，握钉力差，不易烘干，制成的板材在使用过程中，当水分蒸发后，板材易干裂变形。而松木质地坚硬，不易压制，拼接结构不好，握钉力差，变形系数大。

甲醛简单测试

在细木工板生产过程中，通常会使用甲醛基胶黏剂，因此成品或多或少地会释放游离甲醛，当游离甲醛含量超过一定限制时，会影响人体健康。

除去复杂的检验过程外，还可以通过以下方法简单初步地判断细木工板的甲醛释放量。将未使用的细木工板堆放在一间小屋内，关闭门窗，待存放一段时间后入室观察。若无刺鼻气味则表明细木工板的甲醛释放量少，使用不会影响人体健康；若气味较大或有流泪感觉时，说明细木工板的甲醛释放量可能较高。

质量等级的划分

材质以及生产工序的不同，细木工板的质量也有所差别，细木工板根据材质的优劣及面材的质地分为“优等品”“一等品”及“合格品”。也有企业将板材等级标为 A 级、AA 级和 AAA 级，但与国家标准不符，市场上已经不允许出现这种标注，购买时应予以注意。

优等品的标准

细木工板质量差异很大，在选购时要认真检查。

好的细木工板表面平整，无翘曲、无变形，无起泡、无凹陷。

芯条排列均匀整齐，缝隙小，芯条无腐朽、断裂、虫孔、节疤等。若偷工减料，实木条之间的缝隙就会很大，如果在缝隙处钉钉，则基本没有握钉力。选择时可以对着太阳看，实木条的缝隙处会透白。

优等板材应散发清香的木材气味，说明甲醛释放量较少。

细木工板的挑选

1. 看芯材质地。是否密实，有无明显缝及腐朽变质木条，腐朽变质的木条内可能存在虫卵，日后易发生虫蛀。

2. 看周围有无补胶、补腻子的现象。

▲墙面上多用细木工板来做造型的基层，配以各种饰面

▲细木工板造型面层多会搭配混油或者饰面板饰面，应用广泛

这种现象一般是为了弥补内部的裂痕或空洞。

3. 敲击板材听声音。用尖嘴器具敲击板材表面，听一下声音是否有很大差异，如果声音有变化，说明板材内部存在空洞。这些现象会使板材整体承重力减弱，长期的受力不均匀会使板材结构发生扭曲、变形，影响外观及使用效果。

4. 选择大品牌产品。在选择木板的时候，尽量去大卖场选择大品牌，这些品牌都有产品质量证书，品质有保证。选购的时候要查看生产厂家的商标、生产地址、防伪标志，还要查看产品检测报告中的甲醛释放量。一般正规厂家生产的产品都有检测报告，甲醛的检测数值应该越低越好。消费者在购买时要向经销商查看检验报告的原件。

5. E0 级标准。在选购时，一定要看细木工板的包装、宣传单页上面有无 E0 标志。由于市场的不规范，有的经销商会伪造一些假的检验报告来欺骗消费者，把自己的产品说得天花乱坠，承诺得好上加好。所以消费者在购买时要向经销商查看检验报告的原件。

6. 看价格辨真伪。细木工板在装修的时候，都会或多或少地用到，它的质量直接关系到室内甲醛的含量，所以绝不能省钱。E0 级大芯板无论其生产设备、生产工艺和胶黏剂的质量都要求很高。仅胶黏剂一项改进，就增加了 25% 左右的成本。市场上 E0 级产品的价格在 120~280 元 / 张之间。

细木工板使用须知

家庭装饰装修只能使用 E0 级或者 E1 级的细木工板。如果使用 E2 级的细木工板，即使是合格产品，其甲醛含量也可能要超过 E1 级细木工板 3 倍多，所以绝对不能用于家庭装饰装修。使用中要对不能进行饰面处理的细木工板进行净化和封闭处理，特别是装修的背板、各种柜内板和暖气罩内等，可使用甲醛封闭剂、甲醛封闭蜡及消除和封闭甲醛的气雾剂等，在装修的同时使用效果最好。但是即使是合格的产品如果用量过大，也可能造成室内总体甲醛含量超标，因此即使是符合标准的也并不一定就绝对对人体无害。一般 100 平方米左右的居室使用细木工板不要超过 20 张，同时还要考虑室内其他装修，如果使用过多会造成室内环境中甲醛超标。特别是不要在地板下面用细木工板做衬板，以免造成室内空气中甲醛严重超标。

细木工板制品的保养

细木工板因其表面较薄，因此严禁硬物或钝器撞击；使用细木工板条时，应在其上横垫 3 根以上木方条，高度在 5 厘米以上，把细木工板平放其上，防止变形、翘曲；保持通风良好，防潮湿、防日晒；避免与油污或化学物质长期接触，防止腐蚀表面。

板材·欧松板

低甲醛、结实耐用

欧松板是目前世界范围内发展最迅速的板材之一，在北美洲、欧洲、日本等发达国家和地区已广泛用于建筑、装饰、家具等领域，是细木工板、胶合板的升级换代产品。其备受人们喜欢的原因就是低甲醛释放，并且结实耐用，且比中密度纤维板制作的家具重量轻，平整度更好。

欧松板详情速览

图片	适用	特点	规格	价格
	可用于墙面造型基层以及家具、门窗造型基层的制作	具有质轻、易加工、握螺钉力好、结实耐用、环保、低甲醛释放量等优点	长 2400 毫米，宽 1200 毫米，厚 9 毫米、12 毫米、15 毫米、18 毫米	130~350 元 / 张

注：表内价格仅供参考，请以市场价为准。

真正绿色环保的建材

欧松板全部采用高级环保胶黏剂，符合欧洲最高环境标准 EN300 标准，成品完全符合欧洲 E1 标准，其甲醛释放量几乎为零，可以与天然木材相比，远远低于其他板材，是目前市场上最高等级的装饰板材，是真正的绿色环保建材，完全满足现在及将来人们对环保和健康生活的要求。

欧松板的市场价格也与高档大芯板相当，而无论环保性能还是物理特性，欧松板都具有较好的表现，其与澳松板相比更接近细木工板。

欧松板的优缺点

1. 优点。由于欧松板内部为定向结构，无接头、无缝隙、无裂痕，整体均匀性好，内部结合强度极高，所以无论中央还是边缘都具有普通板材无法比拟的超强握钉能力。

欧松板是以木芯为原料，通过专用设备加工成 40~100 毫米长、5~20 毫米宽、0.3~0.7 毫米厚的刨片，经脱油、干燥、施胶、定向铺装、热压成型等工艺制成的一种定向结构板材。其表层刨片呈纵向排列，芯层刨片呈横向排列，这种纵横交错

▲欧松板可直接作为面材，更具个性

的排列，重组了木质纹理结构，彻底消除了木材内应力对加工的影响，使之具有非凡的易加工性和防潮性。

欧松板相比于胶合板、中密度纤维板以及细木工板等板种，其线膨胀系数小，稳定性好，材质均匀，握螺钉力较高，由于其刨花是按一定方向排列的，它的纵向抗弯强度比横向大得多。另外，它可以像木材一样进行锯、砂、刨、钻、钉、锉等加工。

2. 缺点。厚度稳定性较差，由于刨花的大小不等，铺装过程的刨花方向和角度不能保证完全水平和均匀，会形成一定的密度梯度，对厚度稳定性有一定的影响。

欧松板制品的保养

良好的保养是延长板材制品使用寿命的重要部分。

应定期用软布蘸水擦拭欧松板制品。

当制品表面有刮痕或需进行凹痕的维修时，较简单的补救方法是用棉球或画笔，在家具表面涂上颜色相近的鞋油。

去除制品表面的水迹时，应用干净的吸水纸铺在水迹上，用加热熨斗重压在上面，也可用沙拉油、牙膏涂抹，过后将之擦干、上蜡；若去除白印，最佳的办法是用布蘸烟灰与柠檬汁或沙拉油混合物涂抹，擦干后上蜡，否则会失去光泽。

欧松板施工须知

欧松板在施工方法上与其他板材差异不大，但在表面处理上稍有不同。

如果喜欢欧松板本色可以做透明涂饰，也可以刷混油；欧松板表面如果是不砂光的，可用水性涂料、水性防火涂料和腻子，如果喜欢别的图案，可以做贴面处理。

可以直接贴防火板、装饰板及铝塑板，但不能贴木皮。

侧面握钉时，先用电钻打小孔，再上自攻钉。建议欧松板都用实木收边。

板材·澳松板

超环保、承重好、防火防潮

澳松板是一种进口的中密度板，是细木工板、欧松板的替代升级产品，特性是更加环保。澳松板主要使用原生林树木为基础材料，能够更直接地确保所用纤维线的连续性。

澳松板详情速览

图片	适用	特点	规格	价格
	可用于墙面造型基层以及家具、门窗造型基层的制作	具有质轻、易加工、握螺钉力好、结实耐用、环保等优点	长 2440 毫米，宽 1220 毫米，厚 3 毫米、5 毫米、9 毫米、12 毫米、18 毫米	130~350 元 / 张

注：表内价格仅供参考，请以市场价为准。

原料质量决定板材质量

澳松板的上乘质量来自特有的原料木材——辐射松（也有人称新西兰松），辐射松具有纤维柔细、色泽浅白的特点，是举世公认的生产密度板的最佳树种。澳松板采用辐射松这一单一树种作为原料木材，确保了产品的色泽、质地均衡统一。生产工艺复杂又精密，经过连续挤压后，再经过砂磨，确保了板材表面的一流光洁度。纯一的树种、特有的加工工艺、加之先进的生产设备使得澳松板从外观到内在质量均达到超一流的水准。

澳松板的湿度含量在 6%~9% 之间，生产规格允许厚度仅有 0.2 毫米的差异、直线膨胀允许 1 毫米。

内部强度高

澳松板具有很高的内部结合强度，每张板的板面均经过高精度的砂光，确保一流的光洁度。不但板材表面具有天然木材的强度和各种优点，同时又避免了天然木材的缺陷，是胶合板的升级换代产品。

▲澳松板替代胶合板，用于墙面造型的制作

优良的力学性能

澳松板具有很好的均衡结构，具有平滑的边缘和优良的力学性能。它平滑的表面使其易于油染、清理、着色、喷染及各种形式的镶嵌和覆盖。

澳松板给提供了天然纤维的优点，它具有木材的强度和特性，同时还避免了木材的节疤和龟裂、含水膨胀率等缺陷。

运用于墙面、家具中

澳松板被广泛用于墙面造型基层、家具等方面，其硬度大，适合做衣柜、书柜（甚至地板），不会变形、承重好，防火防潮性能优于传统大芯板，材料非常环保。

多使用螺栓安装

澳松板的缺点是不容易吃普通钉，欧松板和澳松板都有这个问题。国外木器加工大多用螺栓而不是大钉，这是为了便于拆卸，拆卸后不会损坏板材，能够拆开再用进而提升再用价值，所实际上它对螺栓的握钉效果很好，但对锤子凿进的大钉握钉性能一般。所以建议多使用螺栓的方式安装。

此外，这种板材节疤和不平的现象也较多，小洞、小坑在北方容易积灰产生细菌，所以建议在做漆前，让工人批一遍调过色的灰（针对坑洞较大的板材），或上几遍透明腻子（针对细微坑洞板材）。

澳松板与欧松板的区别

欧松板和澳松板都是进口板材，共同的特点是环保性能出色，但两者并不是同一种板材。欧松板的握钉能力不如澳松板，表面还有一些细小的坑洞，不能达到绝对的平整。而澳松板的稳定性很好，可以弯曲成曲线状，具有很高的内部结合强度，板子易于胶粘，握钉，螺栓固定。而且每一张澳松板都经过了高精度磨砂，无需在表面刮腻子，只需用腻子填补钉子、螺栓或 U 形钉留下的钉孔，非常节省油漆。总体来说，欧松板和澳松板都是传统型的升级换代产品，以环保为主要特性，澳松板的综合性能比欧松板更优越。

板材·防火板

耐火耐磨，色泽艳丽

防火板又称耐火板，学名为热固性树脂浸渍纸高压层积板。它色泽鲜艳、款式多样，除纯色款式外，还能仿制如木纹、石材等多种纹理，同时具有保温、隔热性能极佳，耐火、阻燃、耐高温，耐磨、耐撞击，表面耐脏、易清洁等优点。但防火板无法创造凹凸、金属等立体效果，因此时尚感稍差。

防火板详情速览

材质	应用场所	适用	规格	价格
纯色防火板	墙面、台面、家具、楼梯踏步	纯色无任何花纹做装饰；光泽感极强，色彩鲜艳，是较为常见的一种，价格相对较低	长 2135 毫米、宽 915 毫米；长 2440 毫米、宽 915 毫米；长 2440 毫米、宽 1220 毫米；厚 0.6~1.2 毫米	12~75 元 / 平方米
木纹防火板	墙面、台面、家具、楼梯踏步	采用仿木纹色纸制成，表面纹理多样，如油漆面，刷木纹、横纹、真木皮纹等	长 2135 毫米、宽 915 毫米；长 2440 毫米、宽 915 毫米；长 2440 毫米、宽 1220 毫米；厚 0.6~1.2 毫米	150~350 元 / 张
石材防火板	墙面、台面、家具、楼梯踏步	对石材的纹理进行扫描后，使用数码印刷技术制作，突破以往尺寸限制制作的大规格板材	长 2135 毫米、宽 915 毫米；长 2440 毫米、宽 915 毫米；长 2440 毫米、宽 1220 毫米；厚 0.6~1.2 毫米	150~350 元 / 张
金属防火板	墙面、台面、家具、楼梯踏步	表面由铝合金或者其他金属覆盖制成，一般用在厨房或其他高档场所，价格相对较高，加工工艺复杂	长 2135 毫米、宽 915 毫米；长 2440 毫米、宽 915 毫米；长 2440 毫米、宽 1220 毫米；厚 0.6~1.2 毫米	500~1500 元 / 张

注：表内价格仅供参考，请以市场价为准。

具有一定耐火性

防火板是原纸（钛粉纸、牛皮纸）采用三聚氰胺与酚醛树脂的浸渍工艺，经过高温高压制成的。三聚氰胺树脂热固成型后表面硬度高、耐磨、耐高温、耐撞击，表面毛孔小不易被污染，耐溶剂性、耐水性、耐药品性、耐焰性等优异。防火板表面的光泽性、透明性能很好地还原色彩、花纹，有极高的仿真性。防火板只是习惯说法，它不是真的不怕火，而是具有一定的耐火性。

防火板贴面有三层，而三聚氰胺板的贴面只有一层，所以，一般防火板的耐磨、耐划、耐高温等性能要好于三聚氰胺板。防火板的色泽鲜艳，给人焕然一新的感觉，能仿出各种花纹，同时防火板的耐光性好，在经过若干年自然光照射或辐射后基本不会出现褪色现象。除此之外，其耐高温及耐沸水性好，优质的防火板在被沸水或高温物体烫过以后基本不会留下烫伤、泛白的痕迹。

更适合用在厨房中

防火板的纹理完全由人工制作，因此装饰性比其他装饰板材差，但它最大的特点是防火，所以非常适合用在温度较高且需要用火的厨房中，可为板材类橱柜及墙面的设计提供更多的选择性。

不同类型适合不同部位

不同类型的防火板，适合用于设计不同的部位，如木纹系列、纯色系列更适合用于制作橱柜，较为百搭，适合的风格也较为广泛；而石材系列，大面积装饰橱柜易显得混乱，更建议用于装饰吊柜和地柜之间的墙面；金属系列则不适合大面积使用，易显得冷硬，可与木纹等款式搭配使用。

▲木纹防火板设计的板材橱柜，为厨房增添了温馨感和自然气息

▲银色金属防火板的使用，为复古气质的空间增添了一些现代感

防火板的优缺点

1. 优点。防火板的颜色比较鲜艳，封边形式多样，具有耐磨、耐高温、耐刮、抗渗透、容易清洁、防潮、不褪色、触感细腻、价格实惠等优点。

2. 缺点。但是由于防火板是采用硅质材料或钙质材料为主要原料与一定比例的纤维材料、轻质骨料、黏合剂和化学添加剂混合经蒸压技术制成的装饰板材，所以无法创造凹凸、金属等立体效果，时尚感稍差。

施工温度要低于 30 摄氏度

防火板装饰平板及天花板属于室内装修产品，安装要求室温为 15~30 摄氏度，相对湿度不可超过 70%。材料存放时都必须做好防潮处理。在安装之前、进行中或完成后，暖气通风及冷空调系统都应先行安装完毕及可使用，以便维持正常的温度。

建议勿使用保温材料覆盖天花板或以天花板支撑保温材料。在高相对湿度状态下，如天花板承受附加重量，可能导致天花板下陷。若工程确需用如此的保温材料，必须在正常室温（15~30 摄氏度）下施工，并且选择的保温材料的质量不能超过 1.269 千克 / 平方米，只有卷装保温材料可被使用。而且务必垂直安装于骨架支点中，以支撑保温材料的重量。

防火板的保养

防火板的保养与一般上漆天花板相似，但在需要保养之时，除了为确保天花板的高性能、效果及美观外，务必按照规定的做法处理。灰尘或松土要以毛刷或吸尘器处理干净，吸尘器的吸头最好选择吸力不会过于激烈的款式，必须以单方向清洁，以免把灰尘再摩擦入天花板表面。尘土清洁之后，对于附着的脏物可用一般美术胶擦除干净，如用高品质的墙面清洁剂擦拭，海棉中的水要尽量挤干。擦拭之后，清洁剂的薄膜可用抹布或以海绵蘸少许清水清理干净。

防火板的挑选

1. 选择品牌产品。一般口碑好的品牌防火板，质量可靠，价格虽然比较贵，但是它的装饰效果和安全性比较有保障。

2. 看产品外观。可以通过防火板的外观来判断它的质量好坏。选择时要注意看板面颜色是否均匀，是否有瑕疵，是否出现其他颜色等，也可以使用手去摸，看是否有凹凸不平的现象。优质的防火板图案清晰自然，没有杂色，表面光滑平整，没有任何瑕疵。

3. 看检测报告以及燃烧等级。选择防火板时要注意看检测报告和燃烧等级。看防火板产品有没有商标、检测报告、合格证、产品规格以及上面的字迹是否清晰等。如果这些都没有，质量是得不到保证的，要谨慎选择。防火板燃烧等级越高，防火性能就越好。

板材·生态树脂板

任意造型，高强度

生态树脂板，又名为透光树脂板，是由一种非晶型共聚酯经过高温层压工艺制成的，具有优良的透光、阻燃、隔音等性能，抗冲击，抗发黄，抗变形，耐化学品腐蚀，轻盈，本身具有 UV 功能，表面硬度高，可以任意造型。

生态树脂板详情速览

图片	材质	特点	价格
	由高透光的树脂板经过高温层压工艺制成	100% 可以回收利用，无毒性符合 FDA 标准；重量是玻璃的 1/2	300~3000 元 / 平方米

注：表内价格仅供参考，请以市场价为准。

抗 UV、可任意造型

优良防火等级（B1 级）、燃烧无毒且有芳香气味、无腐蚀性烟气、无滴状物；抗冲击强度优异，是普通玻璃的 40 倍，是亚克力的 10 倍；力学性能强，可以任意造型设计，冷弯和热弯无应力且不泛白，最小弯曲半径为板材厚度的 100 倍（亚克力的最小弯曲半径是厚度的 350 倍），无裂纹；表面硬度高，耐刮擦，耐划痕，可以进行表面修复处理；优良的耐化学品腐蚀，不发黄，抗老化，本身具有抗 UV 功能；物理性能稳定，高透明度（93%）和光泽度，热变形温度为 85 摄氏度。

应用范围覆盖墙面、顶面和家具

生态树脂板的用途比较广泛，主要应用在公共建筑与家居装饰中，如灯罩面板、吊顶面板、背景墙、装饰性方柱、台面、隔断、屏风、橱柜门板、衣柜移门板等。

板材·免漆板

环保、无污染、成本低

免漆板是新型的环保装饰材料，是将带有不同颜色或纹理的纸放入三聚氰胺树脂胶黏剂中浸泡，然后干燥到一定固化程度，将其铺装在刨花板、防潮板、中密度纤维板、胶合板、细木工板或其他实木板材上面，经热压而成的装饰板，因此免漆板也常常被称作三聚氰胺板。

免漆板详情速览

图片	适用	特点	规格	价格
	适合用于各种风格室内空间中墙面造型以及家具的制作	具有天然质感，木纹清晰，可以与原木媲美。离火自熄、防潮	长 2440 毫米，宽 1220 毫米，厚 17 毫米	120~280 元 / 张

注：表内价格仅供参考，请以市场价为准。

新型的环保装饰材料

免漆板，是新型的环保装饰材料。“三聚氰胺”是制造此种板材的其中一种树脂胶黏剂，因此也称为三聚氰胺板。板材的具体做法是将带有不同颜色或纹理的纸放入三聚氰胺树脂胶黏剂中浸泡，干燥到一定固化程度，将其铺装在木工板或者实木板上再经热压而成。

没有绝对环保的板材，常见板材的主要污染源来自胶水和板材加工时用的油漆。而免漆板相对于其他板材的优点在于免漆，减少了油漆中苯的污染。

种类多、性能佳

免漆装饰材料具有天然质感，产品设计制作考究，造型和色泽搭配合理，木纹清晰，可以与原木媲美，世界上流行的木种应有尽有，且产品表面无色差。

具有离火自熄、耐洗、耐磨、防潮、防腐、防酸、防碱、不粘灰尘、不因为墙体潮湿而产生发霉发黑现象。

施工方便、工期短

施工方便，好锯好割，绝不破裂，修口修边使用免漆线条配套，用胶黏合，无

▲免漆板制作柜子更环保、省力，具有实木效果

需为钉钉后补灰而烦恼，且不必油漆，可节省施工后油漆的人工及漆费，避免油漆中的不健康的气味及致癌物质对人体产生影响，不但节约一笔长期保养护理的费用，而且缩短施工时间，效果既高雅，成本又降低，绿色环保，无毒、无味、无污染。

适合以平面为主的造型

免漆板表面出现划痕或破损后，基本无法进行修补，且面层和底层为一体式结构，因此无法制作复杂的造型，如雕花设计、凹凸设计等，更适合制作以平面为主的造型，如横平竖直的开敞式收纳柜。

免漆板的挑选

1. 看外观。顺光倾斜 45° 观察无炭化点，表面平整，板厚度均匀且足，板面花色逼真，包装上标明环保等级等防伪标志。

2. 用手摸。用手抚摸板面，无凹凸感，说明板面无叠离芯，平整度高。

3. 听声音。抬起板面一角抖动，不会听到嘎吱的声音，说明中板无开胶；敲击板面不同位置，声音清脆，说明中板实心度好；若声音差异大，说明中板有空洞。

4. 闻味道。贴近板材闻一下，无刺鼻气味、有原木香味说明除甲醛彻底，生产工艺好，是质量上乘的免漆板。

免漆板的缺点

免漆板对施工人员的作业水平要求很高，在铺设时，不能磕磕碰碰，要处处小心，以免碰掉油漆。若买到不合格的产品，易产生变形、漆面起泡、褪色等毛病。

板材·椰壳板

极具东南亚风情

椰壳板是一种新型环保建材，是以高品质的椰壳为基材，纯手工制作而成，其硬度与高档红木相当，非常耐磨，有自然弯曲的美丽弧度。经磨削后光滑耐磨，不怕水，无需涂饰油漆，广泛用于酒店、厅堂、家居、酒吧等场所室内外装饰。

椰壳板详情速览

图片	适用	特点	规格	价格
	将干燥的椰壳经过去丝、磨光后切成片，粘贴在木板上的装饰板	硬度高，防潮、防蛀，大面积使用有一定的吸音效果	有乱纹、人字纹、直纹等拼组方式，皆由手工粘贴制成，每片都有天然的深浅变化	20~50元/片，1平方米包含15~20片

注：表内价格仅供参考，请以市场价为准。

椰壳板具有自然美感

椰壳为天然的物品，每小片之间都会存在一些自然的差异，例如天然纹路不同、厚薄不同、色彩的深浅差异等，但是不影响产品质量和外观，正因为此而更能展现出它的天然之美。

它还具有高硬度，不易受损，且防潮、防蛀，特别适合在东南亚风格的室内空间中做装饰。

可用于墙面或者柜面的装饰

椰壳板的原料多源自越南，将干燥处理的椰壳去丝、磨光处理后，切割成矩形的片状，而后由人工粘贴在木板上，由于手工操作，因此无法快速生产。

椰壳板除了用于屏风、墙面的装饰外，还可用作柜子的台面装饰，用椰壳板来装饰室内空间，能够迅速地打造出东南亚风情。椰壳板的尺寸是固定的，若想要小块

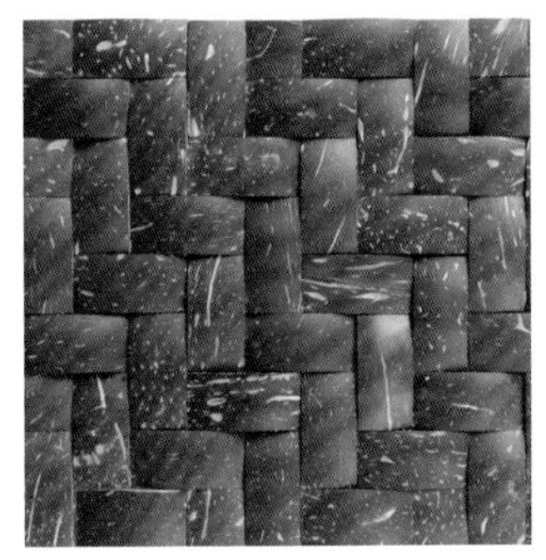

▲从左至右分别为一般椰壳板、洗白椰壳板以及黑亮椰壳板

面的椰壳板，则需请木工裁切。

具有一定的吸音效果

椰壳板不是专业的吸音材料，不具备最佳的隔音效果，但是经过拼接的椰壳板的椰片之间留有凹凸的缝隙，这些缝隙能够起到一定的吸音作用，特别是作为背景墙使用，隔音效果要优于白墙。

椰壳板的种类

椰壳板属于天然材料，经过磨光后呈现椰壳的自然色泽，多半为咖啡色，其颜色的深浅与其生长的年限和光照强度有关，为了避免单调，工厂将椰壳经过一系列处理，成品可分为三种颜色：一般椰壳、洗白椰壳以及黑亮椰壳。可根据整体空间的颜色搭配进行具体的选择。

可适当涂刷保护漆

椰壳板本身具有很好的性能，质地坚硬。但因为使用环境的差异，在使用时可以根据地理环境，适当地涂刷保护漆，以避免长期与空气的接触，因温度和湿度的变化而导致氧化，出现色泽的变化。

保护漆可选择透明的色泽，不会改变椰壳板本身的色彩，能起到保护作用，也可以采用木皮染色的做法，加深板材本身的色泽，还可以将天然的细孔堵住，避免发霉，延长使用寿命。

▲椰壳板用于背景墙装饰会有强烈的民族特色

板材·UV 板

良好装饰性，使用寿命长

UV 板是在基层板材上涂刷 UV 漆，再经过 UV 光固化机干燥而形成的一种装饰板材。UV 漆即紫外光固化漆，固化后具有高光抗菌效果，除此之外还具有防火、防水、质轻高强，纹理色彩多样，颜色鲜艳、经久不失色、无色差，高硬度，越磨越鲜亮，防水、耐污，以及镜面般的高光效果等优点，可代替多种建材。

UV 板详情速览

材质		应用场所	适用	规格	价格
大理石纹UV板		墙面、背景墙、柱面	纹理仿制大理石纹路制成，可代替大理石使用	长 1220 毫米、宽 2440 毫米、厚 3~18 毫米	100~500 元 / 平方米
木纹UV板		墙面、背景墙、柱面	纹理按照实木木皮纹路制成，可代替实木板或木纹装饰板使用	长 1220 毫米、宽 2440 毫米、厚 3~18 毫米	100~500 元 / 平方米
纯色UV板		家具、移门、橱柜门	纯色，无其他花纹的款式，色彩艳丽，有高光和亚光之分	长 1220 毫米、宽 2440 毫米、厚 3~18 毫米	100~400 元 / 平方米
彩钻UV板		家具、移门、橱柜门	表面带有闪亮的钻光效果，色彩鲜艳，效果华丽	长 1220 毫米、宽 2440 毫米、厚 3~18 毫米	100~500 元 / 平方米

注：表内价格仅供参考，请以市场价为准。

高硬度、高光滑度

UV 板的表面光滑度高，镜面高光效果明显，漆膜丰满，色彩丰满诱人。通常若烤漆类板烤漆不好，会不断有挥发性物质（VOC）释放，UV 板解决了环保难题。不但本身不含苯等易挥发性物质，而且通过紫外线固化，形成致密固化膜，降低基材气体的释放量。通过对比实验证明，UV 饰面板与传统板材比较，具有更优良的理化性能，保证 UV 板经久不失色，并解决了色差现象。

UV 板的耐磨性也很高，高硬度，越磨越鲜亮，常温固化，长期不变形，同时能抵御各种酸、碱、消毒液的腐蚀。UV 板形成以上特性的原因是，油漆和紫外线发生化学反应，形成了一层致密的保护膜，这层致密的保护膜的分子间距离很小，比水分子和醋酸分子都要小，因此具有防水、耐污等效果。不过白色 UV 板见太阳光则容易黄变。

高光泽度提升时尚感

UV 板是所有装饰板材中光泽度最高的一种，将其用在墙面时，无需过多的造型，平面施工即可具有提升时尚感的作用，但使用面积不宜过大，反光面积过大易使人晕眩，建议将其集中用在一面墙上。

UV 板施工须知

1. 如果所在地区的潮气较大，在钉装基层板前，应对基层板做防潮处理。

2. 将基层板用气钉固定在墙上，而后用砂纸将板面打磨至清洁干净。基层板可使用 3mm 的三合板、木工板，或防火玻镁板。

3. 调和水性填缝料，填在两张板的 45° 角相交处。先填满，再用木板以垂直角度从 45° 角相交处轻轻划过，这样处理后 45° 角相交处会更美观。

▲客厅侧墙使用了木纹 UV 板做装饰，其镜面板的反光感，提升了室内整体的时尚度

板材·水泥板

良好装饰性，使用寿命长

水泥板是以水泥为主要原材料加工生产的一种建筑平板，介于石膏板和石材之间，可自由切割、钻孔、雕刻。它是一种环保型绿色建材，效果粗犷、质朴而又时尚，其特殊表面纹路可彰显高价值质感与独特品位，同时还具有同水泥一样经久耐用、强度高的特性。

水泥板详情速览

材质		应用场所	适用	规格	价格
木丝水泥板		墙面、背景墙、柱面	颜色清灰，双面平整光滑；结合了木料的强度、易加工性和水泥经久耐用的特点，与水泥、石灰、石膏配合性好；比较来说纹理较细腻，可看到丝状	长 1200 毫米、宽 2400 毫米；长 1220 毫米、宽 2440 毫米	30~60 元 / 平方米
美岩水泥板		墙面、背景墙、柱面	也称为纤维水泥板，正反两面各具特色；正面纹路细腻，反面则立体感强；纹理可与岩石媲美；比较来说纹理较粗，类似岩石纹理	长 1200 毫米、宽 2400 毫米；长 1220 毫米、宽 2440 毫米	30~60 元 / 平方米
清水混凝土板		墙面、背景墙、柱面	又称装饰混凝土、清水板；采用现浇混凝土的自然表面效果作为饰面；平整光滑，色泽均匀，棱角分明；抗紫外线辐照、耐酸碱盐的腐蚀且温和	长 1200 毫米、宽 2400 毫米；长 1220 毫米、宽 2440 毫米	30~60 元 / 平方米

注：表内价格仅供参考，请以市场价为准。

适合多种室内风格

水泥是工业化的产物，它不仅粗犷、质朴，同时还具有现代都市建筑的冷漠感。当室内使用水泥板的面积较大时，建议搭配一些具有温馨感的木质材料来达成平衡，使氛围更舒适。

水泥板的色彩以灰色为主，具有粗犷而现代的装饰效果，因此适合用在具有简约感或粗犷感的工业、现代、时尚、简约、北欧等多种风格的室内空间中。

若追求极强的个性化装饰效果，可用水泥板墙面搭配玻璃和金属材质，如玻璃隔断、金属腿家具等，但此种组合容易显得过于冷硬，可加入一些暖色材质或软装做调节。

▲水泥板搭配木质材料可柔化冷漠感

▲追求个性可搭配玻璃和金属

水泥板的挑选

1. 计算密度。水泥板的好坏和密度密切相关，可以根据板的质量来判断板材的好坏。好的水泥板，其常规板的密度为 0.0018 千克 / 立方厘米左右，自然状态下 1200 毫米 ×2400 毫米 ×6 毫米的板质量为 31 千克左右，厚板密度为 0.00195 千克 / 立方厘米左右，自然状态下 1200 毫米 ×240 毫米 ×6 毫米的板质量为 34 千克左右。差的纤维水泥压力板密度和质量都要低一些，密度为 0.0016~0.0017 千克 / 立方厘米，薄板质量为 27 千克左右，厚板质量为 29 千克左右，普通水泥无压板的密度为 0.0015 千克 / 立方厘米左右，质量为 25 千克左右。硅酸钙板的密度为 0.0012 千克 / 立方厘米左右，质量为 20 千克左右。

2. 询问特殊规格。无压机的厂家只能生产 6~12 毫米厚度的板，压机小的厂家生产不了超薄板和超厚板，不能生产超薄板和超厚板产品的厂家说明他们的压机太小甚至根本没有压机，自然也生产不出质量好的纤维水泥压力板。

3. 选最有实力的厂家。到厂家购买，可以避免不法商家以其他厂家的货以次充好；多联系几个厂家可以实地考察厂家的实力进行对比，以买到最好的产品。选厂家的时候，要看厂家规模和实力、管理模式等。避免选择小作坊或家族式管理的企业。

4. 查看资质。正规的厂家都有相关的产品资质，如物理性能检测报告、荷载检测报告、隔音检测报告、三标认证等。需要注意的是，有些不法商家或者厂家篡改检测报告愚弄用户，避免的方法是可以登录检测机构的网站或打电话核实检测报告的真伪和数据的真假。

板材·玻璃纤维增强石膏板

无限可塑性，自然调节室内湿度

玻璃纤维增强石膏板（GRG），是一种特殊改良纤维石膏装饰材料，造型的随意性使其成为要求个性化的建筑师的首选，它独特的材料构成方式足以抵御外部环境造成的破损、变形和开裂。此种材料可制成各种平面板、各种功能型产品及各种艺术造型，是目前国际上建筑材料装饰界最流行的更新换代产品。

玻璃纤维增强石膏板详情速览

图片	材质	特点	价格
	由改良的纤维和阿尔法增强石膏合成	可任意定制造型，并对室内湿度进行调节；声学效果好	500~1500 元 / 平方米

注：表内价格仅供参考，请以市场价为准。

无限可塑性

GRG 选形丰富，可任意采用预铸式加工工艺来定制单曲面、双曲面、三维覆面等造型，也可以形成镂空花纹、浮雕图案等任意艺术效果，可充分发挥设计想象。

自然调节室内湿度

GRG 是一种有大量微孔结构的板材，在自然环境中，多孔结构可以吸收与释放空气中的水分，起到调节室内湿度的作用，创造室内舒适的小气候；重量轻，强度高。

GRG 产品平面部分的标准厚度为 3.2~8.8 毫米（特殊要求可以加厚），每平方米质量仅 4.9~9.8 千克，能减轻主体建筑质量及构件负载。GRG 产品强度高，断裂荷载高。

防火阻燃

防火 GRG 材料属于 A 一级防火材料，当火灾发生时，它除了能阻燃外，本身还可以释放相当于自身重量 15%~20% 的水分，可大幅度降低着火面温度，降低火灾损失。

声学效果好

经过良好的造型设计，可构成良好的吸音结构，起到隔音、吸音的作用。

可任意造型，现场加工性好

GRG 可根据设计师的设计，任意造型，可大块生产、分割。现场加工性能好，安装迅速、灵活，可进行大面积无缝密拼，形成完整造型。特别是对洞口、弧形、转角等细微之处，可确保无任何误差。

玻璃纤维增强石膏板的保养及清洁

GRG 墙体在竣工交付使用后，一般情况下不需要进行保养，但在使用过程中还需注意以下几点。

1. 保持室内的通风，尽可能保持室内的温度、湿度与环境的温度、湿度一致。

2. 避免重物撞击墙体，轻度冲击会在墙体上留下痕迹、麻点；当撞击力超过 GRG 产品最大断裂荷载时，会导致墙体开裂，重者可能导致墙体脱落。

3. 在清理墙体时，尽量少用湿物清理。湿物接触有可能会导致 GRG 墙体表面涂料发生化学反应，产生变色；尽可能地用柔软、干燥的物品进行清理。

4. 如因外力原因造成墙体损害后，可对损害部位进行裁减、维修，当修补完毕后，可不留一点痕迹，恢复墙体原有的整体效果。

▲ 香港理工大学赛马会创新楼

▲ 广州歌剧院

砖石·仿石材砖

类似大理石的花纹效果

仿石材砖没有天然石材的放射性污染，同时也避免了天然石材的色差，保持了天然石材的纹理，这样每一片仿石材砖之间的拼接更自然。目前市场上仿石材砖与造价非常高的天然大理石相比，价格更易于被接受，因而很受消费者青睐。

仿石材砖详情速览

图片	种类	特点	规格（长 × 宽）	价格
	可分为亮面砖、雾面砖、岩面砖以及烧面砖	具有类似天然石材的效果，而没有石材的缺陷和辐射	600 毫米 ×600 毫米、800 毫米 ×800 毫米、1000 毫米 ×1000 毫米	国产砖为 100~260 元 / 片，其中亮面砖的价格较低，进口砖的价位从 80 元 / 片起

注：表内价格仅供参考，请以市场价为准。

细孔小，吸水率低

天然石材的细孔比较大，吸水率相对较高，不耐脏，不好打理。仿石材砖带有砖石的纹理，但是细孔小，吸水率低，不容易污染，容易保养和清洁，更适合大多数人使用。

良好的耐磨度和光泽度

仿石材瓷砖没有天然石材的色差问题，在物理性能上就要高度天然石材很多，目前装修中用到的仿石材瓷砖分为两类，其中仿石材抛光砖经过打磨抛光后硬度很高，又非常耐磨，在多数室内空间都可以使用；仿石材的玻化砖不需要抛光，其表面如玻璃镜面一样光滑透亮，而且它还能克服普通玻化砖抗油污能力差的弱点。

根据室内风格选择砖的样式

简约风格空间的颜色应选用浅色系，这时候可以搭配稍微夸张一点、花色复杂一点的仿石材瓷砖，能让整个空间不至于因统一而显得简单和空洞。华丽一些的风格例如欧式风格宜显得高贵典雅，因此选用仿大理石瓷砖最为合适。古典风格的家居装修，宜选用咖啡色、黄色或者白色等颜色较浅的仿石材瓷砖，这样能够有效地冲淡古典家装的暗淡和沉闷。选择色泽柔和、纹理均匀、细致、有光感的仿石材瓷砖，还能够增强空间的拉伸感。

▲ 仿石材砖具有媲美大理石的纹理

仿石材砖的挑选

1. 听。听仿石材砖的声音，将仿石材瓷砖立起来，用手敲击砖体，声音越清脆证明砖体密度越高，品质就越好；反之声音越沉闷，证明瓷砖密度越差。

2. 摸。用手触摸仿石材砖的表面，感受其表面的防滑性能，这一点非常重要。

3. 看。看花色纹理，高端的仿石材砖纹理自然、逼真，有很大的随机性，几乎没有重复；看背面的颜色是否纯正，仿石材砖背面纯正的颜色一般是乳白色，若是杂质多了就容易发黑、发黄，且易断裂，并且很多大品牌的仿石材砖每一片背面都会有防伪纹路；从侧面观察颗粒体是否细腻均匀，颗粒体大而粗糙说明砖密度酥松，结构致密，其硬度和耐磨程度都要高；看表面的纹理是否清晰，光感手否柔和，除此之外，色泽是否晶莹剔透。

仿石材砖施工要点

仿石材砖的切边是影响效果的一个关键因素，只有切割平整，粘贴时才能够完全黏合，不会造成墙面不平整的状况。另外，每块砖之间宜留下至少 1 毫米的缝隙，为砖体的热胀冷缩留出一定的余地，这样即使发生地震，也不容易使砖体碎裂。

仿石材砖的清洁及保养

仿石材砖按其仿制材料不同，可分为仿大理石砖和仿普通石材砖。

仿普通石材砖特别是仿岩石的砖体，表面的凹凸纹理会比较明显一些，表面容易附着脏污，但无论是哪一种仿石材砖，清理的时候只需用清水擦拭即可，平时不要拿尖锐的物品去敲击，这样可以保障砖体的使用寿命。

砖石·仿古砖

具有怀旧气氛

仿古砖实质上是上釉的瓷质砖，通过样式、颜色、图案，营造出怀旧的氛围。仿古砖是从彩釉砖演化而来的，与普通的釉面砖相比，其差别主要表现在釉料的色彩上面，仿古砖属于普通瓷砖，与磁片基本是相同的。所谓仿古，指的是砖的效果，应该叫仿古效果的瓷砖，其实并不难清洁。

仿古砖详情速览

图片	特 点	规格	价格
	防滑、耐磨、防污自洁、抗菌、抗静电、抗光害等	仿古砖的常见尺寸（长 × 宽）为：300 毫米 ×300 毫米、400 毫米 ×400 毫米、500 毫米 ×500 毫米、600 毫米 ×600 毫米、300 毫米 ×600 毫米、800 毫米 ×800 毫米	15~450 元 / 块

注：表内价格仅供参考，请以市场价为准。

品种多、花色多

仿古砖品种、花色较多，规格齐全，而且还有适合厨卫等区域使用的小规格砖，可以说是抛光砖和瓷片的结合体。

仿古砖中有皮纹、岩石、木纹等系列，看上去与实物非常相近，可谓是以假乱真，其中很多都是通体砖。

最为流行的仿古砖款式有单色砖和花砖两种。单色砖主要用于大面积铺装，而花砖则作为点缀用于局部装饰。一般花砖

▲ 褐色的砖体有种大地和落叶的感觉

图案都是手工彩绘的，其表面为釉面，复古中带有时尚之感。

色调多参照自然界

在色彩运用方面，仿古砖多采用自然色彩，采用单色或者复合色。自然色彩就是取自自然界中土地、大海、天空、植物等的颜色，如砂土的棕色、棕褐色和红色；叶子的绿色、黄色、橘黄色；水和天空的蓝色、绿色和红色等。

耐磨、防滑

仿古砖的纹理可以起到一定防滑效果，其技术含量要求相对较高，数千吨液压机压制后，再经千度高温烧结，使其强度高，具有极强的耐磨性。经过精心研制的仿古砖兼具了防水、防滑、耐腐蚀的特性，在实际应用中不容易被划伤。

从实用角度看，仿古砖非常耐磨，即使是在人流大、使用频率高的公共场合使用，抛光砖 2~3 年后表面暗淡难看，而仿古砖却与刚铺贴时差别不大。

仿古砖表面不会变黄

在公共场所中，再好的抛光砖经过 2~3 年的使用，表面都会产生一定程度的蜡黄，经过 5 年左右，必须重新装修和铺贴。仿古砖几乎没有这样的问题出现。

抛光砖因其反光性，在国外被认为是最大的光污染源，而仿古砖几乎是亚光的，所以不存在这个问题。

仿古砖的质量鉴别

选购时要深入考察仿古砖的各项技术指标是否过硬。主要的标准是吸水率、耐磨度、硬度、色差等。

吸水率：可能会影响到仿古砖的易清洁程序。吸水率高的产品致密度低，砖孔稀松，不宜在频繁活动的地方使用，以免吸水积垢后不宜清理；吸水率低的产品则致密度高，具有很高的防潮抗污能力。测试吸水率最简单的操作是把一杯水倒在仿古砖背面，扩散迅速的，表明吸水率高，在厨房和卫生间使用就不太合适，因为厨房和卫生间常处于有水环境中，必须用吸水率比较低的产品才行。

耐磨度：分为五度，从低到高。五度属于超耐磨度，一般不用于家庭装饰。家装用仿古砖在一度至四度间选择即可。

硬度：直接影响仿古砖的使用寿命，尤为重要。可以用敲击听声的方法来鉴别，声音清脆的则表明内在质量好，不宜变形、破碎，即使用硬物划一下砖的釉面也不会留下痕迹。

色差：可以根据直观判断。察看一批砖的颜色、光泽纹理是否大体一致，能不能较好地拼合在一起，色差小、尺码规整则是上品。

仿古砖的挑选

先考虑个人喜好，再根据室内颜色、风格、面积、采光度等因素选购合适的产品。

购买时要比实际面积多约 5%，以免补货时产生不同批次产品的色差和尺差。

▲ 深色的仿古砖用在墙面上，有一种沧桑感和复古感

▲ 地面用仿古砖做装饰，可搭配各种风格的室内环境

仿古砖的个性铺贴法

仿古砖在铺贴时，不需要刻意区分砖的颜色，一箱砖里面有几种不同的色泽和凹凸纹理，属于仿古砖的工艺特点，通过不同的色泽和凹凸纹理的搭配，使铺贴效果充满自然气息，赋予时尚个性。

在铺贴时，应特别注意及时清除和擦净施工时黏附在砖体表面的水泥砂浆、胶黏剂和其他污染物，如锯木屑、胶水、油漆等，以确保砖面清洁美观。铺贴完工后，应及时将残留在砖面上的水泥污渍抹去，已铺贴完的地面需要养护 4~5 天，防止过早使用而影响装饰效果。

在铺装过程中，可以通过地砖的质感、色系不同，或与木材等天然材料混合铺装，营造出虚拟空间感，例如在餐厅或客厅中，用花砖铺成波打边或者围出区域分割，在视觉上造成空间对比，往往达到出人意料的效果。若在铺设过程中，将砖与砖之间的缝隙留到 1~3 厘米，能够强化砖体的沧桑感，而后使用填缝剂勾缝。需要注意的是，填缝剂的颜色也很重要，恰当颜色的填缝剂做勾缝处理更能起到画龙点睛的作用。也可以在设计时将砖的缝隙留得很小，营造出不同的风格，但缝隙不宜少于 1 毫米，若缝隙太小则没有砖体热胀冷缩的余地，容易起鼓、变形。

仿古砖的清洁

仿古砖抗污能力超强，通常用水和标准中性洗涤剂清洗，用湿布或拖把进行拖抹就可光亮如新。在肥皂水中加少量的氨水，可将仿古砖擦得光泽亮丽；在亚麻子油中加松节油，既可去除仿古砖的污迹，又能使其保持良好的光洁度。

如遇到施工过程中遗留的水泥渍或锈渍无法清除时，可以采用普通工业盐酸与水或碱水、有机溶剂等清洁剂按 1：3 的比例混合后涂于湿毛巾上进行擦拭，即能去除污渍。但是清洁剂会对砖面有侵蚀性，所以建议要速战速决，及时擦除干净并进行保养。

对于砖面有划痕的情况，可以在划痕处涂抹牙膏，用柔软的干抹布擦拭即可。

砖缝的清洁，可以使用去污膏，用牙签蘸少许去污膏清洁缝隙处，然后用毛笔刷一道防水剂即可，这样不仅能防渗水，而且能防真菌生长。

定期为仿古砖打蜡，可取得持久保持作用，时间间隔 2~3 月为宜。

砖石·马赛克

款式多样、效果突出

马赛克又称锦砖或纸皮砖，是指建筑上用于拼成各种装饰图案的片状小瓷砖。由坯料经半干压成型，在窑内焙烧成锦砖。主要用于铺地或内墙装饰，也可用于外墙饰面。款式多样，常见的有贝壳马赛克、夜光马赛克、陶瓷马赛克以及玻璃马赛克等，装饰效果突出。

马赛克详情速览

种类		应用场所	规格	价格
贝壳马赛克		天然贝壳有着美丽光泽，根据所用贝壳种类的不同具有不同的色泽，且无规律、天然、美观，具有自然的韵味和亲切感。防水性好，硬度低，不能用于地面	原料是深海中的贝壳以及人工养殖的贝壳	多为进口，因此价格比较高，且天然贝价格高于养殖贝价格，500~10000元/平方米
夜光马赛克		夜光马赛克越到夜晚越美丽，在夜晚时发光，可以根据个人喜好拼接成各种形状，价格比较贵，能够营造浪漫的氛围。在白天与普通马赛克的效果一样，颜色仅有蓝色和黄色两种	添加了蓄光型发光材料，在夜晚时可以发光，兼具照明效果	500~1000元/平方米
陶瓷马赛克		陶瓷马赛克是一种工艺相对古老、传统的马赛克。虽然马赛克的种类不断地增长，但是陶瓷马赛克却以其精细玲珑的姿态，多变的色彩、款式，以及复古典雅的风格深受人们的喜爱	主料为陶瓷，经高温窑焙烧而成	90~450 元 / 平方米
玻璃马赛克		玻璃马赛克耐酸碱、耐腐蚀、不褪色，是非常适合装饰卫浴间墙地面的建材。较小巧的装修材料，组合变化的可能性非常多：具象的图案，同色系深浅跳跃或过渡，或为瓷砖等其他装饰材料做纹样点缀等	由天然矿物质和玻璃粉制成，是安全、杰出的环保材料	90~450 元 / 张

注：表内价格仅供参考，请以市场价为准。

贝克马赛克防水性好，但硬度低

贝壳马赛克是近年来新研发的产品，其材料为深海自然贝壳或者人工养殖贝壳。天然贝壳的产量比较少，个头大，色泽美丽，因此价格比较高；而人工养殖贝壳数量多，因此价格则比较便宜，每平方米几百元。

天然贝壳多产自大溪地、澳大利亚、印度尼西亚和越南海域，将贝壳采集后，再经人工切割而组成马赛克。目前常见的种类有黑碟贝、白碟贝、黄碟贝、粉红贝、奶螺贝、鲍鱼贝、切贝等。

人工养殖的贝壳，繁殖养成的速度快，贝壳尺寸不大且色泽不似深海贝壳清透圆润，因此单价较低。不过，经人工裁切，保留最精华部分来拼凑成马赛克砖，若非专业人员，也无法区分与天然贝壳的差别，因此较受消费者喜欢。

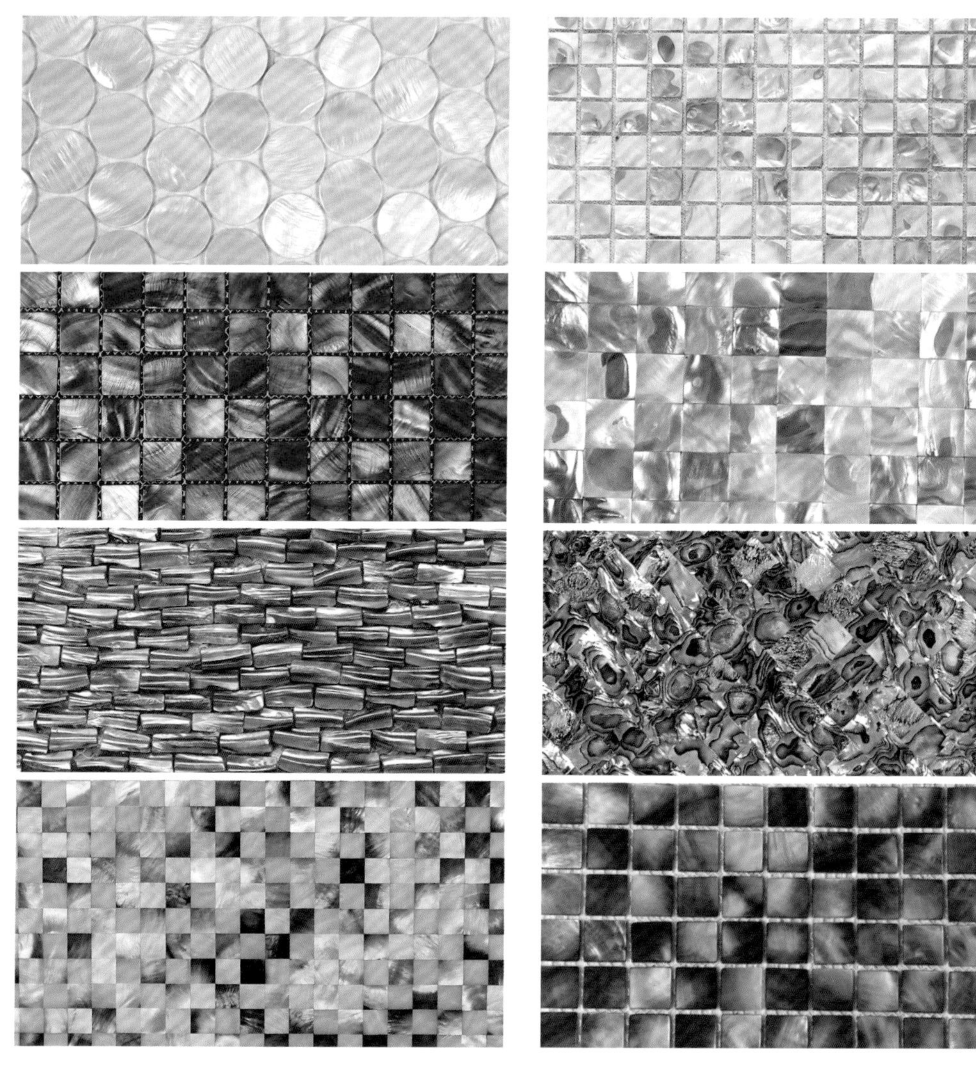

▲ 加工后的各种类型的贝壳马赛克

1. 施工后须磨平表面。贝壳马赛克硬度不高，因此不建议用在地面上，容易损坏。防水性好，可用在卫浴间中。贝壳的表面有天然的纹路，拼接后表面需要用机器磨平处理一遍，才能使表面更加光滑。

2. 贝克马赛克的施工须知。因为贝壳的大小无法控制，所以只能裁切成马赛克砖，且尺寸无法超过 3 厘米，目前市场上的尺寸大多是 1 厘米、1.5 厘米、2 厘米和 2.5 厘米。因为贝壳的表层大多不平整，施工时较困难，建议找经验丰富的老师傅粘贴比较好。保养方面，贝壳表层无细孔，本身防水且不会残留灰尘，以干布擦拭即可保持表面光滑。

▲ 棕褐色的贝壳马赛克很有复古感

▲ 贝壳独特的光泽度，给浴室空间带来不一样的氛围

▲ 利用贝壳马赛克修饰浴室墙面，装饰性较强

夜光马赛克可自动发光，但价格高

夜光马赛克是采用蓄光型材料制成的特殊马赛克，其成本比较高，因此价格是传统陶瓷马赛克的一倍以上，用在墙面上做装饰，白天与普通马赛克一样，夜晚时却能够散发光芒，非常浪漫。

夜光马赛克是在普通的马赛克上涂刷一层发光颜料，而后再进行 850 摄氏度的高温烧制而形成的。

夜光的形成是通过颜料在日光或灯光的照射下存储能量，当夜晚来临时，就会自动发光，形成夜光效果。通常夜光马赛克只需在光源下照射半小时，夜晚的发光时间就能够达到 8~12 小时，使用起来非常方便。

目前的夜光马赛克仅有蓝色以及黄色，黄色明度高但是持久度不如蓝色，可根据需要具体选择。虽然颜色比较单一，但是可以在砖体的背后粘贴不同颜色的贴纸，就能够得到不同色彩的夜光马赛克。

夜光马赛克除了购买成品外，还可以特殊设计成自己想要的效果，通过计算机绘图技术，先虚拟出想要的图形模型，再规划出夜光马赛克的位置，能够形成非常多的形状，例如心形、高楼大厦、树林等。

不建议整面地单一铺贴，除了发光没有任何造型，比较单调，可以搭配其他材质的马赛克，将夜光马赛克排列其中，形成想要的造型，这样无论是白天还是夜晚，都能够起到装饰作用。

▲ 与其他马赛克搭配的夜光马赛克白天与夜晚的不同效果

陶瓷马赛克图案丰富，规格较多

1. 陶瓷马赛克的特点。马赛克的制作是最古老的艺术形态之一。由于它是被一块块排好粘贴在一定大小的纸皮上，以方便铺设，故也被称为“纸皮石”。每个厂家生产的规格、品种、花色五花八门，因此品种非常齐全，适合各种风格。

当今的陶瓷马赛克烧制出的色彩更加丰富，单块元素小巧玲珑，可拼成风格迥异的图案，以达到不俗的视觉效果，因此，陶瓷马赛克也适用于喷泉、游泳池、酒吧、舞厅、体育馆和公园的装饰。同时，由于防滑性能优良，也常用于家庭卫生间、浴池、阳台、餐厅、客厅的装修上。

有些陶瓷马赛克表面被打磨和形成不规则边，造成岁月侵蚀的模样，以塑造历史感和自然感。这类马赛克既保留了陶的质朴厚重，又不乏瓷的细腻润泽，亮点在于其深厚的文化内涵。

陶瓷马赛克是由各种不同规格的数块小瓷砖，粘贴在牛皮纸上或粘在专用的尼龙丝网上拼成联构成的。单块规格一般为 25 毫米 ×25 毫米、45 毫米 ×45 毫米、100 毫米 ×100 毫米、45 毫米 ×95 毫米，或为圆形、六角形等形状的小砖组合，单联的规格一般有 285 毫米 ×285 毫米、300×300 毫米或 318 毫米 ×300 毫米等。

2. 陶瓷马赛克的挑选。①规格齐整。选购时要注意颗粒之间是否同等规格、大小一样，每个小颗粒边沿是否整齐，将单片马赛克置于水平地面检验是否平整，单片马赛克背面是否有太厚的乳胶层。②工艺严谨。首先是摸釉面，可以感觉其防滑度；然后看厚度，厚度决定密度，密度高，吸水率才低；最后是看质地，内层中间打釉通常是品质好的马赛克。③吸水率低。把水滴到马赛克的背面，水滴往外溢的质量好，往下渗透的质量差。

▲ 各种类型的陶瓷马赛克

▲ 陶瓷马赛克的铺贴效果

玻璃马赛克质地晶莹，但不适合大面积使用

玻璃马赛克又称玻璃锦砖或玻璃纸皮砖。它是一种小规格的彩色饰面玻璃。一般规格为 20 毫米 ×20 毫米、30 毫米 ×30 毫米、40 毫米 ×40 毫米，厚度为 4~6 毫米。

外观有无色透明的，着色透明的，半透明的，带金、银色斑点、花纹或条纹的。

▲ 各类型的复合拼接陶瓷马赛克

正面光泽、滑润、细腻；背面带有较粗糙的槽纹，以便于用砂浆粘贴。

由于玻璃所具有的特殊性质，晶莹剔透、光洁亮丽、艳美多彩，所以在装饰中能充分展示出玻璃艺术的优美典雅，在不同的采光效果下产生丰富的立体视觉。

玻璃马赛克具有色调柔和、朴实、典雅、美观大方、化学稳定性好、冷热稳定性好等优点，而且不变色、不积尘、密度低、黏结牢，多用于室内局部、阳台外侧装饰。其抗压强度、抗拉强度、耐高温、耐水、耐酸性均符合国家标准。

玻璃马赛克有上百种颜色和各种正方形、长方形、菱形、圆形、异形等大小不同的规格，以及平面的、曲面的、直边的、圆边的，组合形式多样。

玻璃马赛克在设计中如果辅助紫外线灯、节能灯、日光灯进行针对性照射，在刚刚关灯后，建筑物本身会有翡翠玉石一般晶莹剔透的感觉，通透发光，静谧深邃，夜色中为建筑本身增添超常神秘色彩及无限浪漫情调。

玻璃马赛克是最适合现代家居风格的马赛克种类。它是马赛克家族中最具现代感的一种，时尚感很强，质感亮丽精细，纯度高，给人以轻松愉悦之感，色彩表现很有冲击力。玻璃马赛克比较适合用在浴室的墙身和地面，做背景墙不太合适。

颜色方面，白色玻璃马赛克几乎可以用在任何地方，但是有色的玻璃马赛克则不能用于整个墙面，那样会让人感觉很压抑。有色的玻璃马赛克可以与白色玻璃马赛克或者白色瓷砖配合使用，有色的部分

可以做成竖条或横条形状，还可以选择渐变色的玻璃马赛克，效果也比较出彩。

需要注意的是，如果使用混合颜色的马赛克，颜色最好不要超过两种，而且不宜大面积使用。

此外，玻璃马赛克的色系最好与家具的色系相互协调，否则会影响整体效果。如果室内环境是返璞归真的格调，建议不要使用玻璃马赛克。

▲ 与其他马赛克相比，玻璃马赛克的效果更为剔透、现代

材料小知识

各类马赛克的清洁与保养

无论何种类型的马赛克，若想用于地面上都要防止重物落地。

贝壳马赛克仅用清水擦拭即可，其他类型清洁保养可用一般洗涤剂，如去污粉、洗衣粉等，重垢也可用洁厕剂洗涤。

若马赛克脱落、缺失，可用同品种的马赛克粘补。黏结剂配方为：水泥 1 体积份、细砂 1 体积份、107 胶水 0.02~0.03 体积份；或水泥 1 体积份、107 胶 0.05 体积份、水 0.26 体积份配成。107 胶水一般占水泥的 0.2%~0.4%（体积分数）。加 107 胶水后的黏结剂比单用水与水泥黏结牢固，而且初凝时间长，可连续使用 2~3 小时，方便使用。少量缺块，也可用白乳胶冲 3 倍清水，加少许水泥黏结。

砖石·金属砖

色泽抢眼、具有现代感

目前常见的金属砖有两种：一种是仿金属色泽的瓷砖；另一种是由不锈钢裁切而成的砖。仿金属砖是一种在坯体表面施加金属釉后再经过1200摄氏度的高温烧制而成，釉一次烧成，强度高、耐磨性好，颜色稳定、亮丽，给人以视觉冲击等特点。仿金属砖有仿锈金属砖、花纹金属砖以及立体金属砖等不同款式。

金属砖详情速览

种类		特点	材质	价格
不锈钢砖		具有金属的天然质感和光泽，可分为光面和拉丝两种，在家居空间中不建议大面积使用，公共场所可以大面积使用，如KTV等，颜色多为银色、铜色、香槟金和黑色	不锈钢、铝塑板等金属材料直接加工而成的砖	材料与工艺的不同导致产品的价格差比较大，通常为100~3000元/平方米
仿锈金属砖		表面仿金属生锈的感觉，仿铜锈或者铁锈，常见黑色、红色、灰色底，是价格最便宜的金属砖	彩色釉面砖，仿金属花纹	700元/平方米左右
花纹金属砖		砖体表面有各种立体感的纹理，具有很强的装饰效果，常见香槟金、银色与白金三色	彩色釉面砖，仿金属花纹	1000元/平方米以上
立体金属砖		砖体仿制于立体金属板，表面有凹凸的立体花纹，效果真实，价格比金属板低，触感不冷硬，是全金属砖的绝佳替代材料	彩色釉面砖，仿金属花纹	1000元/平方米以上

注：表内价格仅供参考，请以市场价为准。

彩色釉面的仿金属砖

由金属直接加工成的金属砖已经流行一些年头了，近年来出现了一种彩色釉面的仿金属砖，具有金属的装饰效果但手感更温润。因价格较高，所以公共场所运用较多，家装中多用作点缀使用。

多数的金属砖是在石英砖的表面上一层金属釉面，少部分是在底料中加入少量金属成分制成的。因此，它们的出现使原本使用金属的装饰项目找到了完美的替代品，且价格要低很多，易打理、防滑效果好。

工艺及材料决定价格

金属砖多为金色、银色或铁锈、铜锈的颜色，表面有平滑的也有立体的，根据图案的不同，有不同的效果变化。

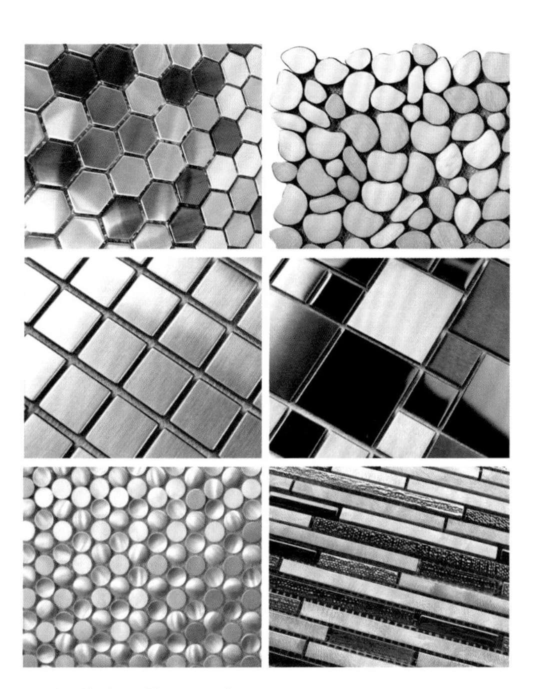

▲ 各种造型的金属砖

在所有品种的金属砖中，铁锈砖的价格是最低的，且根据产地的不同，价格也不同。另外，金属砖的材料以及工艺复杂程度的不同也是影响价格的一大要素。立体砖的价格要高于平面砖，且添加了贵重金属的砖要贵于普通砖。虽然金属砖的颜色比起其他砖来说比较单一，但是款式却是千变万化的。

适合现代风格

无论是金属质地的砖还是仿金属砖，都比较适合用于现代风格的室内空间中，它们具有显著的现代特征，如果选择带有图样的金属砖，能够装饰出类似壁画的效果，且在不同的光线折射下呈现出不同的色泽，视觉清晰度高，非常个性、独特。用于其他风格中会显得有些格格不入。

金属砖的挑选

1. 看外观。好的金属砖无凹凸、鼓突、翘角等缺陷，边直面平，边长的误差不超过 0.2~0.3 厘米，厚薄的误差不超过 0.1 厘米。选用优质金属砖不但容易施工，铺出的效果也好，平整美观，而且还能节约工时和辅料，并经久耐用。

2. 观察釉面。釉面应均匀，平滑，整齐，光洁，细腻，亮丽，色泽一致。光泽釉应晶莹亮泽，无光釉应柔和、舒适。如果表面有颗粒，不光洁，颜色深浅不一，厚薄不匀甚至凹凸不平，呈云絮状，则为下品。

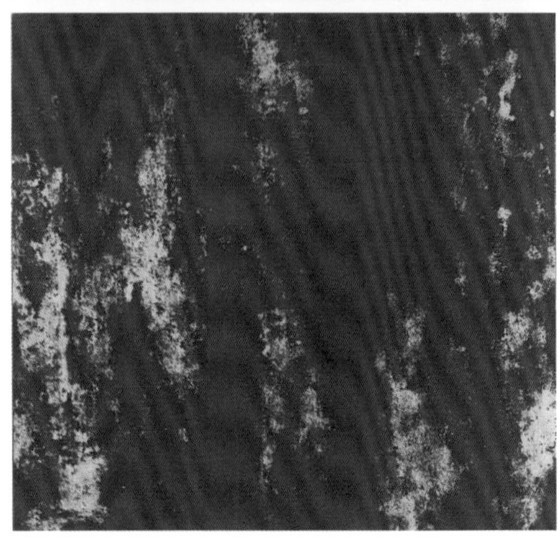

▲ 仿铁锈效果

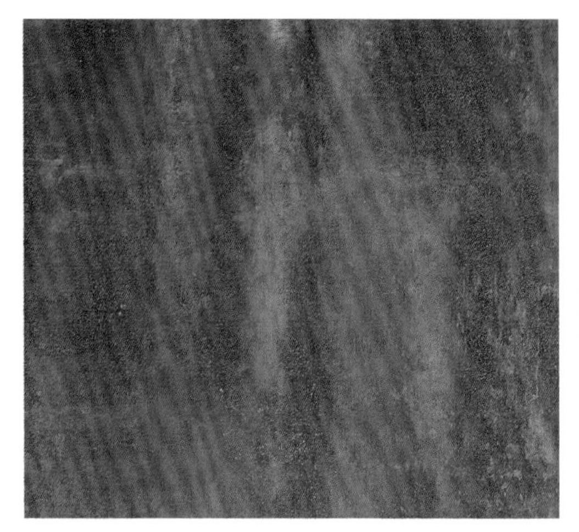

▲ 仿铜锈效果

3. 看色差。将几块金属砖拼放在一起，在光线下仔细察看，好的产品色差很小，产品之间色调基本一致。而差的产品色差较大，产品之间色调深浅不一。

4. 确定规格。可用卡尺测量，好的产品规格偏差小，铺贴后，产品整齐划一，砖缝平直，装饰效果良好。

5. 看砖面。可用肉眼直接观察，要求产品边直面平。产品变形小，施工方便，铺贴后砖面平整美观。

6. 看花纹。好的陶瓷砖花纹、图案、色泽清晰，工艺细腻、精致逼真，没有明显漏色、错位、断线或深浅不一等缺陷。

7. 听声音。以左手拇指、食指和中指夹金属砖一角，轻轻垂下，用右手食指轻击金属砖中下部，如声音清亮、悦耳则为上品；如声音沉闷、滞浊则为下品。

8. 看硬度。金属砖以硬底良好、韧性强、不易碎为上品。仔细观察残片断裂处是细密还是疏松，色泽是否一致，是否含有颗粒；以残片棱角互相划痕，是硬、脆还是较软；是留下划痕或是散落粉末，如为前者，则该金属砖即为上品，后者即下品。

▲ 金属马赛克大面积铺贴的效果

▲ 仿金属砖效果十分现代、个性，如果面积较大，宜搭配其他砖使用

施工时需注意胶黏剂的品质

如果选用金属砖做装饰，需要请专门的有丰富经验的师傅进行施工。此类砖背后多为一层网状薄膜，需要用特殊的胶黏剂来进行施工，因此除了师傅外，胶黏剂的品质也是特别需要注意的一个事项，只有好品质的胶黏剂才能保证施工质量和使用年限。如果没有合适的工人，也可以请店家推荐，通常店里都会配有师傅。

金属砖的表面金属已经过抗氧化处理，因此不会变色，平时用桐油进行保养就可以，每两周保养一次即可，这样做能够使表面的光泽度得到保持，但是不能使用强酸性或者碱性的洗剂来擦拭，否则会破坏金属表层。如果添加了金箔或者白金材料，用清水擦拭即可，还要注意避免重物的撞击。

砖石·文化石

具有自然感和沧桑感

文化石是一种以水泥掺砂石等材料，灌入磨具形成的人造石材。文化石吸引人的特点是色泽和纹路能保持自然原始的风貌，加上色泽调配变化，能将石材质感的内涵与艺术性展现无遗。符合回归自然的文化理念，因此称这类石材为"文化石"。

文化石详情速览

种类		特点	应用	价格
城堡石		外形仿照古时城堡外墙形态和质感，有方形和不规律形两种类型，排列大多没有规则，颜色深浅不一，多为棕色和黄色两种色彩	多用于室内主题墙的装饰	200 元 / 平方米起
层岩石		最为常见的一款文化石，仿岩石石片堆积形成的层片感，有灰色、棕色、米白色等	多用于室内主题墙的装饰	180 元 / 平方米起
仿砖石		仿照砖石的质感以及样式，颜色有红色、土黄色、暗红色等，排列规律、有秩序，具有砖墙效果，是价格最低的文化石	多用于壁炉或主题墙的装饰	180 元 / 平方米起
木纹石		表面仿树木表皮或者年轮纹路，表面不平，多有历经沧桑的感觉，能够防滑，有棕色、灰色和藕色等颜色	外墙墙面及庭院地面的装饰	300 元 / 平方米起

注：表内价格仅供参考，请以市场价为准。

质轻、耐用、环保

质地轻。密度仅为天然石材的 1/4~1/3，无需额外的墙基支撑。

经久耐用。不褪色、耐腐蚀、耐风化、强度高、抗冻与抗渗性好。

绿色环保。无异味、吸音、防火、隔热、无毒、无污染、无放射性。

易清洁、施工简单

防尘自洁功能，经防水剂工艺处理，不易黏附灰尘，在室外使用风雨冲刷即可自行洁净如新，免维护保养。

安装简单，费用省。无需将其铆在墙体上，直接粘贴即可，安装费用仅为天然石材的 1/3。文化石可以像铺贴瓷砖一样进行施工，工期短、价格便宜。

风格和颜色多样，可选择性多，组合搭配使墙面极富立体效果。在室内常被用作主题墙或者电视墙，为室内环境增添自然气息。

浓郁的自然韵味

现在用的文化石多为人造石，因此形态非常多，基本上在自然界中能见到的石材都能够找到，例如砖石、木纹石、莱姆石、鹅卵石、洞石、风化石、层岩等，甚至还有仿木头的款式，适合各种风格，室内和室外都可以使用，能够完美地塑造自然感。

文化石的优缺点

1. 优点。与天然原石相比，文化石的优点就是质轻、价格低，且花色比较均匀。

2. 缺点。但是文化石由于是人造品，存在着一定的缺点。它会吸水吃色，不及原石自然。除此之外，因为多为片状，因此比较脆，不够坚固，破裂后会露出里面的材料，影响美观。若文化石用在地上或者室外，每两年宜涂刷一层保护剂，以保持装饰效果的长久，延长建材的使用寿命。

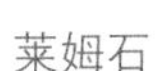

莱姆石

土黄砖石

灰砖石

乱片石

鹅卵石片

鹅卵石

▲ 文化石在室内环境中做墙面装饰，能够增添自然气息

室内不宜大面积铺贴

文化石在室内不适宜大面积使用，一般来说，其墙面使用面积不宜超过其所在空间墙面的 1/3，且居室中不宜多次出现文化石墙面，可作为重点装饰在所有墙面中的一面墙中使用。

文化石安装在室外，尽量不要选用砂岩类的石质，因为此类石材容易渗水。即使表面做了防水处理，也容易日晒雨淋致防水层老化。室内安装文化石可选用类近色或者互补色，但不宜使用冷暖对比强烈的色泽。

文化石的挑选

质量好的文化石，表面的纹路比较明显，色彩对比性高，如果磨具使用时间长以后生产出来的文化石纹路就会不清晰。

除此之外，选购文化石时，可以通过以下方式来检测其质量。

1. 查检测报告。首先检查文化石产品有无质量体系认证、防伪标志、质检报告等。

2. 检测硬度。用指甲划板材表面，有无明显划痕，判断其硬度如何。

3. 看外观。目视产品颜色清纯，表面无类似塑料胶质感，板材正面应无气孔。

4. 看手感。手摸样品表面无涩感、有丝绸感、无明显高低不平感、界面光洁。

5. 闻气味。鼻闻无刺鼻的化学气味。

6. 测试易碎程度。相同两块样品相互敲击，不易破碎。

7. 用火烧。取一块人造石细长的小条放在火上烧，质量差的人造石很容易烧着，而且还燃烧得很旺；质量好的人造石是烧不着的，除非加上助燃的材料，而且会离火自熄。

8. 测试强度。取一块料，使劲往水泥地上摔，质量差的人造石会摔成粉碎性的很多小块，质量好的人造石顶多碎成两三块，而且如果用力不够，还能从地上弹起来。

可根据室内风格进行选款

文化石的款式以颜色不同有非常多的品种，可以从室内环境的整体风格入手进行选款。乡村风格的室内，可以选择红色系、黄色系，图案上选择木纹石、乱片石、层岩石、鹅卵石等。若室内为现代风格，则建议选择黑、白、灰等色调，款式上没有什么具体限制。

文化石施工须知

文化石的施工相对来说是比较简单的，首先墙面需要弄成粗糙的面，毛坯的感觉最好，木质底层则需要先加一层铁丝网，这样做能够增加水泥的抓力，使文化石粘贴得更为牢固。

基层处理好以后，混合好水泥砂浆，在墙面上涂抹厚度为 1 厘米左右的水泥浆，直接将文化石粘贴上即可，水泥砂浆需要填充到石缝中间，最后用竹片将水泥砂浆刮平，不用特别地涂抹，以保留粗糙的自然感。

文化石的拼贴可分为密贴和留缝两种做法，层岩适合密贴，而仿砖石以及鹅卵石等款式则适合留缝。

砖石·洞石

具有天然感和原始风

洞石，学名叫做石灰华，是一种多孔的岩石，所以通常人们也叫它洞石。洞石属于陆相沉积岩，它是一种碳酸钙的沉积物。洞石大多形成于富含碳酸钙的石灰石地形，是由溶于水中的碳酸钙及其他矿物沉积于河床、湖底等地而形成的。其纹理特殊，多孔的表面极具特色。

洞石详情速览

图片	材质	特点	色彩	价格
	天然石材	表面有天然孔洞，装饰效果突出	白色、米黄色、咖啡色、黄色以及红色等	280~520 元 / 平方米

注：表内价格仅供参考，请以市场价为准。

纹理自然、有天然感

天然洞石具有纹理清晰、温和丰富的质感，源自天然，却超越天然，成品疏密有致、凹凸和谐，使人感到温和。洞石主要应用于建筑外墙装饰和室内地板、墙壁装饰。装饰的建筑物常有强烈的文化和历史韵味。

洞石大多在河流或湖泊、池塘里快速沉积而成，这种快速的沉积使有机物和气体不能释放，从而出现美丽的纹理，但不

咖啡色洞石

红洞石

白洞石

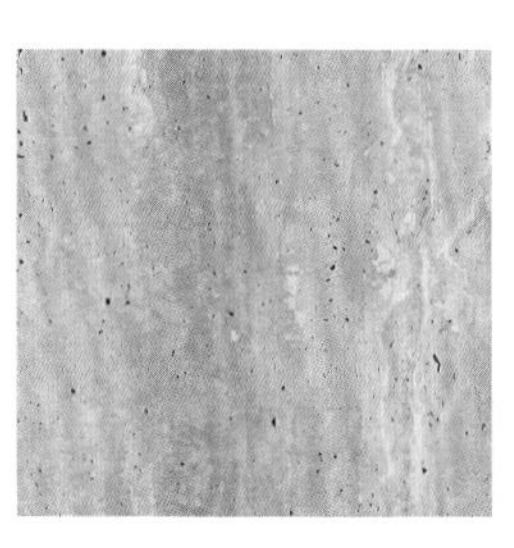

米黄洞石

利的是它也会产生内部裂隙的分层，从而导致强度的降低。因为有孔洞，它的单位密度并不大，适合做覆盖材料，而不适合做建筑的结构材料、基础材料。

拥有良好的装饰性能

洞石的岩性均一，质地软，硬度小，非常易于开采加工，密度小，易于运输和施工。

洞石的质地细密，加工适应性高，硬度小，隔音性和隔热性好，可深加工，容易雕刻。洞石的颜色丰富，除了有黄色的外，还有绿色、白色、紫色、粉色、咖啡色等多种。纹理独特，更有特殊的孔洞结构，有着良好的装饰性能，同时由于洞石天然的孔洞特点和美丽的纹理，也是做盆景、假山等园林用石的好材料。

挑选洞石最好去厂里

选购洞石的时候，最好去厂里挑选。店铺中看到的一般都是样板，是局部石材，天然石材每块的纹路和色彩都有差别，为了获得比较好的装饰效果和质量，亲自去挑选比较好。

▲ 用洞石装饰墙面具有天然感和原始风

吸尘器是清洁洞石的重要工具

使用吸尘器是清洁洞石的重要工具。考虑到时间问题，有时不能仔细清洁洞石之间的小孔隙，只能吸取碎片、灰尘甚至皮屑，这是必要的第一步。

用未经稀释的天然石材清洁剂清洗洞石，将导致洞石变色，很难看。根据洞石不同程度的染色和污染程度，清洗过程可能需要重复多次。在阳光明媚的地区，可让洞石自然风干；在其他地区则应该手动擦干，避免水珠和水渍的形成。

砖石·砂岩

无污染、无辐射

砂岩由石英颗粒（沙子）形成，结构稳定，通常呈淡褐色或红色，主要含硅、钙、黏土和氧化铁。色彩和花纹最受设计师欢迎的则是澳洲砂岩。澳洲砂岩是一种生态环保石材，其产品具有无污染、无辐射、无反光、不风化、不变色、吸热、保温、防滑等特点。

砂岩详情速览

图片	材质	特点	色彩	价格
	砂岩是源区岩石经风化、剥蚀、搬运在盆地中堆积形成的	无污染、无辐射、不反光、不风化、不变色、吸热、保温、防滑	红色、绿色、灰色、白色、玄色、紫色、黄色、青色等	220~580 元 / 平方米

注：表内价格仅供参考，请以市场价为准。

气质典雅、环保天然

砂岩是所有天然石材中使用最为广泛的一种，其高贵典雅的气质、天然环保的特性成就了许多经典设计。

最近几年砂岩作为一种天然建筑材料，被追随时尚和自然的设计师所推崇，广泛地应用在商业建筑和家庭装潢上。

砂岩可用于建筑外立面、室内墙面、地面的装饰，且可用于雕刻，砂岩雕刻也是应用比较广泛的装饰。

砂岩的保养和清洁

砂岩具有比较稳定的性能，但因为使用环境和气候与产地的差异，精心的保养才能够保证使用效果历久弥新。污垢和沾染不仅有碍美观，而且含有让砂岩变质的侵蚀性化学成分。污染是施工期间还是保养期间产生的，必须区别对待。一般来说预防比清洗更重要，日常长期维护效果要好于突击性清洗。

1. 不可直接用水冲洗。砂岩是一种会“呼吸”的多孔材料，因此很容易吸收水分

▲ 砂岩层叠式的效果大块面的使用非常漂亮

或经由水溶解而侵入污染。若吸收过多的水分及污染，不可避免地会造成如崩裂、风化、脱落、浮起、吐黄、水斑、锈斑、雾面等恼人问题。因此应避免用水冲洗或以及用过湿的拖把清洁石材表面。

2. 不可接触酸性或碱性物品。

3. 不可随意上蜡。市场上的蜡基本上都含酸碱物质，不但会堵塞石材呼吸的毛细孔，还会沾上污尘形成蜡垢，造成石材表面产生黄化现象。倘若必须上蜡，须请都专业保养公司指导用蜡及保养。

4. 不可乱用非中性清洁剂。为求快速清洁效果，一般清洁剂中均含有酸碱性物质，故若长时间使用不明成分的清洁剂，将会使石材表面光泽尽失，且非中性药剂的残留是日后产生石材病变的主因。

砂岩的搬运及存储

若为薄的板材，在搬运过程中必须注意避免磕碰。从储存期到施工结束期间，石材必须避免污染，尽可能用塑料层或防污罩布覆盖，并经常扫除施工场所的污垢等，从根本上避免污染物的产生。

砖石·人造石

易清洁、好保养

人造石通常是指人造石实体面材、人造石英石、人造花岗石等。相比不锈钢、陶瓷等传统建材，人造石不但功能多样，颜色丰富，应用范围也更广泛。人造石无毒性、放射性，阻燃、不粘油、不渗污、抗菌防霉、耐磨、耐冲击、易保养、无缝拼接、造型百变。

人造石详情速览

种类		特点	应用	价格
极细颗粒		没有明显的纹路，但其中的颗粒极细，装饰效果非常美观	可用作墙面、窗台及家具台面或地面的装饰	350 元 / 平方米起
较细颗粒		颗粒比极细粗一些，有的带有仿石材的精美花纹	可用作墙面或地面的装饰	360 元 / 平方米起
适中颗粒		比较常见，价格适中，颗粒大小适中，应用比较广泛	可用作墙面、窗台及家具台面或地面的装饰	270 元 / 平方米起
有天然物质		含有石子、贝壳等天然的物质，产量比较少，具有独特的装饰效果，价格比其他品种要贵	可用作墙面、窗台及家具台面的装饰	450 元 / 平方米起

注：表内价格仅供参考，请以市场价为准。

不适合用于户外

喜欢石材的质感和外观，但是害怕天然孔洞残留细菌、污渍、有辐射等问题，可以试试以人造石来替代。

人造石是采集切割石材时的边角料或者废料磨制成石粉再添加树脂制成的，所以价格比天然石材要便宜。制作的时候，使用的树脂越少，产品的价格越低。

人造石不适合用于户外，雨水和阳光的照射会侵蚀建材的表面，使其变色、变脆弱。

人造石与天然大理石的区别

人造石更耐磨、耐酸、耐高温，抗冲、抗压、抗折、抗渗透等功能也很强。其变形、黏合、转弯等部位的处理有独到之处，因为表面没有孔隙，油污、水渍不易渗入其中，因此抗污力强。可任意长度无缝粘接，同材质的胶黏剂将两块人造石粘接后打磨，浑然一体。

天然大理石的纹理非常美观，质地坚硬，防刮伤性能好，耐磨性能尚佳，但有孔隙，易积存油垢，且天然大理石脆性大，不能制作幅面超过 1 米的台面，两块大理石拼接不能浑然一体，缝隙易滋生细菌。天然大理石密度较大，需要结实的橱柜支撑。虽然它坚硬，但弹性不足，如遇重击会产生裂缝，很难修补。

人造石台面的正确使用

1. 不宜在台面上直接放置高温物体，否则会很容易爆裂。在放置高温物体时，应在放置物品下加带有橡胶脚的支架、隔热垫等其他隔热材料。

2. 不宜在冷水冲洗橱柜台面后立即用开水烫，会因短时间内骤冷骤热导致炸裂。

3. 不宜在台面上直接拖动较重物品，以免影响台面光洁美观。

4. 不宜把台面作为菜板直接切、剁各类物品。

5. 不宜让重物或者利器冲击人造石表面，以防留下痕迹。

6. 宜避免台面与一些有机溶剂接触，如去漆剂、含丙酮的去光水、松香水等，均可能伤害到台面的光泽平整，造成污斑。

人造石台面的挑选

传统的人造石台面通常采用亚克力树脂和氢氧化铝做成，具有一定的韧性与硬度，但怕刀划伤。此种材质耐腐蚀，耐光照，在高温条件下还可以做出各种造型，老化过程很慢，产品寿命很长，具有无毒无害、不变色的优点。此外，此种台面翻新、打磨、抛光很容易。如何挑选到高质量的产品则需要一定的技巧。挑选的技巧通常有以下几种。

1. 看外观。看样品颜色，清纯不浑浊，通透性好，表面无类似塑料胶质感，板材反面无细小气孔；看性能，通常纯亚克力的人造石性能更佳，纯亚克力人造石在 120 摄氏度左右可以热弯变形而不会破裂；看价格，通常纯亚克力人造石的价格相对复合亚克力来说，差不多高一倍，欧美国家普遍使用纯亚克力人造石。

▲ 人造石最常用于各种台面的装饰

2. 闻气味。鼻闻无刺鼻化学气味，亚克力含量越高的台面越没有味道。

3. 用手摸。手摸样品表面有丝绸感，无涩感，无明显高低不平感。

4. 用指甲划。用指甲划板材表面，无明显划痕。

5. 测试渗透性。可采用酱油测试台面的渗透性，无渗透为优等品；采用食用醋测试是否添加碳酸钙，不变色、无粉末为优等品；采用打火机烧台面样品，阻燃、不起明火为优等品。

6. 看检测报告。检查产品有无 ISO 质量体系认证、环保标志认证、质检报告，有无产品质保卡及相关防伪标志。

人造石台面的保养与护理

1. 保养。日常维护只需用海绵加中性清洁剂擦拭，就能保持清洁；要消毒，可用稀释后的日用漂白剂（与水调和 1：3 或 1：4）或其他消毒药水擦拭其表面。应用毛巾及时擦去水渍，尽量保持台面的干燥。

因水中含水垢、强氧化剂（氯离子），水在橱柜台面上长时间停留会产生难以去除的污渍，应用电吹风吹干，几个小时或几天后，污渍会慢慢消失。细小的白痕可用食用油润湿干布轻擦表面去除。

出现细小污渍，可用中性清洁剂擦拭。

2. 护理。一些顽固污渍的去污步骤，要根据板材表面的抛光程度而定。

（1）亚光表面：用去污性清洁剂以圆圈方式打磨，然后清洗，再用干毛巾擦干。隔段时间用百洁布把整个台面擦拭一遍，使其保持表面光洁。

（2）半亚光表面：用百洁布蘸非研磨性的清洁剂以圆圈方式打磨，再用毛巾擦干，并用非研磨性的抛光物来增强表面光亮效果。

（3）高光表面：用海绵和非研磨性的亮光剂打磨。特难除去的污垢，可用 1200 目的砂纸打磨，然后用软布和亮光剂（或家具蜡）提亮。

人造石施工须知

人造石吸水率低、热膨胀系数大，表面光滑，难以粘贴，采用传统水泥砂浆粘贴若处理不当，容易出现水斑、变色等问题。可使用专业的人造石粘贴剂来替代水泥砂浆施工，避免以上问题，在监工时一定要注意这一点。

在施工前，要重视基底，这一环节关系到安装后的质量，基底层应结实、平整、无空鼓，基面上应无积水、无油污、无浮尘、无脱模剂，结构无裂缝和收缩缝。

若将人造石作为地砖使用，在铺设时需要注意留缝，缝隙的宽度至少要达到 2mm，为材料的热胀冷缩预留空间，避免起鼓、变形。

漆及涂料·乳胶漆

色彩多样、适合 DIY

乳胶漆是乳胶涂料的俗称，是以丙烯酸酯共聚乳液为代表的一大类合成树脂乳液涂料。乳胶漆是水分散性涂料，它是以合成树脂乳液为基料，填料经过研磨分散后加入各种助剂精制而成的涂料，具备了与传统墙面涂料不同的众多优点，如易于涂刷、干燥迅速、漆膜耐水、耐擦洗性好、抗菌等。

乳胶漆详情速览

图片	材质	特点	适用	价格
	以合成树脂乳液为基料，水为分散介质，加入颜料、填料（亦称体质颜料）和助剂，经一定工艺过程制成的涂料	无污染、无毒、无火灾隐患，易于涂刷、干燥迅速，漆膜耐水、耐擦洗性好，色彩柔和	可用作建筑物外墙以及室内空间中墙面、顶面的装饰	200~2000 元 / 桶

注：表内价格仅供参考，请以市场价为准。

安全、无毒、施工方便

安全，无毒无味，彻底解决了油漆工中由于有机溶剂毒性气体的挥发而带来的劳动保护及污染环境问题，杜绝了火灾的危险。

施工方便，可以刷涂也可辊涂、喷涂、抹涂、刮涂等，施工工具可以用水清洗。

透气性、遮盖性佳

透气性好、耐碱性强，因此涂层内外湿度相差较大时，不易起泡，在室内涂层也不易出水，特别适于在建筑物内外墙的水泥面、灰泥面上涂刷。

覆遮性和遮蔽性是高质量乳胶漆的组成要素，代表了效果更好、时间消耗更少，用量更省的粉刷工作。

附着力好、防水

良好的附着力可以避免出现裂缝和瑕疵，易清洗性确保了光泽和色彩的保持，这两点是选择乳胶漆时的重要参考指标。

乳胶漆具有优异的防水功能，防止水

渗透墙壁、损坏水泥，从而保护墙壁，并具抗菌功能，同时还具有良好的抗炭化、耐碱性能。

根据场所选择不同产品

市面上的乳胶漆品种多样，很容易挑花眼，可以根据房间的不同功能选择相应特点的乳胶漆。

如卫生间、地下室最好选择耐真菌性较好的产品，而厨房、浴室选择耐污渍及耐擦洗性较好的产品。除此之外，选择具有一定弹性的乳胶漆，对覆盖裂纹、保护墙面的装饰效果有利。

选购乳胶漆的几个常见误区

1. 重价格而忽视质量。许多人在选购乳胶漆的时候，都会认为价格越高越好，很容易走入重价格而忽视质量的误区。另一种极端的消费者则为了省钱，购买的时候价格越低越好，这样钱省了不少，但是以后的墙面质量和室内环境就堪忧了。因此建议在挑选时注重综合性的性价比，而不是过分地注重其中的一点，选择有信誉的大品牌是比较靠谱的。

2. 重包装而忽视内在。好的包装是十分引人注意的，通常人们也会认为包装好里面的内容物质量也会好，因此，容易过于注重包装。包装好看的乳胶漆不一定内在质量优。有的厂商为了吸引顾客，在产品的包装上大做文章，故意夸大产品性能。因此，建议消费者除了看产品包装的同时，也要注意其他方面，比如查看产品的详细检测单等。

3. 色卡与墙面颜色完全一致。很多消费者以为色卡上的涂料颜色和刷上墙的颜色完全一致，这是一个误区。因光线反射等原因，房间四面墙都涂上漆之后，墙面颜色看起来会比色卡上深。在色卡上看到的颜色与涂料上墙后的实际颜色通常会有所差异。因此建议在色卡中选色时，最好挑选自己喜欢的颜色稍微浅一号的色号，如果喜欢深色墙面，可以与所选色卡颜色调成一致。

4. 没有提前估算用漆量。估算乳胶漆用量是一件很简单的事情，很多人没有这个习惯，总是怕少买了数量，选购的时候就会夸大数量。这样可能会造成材料的浪费，增加了装修的费用。因此建议在施工之前，从面积上估算一下材料的使用数量，避免相差太大。

5. 无气味就是环保的。许多人通过闻气味来判断乳胶漆的安全性，认为低气味或无气味的乳胶漆就是环保的，这并不是完全正确的做法，通过添加香精或使用低味材料能实现无气味，所以无气味的乳胶漆并非都是环保、无毒的。

判断乳胶漆的环保性最专业的方法是看其环保指标是否符合标准。乳胶漆的关键环保指标有三项：VOC、游离甲醛、重金属。

乳胶漆的挑选

如果想要选择最适合房屋装修风格的乳胶漆，在选购时，还有不少细节需要注意。

1. “看、掂、动手”来查看质量。看就是看外包装和环保检测报告。一般乳胶漆的正面都会标注名称、商标、净含量、成分、使用方法和注意事项。注意生产日期和保质期，各品牌乳胶漆标注的保质期为1~5年不等。一般品牌乳胶漆都有环保检测报告或检测单。检测报告对VOC、游离甲醛以及重金属含量的检测结果都有标准。国家标准规定，VOC每升不能超过200克；游离甲醛每千克不能超过0.1克。

2. 掂是掂量分量。一般来说，质量合格的乳胶漆，5升一桶的大约为7千克；18升一桶的大约为25千克。还有一种简单的方法，将漆桶提起来，正规品牌乳胶漆晃动一般听不到声音，很容易晃动出声音则证明乳胶漆黏度不足。

动手是动手开罐检测。优质的乳胶漆比较黏稠，呈乳白色的液体，无硬块，搅拌后呈均匀状态，没有异味。否则说明乳胶漆有质量问题。还可以在手指上均匀涂开，在几分钟之内干燥结膜，结膜有一定延展性的都是放心产品。

鉴别乳胶漆真假的简单方法

真乳胶漆看上去比较油嫩，有光泽，开桶后上面漂浮约1毫米厚的类似机油的乳胶剂。假的乳胶漆会漂一层薄薄的水。

真的乳胶漆有淡淡的清香，伴有类似泥土味。假的乳胶漆泥土味重、刺鼻，或者没有一点味道。

真的乳胶漆摸上去特别细腻，润滑。假的乳胶漆涩，有颗粒感。刷起来顺滑，而且遮盖力强。假的乳胶漆没有遮盖力，

▲ 乳胶漆具有多变的色彩，最适合用于进行自主设计

而且干了以后没有太大的硬度。

取小棍蘸点乳胶漆，能挂丝长而不断均匀下坠的为好。以手指蘸点乳胶漆揉捻，无砂粒的毛糙感，用水冲洗有滑腻感。

涂刷面积的简单测算

涂料在涂刷前，有必要对涂刷面积进行一番测算，以大致地估计一下需要多少涂料，以免造成一些不必要的浪费。

在一个标准的方形房间里，除了四个面需要涂刷外，还有顶面的部分，在这五个面里又会有门和窗，所以需要减去门和窗的面积，即：长 × 宽 + 长 × 高 ×2+宽 × 高 ×2 －门窗面积。经简化得：长 × 宽 + 周长 × 高 - 门窗面积。一般情况下，通过以上方法算出的结果都在占地面积的 3.5 倍左右，所以在实际使用中可以用长 × 宽 ×3.5 来估算内墙的涂刷面积。

乳胶漆施工的验收标准

通常乳胶漆施工面积在室内占据的面积都比较大，因此施工质量是很重要的，如果施工后检查不及时，会严重地影响效果。可以通过材料以及最后效果进行检验。

涂刷使用的材料品种、颜色符合设计要求，涂刷面颜色一致，不允许有透底、漏刷、掉粉、皮碱、起皮、咬色等质量缺陷。使用喷枪喷涂时，喷点疏密均匀；不允许有连皮现象；不允许有流坠，手触摸漆膜光滑、不掉粉；门窗及灯具、家具等洁净，无涂料痕迹。

偷梁换柱。乳胶漆一般分为底漆和面漆，如果想要涂刷墙面，正常的涂刷流程为先做墙面处理——刮腻子，然后再刷底漆和面漆。底漆主要起封固防碱的作用。若在底漆上做手脚，大多数业主根本看不出来。如果有空，可以在施工时看着油漆工开桶，乳胶漆开桶后再更换就很困难。

偷工减料。乳胶漆是水性漆，施工时要通过添加一定比例的水稀释。涂料品牌不同，添加水的比例从 10%~30% 不等。若将水的比例加大，乳胶漆的遮盖能力大大降低，根本起不到弥盖裂纹、保护墙面的作用，掺水通过目测和触摸较易发现。

三种不同墙面基层的处理

1. 新房子的墙面一般只需要用粗砂纸打磨，不需要把原漆层铲除。

2. 普通旧房子的墙面需要把原漆面铲除。方法是用水先把其表层喷湿，然后用泥刀或者电刨机把其表层漆面铲除。

3. 对于年代比较久远的旧墙面，若表面已经有严重漆面脱落，批荡面呈粉沙化情况的，需要把漆层和整个批荡铲除，直至见到水泥批荡或者砖层。然后用双飞粉和熟胶粉调拌打底批平。然后再涂饰乳胶漆，面层需涂 2~3 遍，每遍之间的间隔时间以 24 小时为佳。

漆及涂料·木器漆

让家具和地板更美观

木器漆是指用于木制品上的一类树脂漆，有硝基清漆、聚酯漆、聚氨酯漆等，可分为水性和油性。按光泽可分为高光、半亚光、亚光。按用途可分为家具漆、地板漆等。又有清漆、白色漆和彩色漆之分。

木器漆详情速览

图片	材质	特点	适用	价格
	分为硝基清漆、聚酯漆、聚氨酯漆。还可总体分为水性漆和油性漆	硝基清漆属于挥发性油漆，具有干燥快、光泽柔和等特点；聚酯漆的漆膜丰满，层厚面硬；聚氨酯漆漆膜强韧，光泽丰满，附着力强，耐水、耐磨、耐腐蚀	适用于家具以及地板饰面	200~2000元/桶

注：表内价格仅供参考，请以市场价为准。

保护、美化木质制品

木器漆可使木质材质表面更加光滑，避免木质材质直接性被硬物刮伤，留下划痕，有效地防止水分渗入木材内部造成腐烂，有效防止阳光直晒木质家具造成干裂。涂刷木器漆是家具和木质地面不可缺少的一道施工工艺。

水性漆与油性漆的区别

油性木器漆相对硬度更大、丰满度更好，水性木器漆的环保性更好，但是效果要略差于油性木器漆。

油性漆使用的是有机溶剂，通常称作天那水或者香蕉水，有污染，还可以燃烧。

水性漆是以水作为稀释剂的涂料。水性木器漆的生产过程是一个简单的物理混合过程。它以水为溶剂，无任何有害挥发，是目前最安全、最环保的家具漆涂料。水性木器漆具有无毒环保、无气味、可挥发物极少、不燃不爆的高安全性、不黄变、涂刷面积大等优点。

硝基清漆干燥快、光泽柔和

硝基清漆是一种由硝化棉、醇酸树脂、

增塑剂及有机溶剂调制而成的透明漆，属于挥发性油漆，具有干燥快、光泽柔和等特点。硝基清漆分为高光、半亚光和亚光三种，可根据需要选用。硝基清漆有着高湿天气易泛白、丰满度低、硬度低的缺点。

聚酯漆漆膜丰满，层厚面硬

聚酯漆是以聚酯树脂为主要成膜物制成的一种厚质漆。聚酯漆的漆膜丰满，层厚面硬。聚酯漆分为有色漆和清漆两种，清漆品种称作聚酯清漆。

聚酯漆施工过程中需要进行固化，这些固化剂的分量占了油漆总分量 1/3。这些固化剂也称为硬化剂，其主要成分是 TDI（甲苯二异氰酸酯）。这些处于游离状态的 TDI 会变黄，不但使家具漆面变黄，同样也会使邻近的墙面变黄，这是聚酯漆的一大缺点。市面上已经出现了耐黄变聚酯漆，但也只能控制耐黄而已，还不能做到完全防止变黄的情况。

超出标准的游离 TDI 还会对人体造成伤害，包括造成疼痛流泪、结膜充血、咳嗽胸闷、气急哮喘及各种皮肤病。国际上对于游离 TDI 的限制标准是控制在 0.5% 以下。

▲ 木器漆多用于家具的饰面上

聚氨酯漆可广泛用于高级木器家具

聚氨酯漆即聚氨基甲酸酯漆。它的漆膜强韧，光泽丰满，附着力强，耐水、耐磨、耐腐蚀。被广泛用于高级木器家具，也可用于金属表面。

其缺点主要有遇潮起泡，漆膜粉化等问题，与聚酯漆一样，它同样存在着变黄的问题。同样分为有色漆和清漆，清漆品种称为聚氨酯清漆。

各类木器漆的比较

硝基清漆，干燥快、漆膜坚硬、耐磨且木纹清晰，但漆膜丰满度差。

聚酯漆施工方便、附着牢固、光亮丰满，常用于门窗、栏杆等户外木制品、钢铁结构的涂饰，但其涂膜较软，耐水性较差，不宜用于地板、桌面。

聚氨酯漆有优良的硬度、韧性和耐磨性，且装饰性强，但含 TDI。

可根据需要和特性具体地进行木器漆品种的选择。

木器漆的挑选

1. 选择正规厂家。选购木器漆时首先要注意是否是正规生产厂家的产品，并要具备质量保证书，看清生产的批号和日期，确认合格产品方可购买。对于溶剂型木器漆，国家已有“3C”的强制规定，因此在市场上购买时需关注产品包装上是否有“3C”标识。

2. 索要检测报告。购买木器漆时需要向商家索取同产品在一年内的抽样检测报告。检测报告的内容根据不同的木器漆要求不同，具体如下：聚酯漆应用性能符合《木器用不饱和聚酯漆》（LY/T 1740—2008）的技术要求；聚氨酯漆应用性能应符合《溶剂型聚氨酯涂料（双组分）》（HG/T 2454—2014）的技术要求；环保性能符合《木器涂料中有害物质限量》（GB 18581—2020）的技术要求；水性木器漆符合《室内装饰装修用水性木器涂料》（GB/T 23999—2009）的技术指标。

3. 注意木器漆稀释剂。选择聚氨酯木器漆的同时应注意木器漆稀释剂的选择。通常在超市购置的聚氨酯木器漆，其包装中包含主剂、固化剂、稀释剂。严格地讲，各种类型的木器漆都有相应的稀释剂，彼此不能通用。但是，在考虑某些溶剂的价格、来源、施工安全、环境污染等方面，可把一些常用的溶剂，通过调配，来代替不同的稀释剂。

4. 选择正规购买渠道。选购水性木器漆时，应当去正规的家装超市或专卖店购买。根据水性木器漆的分类，可结合自己的经济能力进行选择，如需要价格低的，只有选择第一类水性漆；要是中档以上、比较讲究的装修，则最好用第二类的或第三类水性漆。

木器漆施工须知

涂刷木器漆时环境和涂刷工具必须清洁，操作人员应穿清洁的工作服，戴清洁的工作帽。环境相对湿度大于85%、气温降至5摄氏度以下时，会延长干燥时间，产生白雾或消光现象，因此应避免在此情况下施工；气温过高，涂料干燥较快，也会产生针孔或气泡，因此应也应尽量避免高温施工。涂刷木器漆宜薄不宜厚，可薄层多道进行；做多层涂装施工时，每遍涂刷应待下层干透后施工，并且每遍都要打磨。

木器漆的养护

涂刷后七天内是木器漆的养护期，七天后木器漆的各项性能才能达到相对稳定。养护期间最重要的是要保持室内空气的流动性和温度的适中性，这样可以保证木器家具表面的漆膜达到正常的硬度。

涂装后的家具虽然可以承受高温、耐沸水，不会在桌面上留下永久的热水杯白印，但是切忌靠近火炉和暖器片等取暖器，以免高温烘烤，致使木器家具表面开裂、漆膜剥落。家具表面的漆膜要经常用柔软的纱布揩擦，抹去灰尘污迹，并定期用汽车上光蜡或地板蜡擦拭，这样可以使表面漆膜光亮如新。漆膜要尽量避免接触高浓度的化学试剂，如盐酸、稀释剂等，以免损坏漆膜。

若表面漆膜沾上污渍，要立即用低浓度肥皂水洗去，再用清水洗净后迅速拭干，最后用汽车上光蜡擦拭即可。每隔几年，最好能用同种类别木器漆重刷一遍，以保持家具漆膜常新，经久耐用。

漆及涂料·水性金属漆

环保、不易燃烧

水性金属漆是指国际环保水性工业漆，以清水为稀释剂，不含有害溶剂，在施工前后不会造成环境污染，也不会危害人体健康。排放的 VOC 含量优于环境标准要求，不容易燃烧，且无毒、无气味，是全新的环保产品。

水性金属漆详情速览

图片	材质	作用	特点	价格
	主材为水性氨基树脂、有机颜料以及助剂	水性金属漆可对不锈钢、铝合金、镁合金等金属起到表面装饰及保护作用	漆膜丰满、平滑、硬度高、附着力极强、耐黄变、耐水、耐酸碱、耐磨，性能持久稳定、安全	50~400 元/桶

注：表内价格仅供参考，请以市场价为准。

保护金属制品表面

对各种金属的表面起到保护作用，防锈、美观。无毒害，不含甲醛，不含游离 TDI；不含苯、甲苯、二甲苯；不燃烧、无气味；VOC 含量优于环境标准要求。

种类多样

水性烘烤金属漆的产品有：亮光金属清漆、亚光金属清漆、平光金属清漆、蒙砂金属清漆、各色金属漆（亮光、平光、亚光）、实色金属漆、各色透明金属漆、金色金属漆、银色金属漆、闪光金属漆、裂纹金属漆等。

材料小知识

使用注意事项

漆膜未干之前，涂装物应避免沾水；水性涂料，勿与其他油漆混合使用；施工环境应保持在相对湿度不小于 65%，温度不低于 8 摄氏度；色漆经长期存放，可能会出现轻微沉淀的情况，使用前应充分搅拌均匀，避免出现颜色不均匀现象；在需做多层涂装时，应在底层涂层干燥后方可进行面层施工；施工时若涂料进入眼睛，应立即用清水冲洗，必要时应到医院就诊。

漆及涂料·艺术涂料

具有个性的装饰效果

艺术涂料最早起源于欧洲，20 世纪进入国内市场以后，以其新颖的装饰风格，不同寻常的装饰效果，备受推崇。艺术涂料是一种新型的墙面装饰艺术材料，再加上现代高科技的处理工艺，使产品无毒、环保，同时还具备防水、防尘、阻燃等功能，优质艺术涂料可洗刷、耐摩擦，色彩历久常新。

艺术涂料详情速览

种类		特点
威尼斯灰泥		由丙烯酸乳液、天然石灰岩、无机矿土、超细硬质矿粉等混合的浆状涂料，通过各类批刮工具在墙面上批刮操作，可产生各类纹理。艺术效果明显，质地和手感滑润，花纹讲究若隐若现，有三维感，表面平滑如石材，光亮如镜面。独特的施工手法和蜡面工艺处理，手感细腻、犹如玉石般的质地和纹理。可以在表面加入金银批染工艺，渲染出华丽的效果
板岩漆系列		采用独特材料，其色彩鲜明，具有板岩石的质感，可任意创作艺术造型。通过艺术施工的手法，呈现各类自然岩石的装饰效果，具有天然石材的表现力，同时又具有保温、降噪的特性。绿色环保、超强石材表现、颜色持久、亮丽如新
浮雕漆系列		是一种立体、质感逼真的彩色墙面涂装艺术质感涂料。装饰后的墙面酷似浮雕般观感效果，所以称为浮雕漆。浮雕漆不仅是一种全新的装饰艺术涂料，更是装潢艺术的完美表现。具有独特立体的装饰效果，仿真浮雕效果，涂层坚硬，黏结性强、阻燃、隔音、防霉、艺术感强
幻影漆系列		幻影漆实如其名，能使墙面变得如影如幻，能装饰出上千种不同色彩、不同风格的变幻图案效果，或清素淡雅或热烈奔放，其独特的优异品质又融合了古典主义与现代神韵，漆膜细腻平滑，质感如锦似缎，错落有致，高雅自然

续表

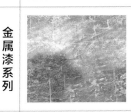

种类		特点
肌理漆系列		肌理漆系列具有一定的肌理性，花型自然、随意，适合不同场合的要求，满足人们追求个性化的装修需求，异形施工更具优势，可配合设计做出特殊造型与花纹、花色
金属漆系列		由高分子乳液、纳米金属光材料、纳米助剂等优质原材料采用高科技生产技术合成的新产品，适合于各种内外场合的装修，具有金箔闪闪发光的效果，给人一种金碧辉煌的感觉 效果高贵典雅、施工方便、装饰性极强，是新一代的装饰涂料
裂纹漆系列	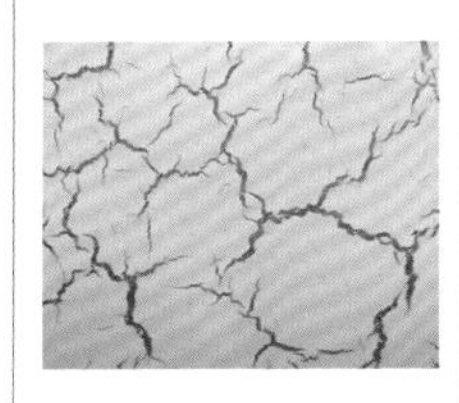	裂纹变化多端，错落有致，具艺术立体美感
马来漆系列		流行于欧美、日本、中国台湾地区的一种新型墙面艺术漆，漆面光洁，有石质效果，花纹讲究若隐若现，有三维感。花纹可细分为冰菱纹、水波纹、大刀石纹等各种效果，以上效果以朦胧感为美。进入国内市场后，马来漆风格有创新，讲究花纹清晰，纹路感鲜明，在此基础上又有风格演绎为纹路有轻微的凸凹感。它可以无缝连接，不褪色、不起皮，施工简单、便于清理，是一种具备多重优点的全新内墙装饰涂料
砂岩漆系列		以天然骨材、大理石粉结合而成的特殊耐候性防水涂料。砂岩漆可以配合建筑物不同的造型需求，在平面、圆柱、线板或雕刻板上创造出各种砂壁状的质感，满足设计上的美观需求。装饰效果特殊，耐候性佳，密着性强，耐碱性优，具有天然石材的质感，耐腐蚀、易清洗、防水、纹理清晰流畅，效果几乎可以乱真天然澳洲砂岩
云丝漆系列	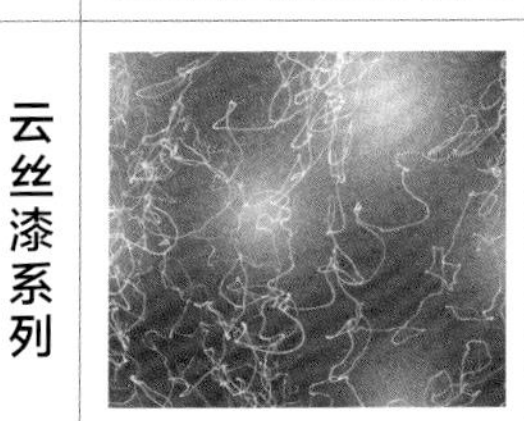	通过专用喷枪和特别技法，使墙面产生点状、丝状和纹理图案的仿金属水性涂料。质感华丽，丝缎效果，金属光泽，让单调的墙体布满了立体感和流动感，不开裂、起泡。既适合与其他墙体装饰材料配合使用和个性形象墙的局部点缀，也具有自身产品种类之间相互配合应用的特性
风洞石系列		汲取天然洞石的精髓，浑然天成，纹理神似天然石材，流动韵律感极强，实现每一块砖上洞的大小、形状均不一样，层次清晰且富有韵味。堪与真正的石材媲美，更有石材无法拥有的优点——没有石材的冰冷感与放射性，而且整体感特别强，无论是转角还是圆柱，都可以浑然一体。比起石材价格更低，但具有类似效果

出众的装饰效果，严格的施工要求

艺术涂料不仅克服了乳胶漆色彩单一、无层次感及壁纸易变色、翘边、起泡、有接缝、寿命短的缺点，同时具有乳胶漆易施工、寿命长的优点和壁纸图案精美、装饰效果好的特征，是集乳胶漆与壁纸的优点于一身的高科技产品。其独特的装饰效果和优异的理化性能是任何涂料和壁纸都不能达到的。

艺术涂料与传统涂料之间最大的区别在于，传统涂料大都是单色乳胶漆，所营造出来的效果相对单一，而艺术涂料即使只用一种涂料，由于其涂刷次数及加工工艺的不同，却可以达到不同的效果。

对于施工人员要求严格及需要较高的技术含量，也是艺术涂料比较难被国内消费者所认同的原因。艺术涂料的施工过程并不像壁纸那么简单，由于最后效果的好坏与施工人员的素养和专业技术都有着很大的联系，因此要慎选技工。

艺术涂料与壁纸的差别

差别项目	艺术涂料	壁纸
施工工艺	涂刷在墙上，就像腻子一样，完全与墙面融合在一起，其效果会更自然、贴合，使用寿命更长	贴在墙上，它是经加工后的产物
装饰效果	任意调配色彩，并且图案任意选择与设计，属于无缝连接，不会起皮、不开裂，能保持十年不变色，光线下产生不同折射效果，使墙面产生立体感，也易于清理	只有固定色彩和图案的选择，属于有缝连接，会起皮、开裂，时间一长会发黄、褪色，仅一些高档壁纸有些视觉效果，难以清理
装饰部位	内外墙通用，比壁纸应用范围更广	仅限内墙，只能运用到干燥的地方，类似厨房、卫生间、地下室等是不能运用的
个性化	可按照个人的思想自行设计表达	不能添加个人的主观思想元素
难易程度	其工艺很难被掌握，因此流传度不高	施工比艺术涂料简单、快捷

主要用于装饰设计

艺术涂料应用于装饰设计中的主要景观例如门庭、玄关、电视背景墙、廊柱、吧台、吊顶，能产生极其高雅的效果，而其适中的价位又完全符合各阶层装饰装修的需求。除此之外，宾馆、酒店、会所、俱乐部、歌舞厅、夜总会、度假村以及高档豪华别墅、公寓和住宅的内墙装饰都可选用。

艺术涂料的挑选

市场上销售的多彩艺术涂料，质量差距较大，优劣并存。因此，在选购时应仔细辨别，防止上当受骗。可以从以下几个方面入手检验。

1. 看粒子度。取一个透明的玻璃杯，盛入半杯清水，然后取少许多彩涂料，放入玻璃杯的水中搅动。凡质量好的多彩涂料，杯中的水仍清晰见底，粒子在清水中相对独立，没黏合在一起，粒子的大小很均匀；而质量差的多彩涂料，杯中的水会立即变得浑浊不清，且颗粒大小呈现分化，少部分的大粒子犹如面疙瘩，大部分的则是绒毛状的细小粒子。

2. 看销售价。质量好的艺术涂料，均由正规生产厂家按配方生产，价格适中；而质量差的涂料，有的在生产中偷工减料，有的甚至是个人仿冒生产，成本低，销售价格比质量好的涂料便宜得多。

3. 看水溶。艺术涂料在经过一段时间的储存后，其中的花纹粒子会下沉，上面会有一层保护胶水溶液。这层保护胶水溶液，一般占多彩艺术质感涂料总量的 1/4 左右。凡质量好的多彩艺术涂料，保护胶水溶液大都呈无色或微黄色，且较清晰；而质量差的多彩艺术涂料，保护胶水溶液呈浑浊态，明显地呈现与花纹彩粒同样的颜色，其主要问题不是多彩涂料的稳定性差，就是储存已过期，不宜再使用。

4. 看漂浮物。凡质量好的多彩艺术涂料，在保护胶水溶液的表面，通常是没有漂浮物的（有极少的彩粒漂浮物，属于正常）；但若漂浮物数量多，彩粒布满保护胶水涂液的表面，甚至有一定厚度，则为不正常现象，表明这种多彩艺术涂料的质量差。

艺术涂料施工须知

质感艺术涂料施工技术，可以用任何工具，比如：各种灰刀、幻彩手套、万能刷、木纹器、艺术刷等，甚至可以用身边的很多东西，如扫把、鞋刷、杯子等，做出自己想要的造型。

上漆基本上分为两种——加色和减色，加色即上了一种色之后再上另外一种或几种颜色；减色即上了漆之后，用工具把漆有意识地去掉一部分，呈现自己想要的效果。质感艺术涂料不是一成不变的，可以不断创作出新图案。

艺术涂料的清洁及保养

1. 清洁。艺术涂料具备防水、防尘、防燃等功能，所以艺术涂料墙面的清洁十分简单，可以用一些软性毛刷清理灰尘，再以拧干的湿抹布擦拭。优质艺术涂料可以洗刷、耐摩擦、色彩历久弥新。

2. 保养。艺术涂料墙面摩擦少，主要是灰尘、水珠等溅垢，如在人流比较多的大厅或者客厅，则主要是灰尘。清洁保养方法是每天擦去表面浮灰，定期用喷雾蜡水清洁保养。既有清洁功效，又会在表层形成透明保护膜，更方便日常清洁。另外若在家居中使用，且家中有小孩，注意不要让家中的小朋友在墙上写画，同时应避免锐器损坏。

漆及涂料·液体壁纸

光泽度好、易清洗

液体壁纸是一种新型艺术涂料，也称壁纸漆，是集壁纸和乳胶漆特点于一身的环保水性涂料。液体壁纸采用高分子聚合物与进口珠光颜料及多种配套助剂精制而成，无毒无味、绿色环保，有极强的耐水性和耐酸碱性，不褪色、不起皮、不开裂，确保使用20年以上。

液体壁纸详情速览

图片	种类	特点	价格
	有浮雕、立体印花、肌理、植绒、感温变色、感光变色、长效感香等类型	黏合剂选用无毒、无害的有机胶体，是真正天然的、环保的产品。同时具有良好的防潮、抗菌性能，不易生虫、不易老化等众多优点	60~200元/平方米，每增加一种颜色则单价增加10~18元

注：表内价格仅供参考，请以市场价为准。

液体壁纸的优缺点

1. 优点。采用高科技和独特材料，做出的图案不仅色彩均匀、图案完美，而且极富光泽。无论是在自然光下，还是在灯光下都能显示其卓越不凡的装饰效果，这是同类产品所不能及的。

易清洗。液体壁纸不容易刮坏，易清洗，防潮，不开裂。

2. 缺点。液体壁纸的天然原材料的利用导致了液体壁纸造价相对较高，所以在家居装饰中，考虑到造价的问题，一般都只是用液体壁纸做局部装饰。

液体壁纸的施工难度比较大，不仅是对墙面的要求比较高，施工周期也比较长。所以如果家中要使用液体壁纸作为家庭的墙面装饰材料，就要请专业的施工团队来做。

▲ 液体壁纸的效果浑然一体没有接缝

液体壁纸的挑选

1. 看颜色。品质好的液体壁纸应有珠光亮丽色彩及金属折射效果。任何一种色彩的液体壁纸都应有一定的折射效果，以保证图案的生动，部分特殊色彩还应有幻彩效果，在不同角度产生不同色彩，质量差的液体壁纸仅有折射效果而没有珠光效果，甚至连折射效果都没有，或珠光及金属效果不明显。

2. 闻气味。一定没有刺激气味或油性气味，有些液体壁纸有淡淡的香味，但香味属于后期添加的香料，与品质无关。

3. 看液体。存放期间不出现沉淀、凝絮、腐坏等现象。

4. 看成分。产品的主要成分应当是环保的珠光原料才可保证产品的环保性。

5. 看黏、稠度。搅拌均匀后，无杂质及微粒，漆质细腻柔滑。质地稠密，不应过稀，也不应过稠。

6. 看模具。施工模具中，感光膜图案清晰分明，膜面紧密、牢固，丝网空分布均匀，膜绷力均匀、平整。

液体壁纸存储与运输

液体壁纸漆料须加入各种液态辅助剂，应注意下以两点。

1. 运输和贮存防冻。液体壁纸漆料中含 20%~50% 的水，当运输和贮存的温度低于 0 摄氏度时，往往会冻坏。

2. 防腐防霉。液体壁纸漆漆料中，既有水，又有细菌的食粮，容易被细菌污染。因此，为了防止变质，要加防腐剂。

漆及涂料·仿岩涂料

环保、可替代石材

仿岩涂料是仿照岩石的表面质感的涂料品种，是一种水性环保涂料。表面有颗粒，比起瓷砖和石材，仿岩涂料是一种更为经济的塑造粗犷风格的材料。涂料的耐久性因其使用面漆的等级而不同，常用的面漆种类有亚克力、聚氨酯、矽利康、氟树脂等，耐久年限越长价格越贵。

仿岩涂料详情速览

种类		特点	价格
灰墁涂料		原名为 STUCCO，音译为“生态壳”，是一种很有质感的涂料，中文翻译是灰泥、灰墁，指厚浆型的质感涂料或类似彩色水泥的含有砂粒的涂料类型。有多种施工工艺、涂抹效果，具有丰富的肌理、古朴的质感。颗粒中等，有天然韵味	40 元 / 平方米起
仿花岗岩涂料		弥补了传统真石漆所缺少的岩石片状效果，可以非常直接地体现花岗岩的纹理效果与质感，是传统真石漆的升级换代产品，同时还可以弥补外墙保温墙面无法干挂石材的缺陷。颗粒最粗，不易因紫外线照射而变色	50 元 / 平方米起

注：表内价格仅供参考，请以市场价为准。

可替代石材、节省预算

仿岩涂料具有一定的岩石特征，可以用来替代部分石材，且可以用于室外。仿岩涂料可以分为灰墁涂料和仿花岗岩涂料两种。

灰墁涂料具有很好的质量稳定性和可施工性，同时也适合大规模施工作业，现场只需加水搅拌均匀即可施工。此种涂料适合用于现代风和简约风的室内空间中。施工的方式分为滚压式和喷点式两种，滚压式是利用滚轮施工，喷点式则是喷洒施工。喷点式施工速度快、效果较好。

仿花岗岩涂料是将天然花岗岩磨成粉，经过高温窑烧，然后和亚克力树脂混合而制成的，稳定性佳，充分展现花岗岩的自然片状纹理和质感，不添加任何色浆，不易褪色，能保证长期雨淋不泛白，紫外线照射不泛黄。

古朴、个性，色彩多

古朴、粗犷、沉稳的气质有一种不经雕琢的随意，为空间注入鲜明的个性。

采用不同的施工工具，或配合饰面层可演绎出变幻莫测的立体质感，创造出独有的个性化立面。

古朴的质感搭配带有缤纷色彩的半透明着色剂，可以呈现出和石材一样的天然质感，赋予建筑物新的感性。

透气性好、易养护

仿花岗岩涂料对基面的平整度要求不高，尤其适合于难以处理的基面。极佳的透气性和疏水性，保持墙面干燥，有助于调节室内湿度。和墙体同属无机水泥系胶凝材料，因此与墙面的亲和力极佳。少量的维修、简单的洗涤剂就可使得建筑物重新焕发光彩。即使处于雨水、酸雨、雪、冻融等恶劣环境中，仍然可以安然无恙。

强度较高、不易脱落、耐冲击、耐磨损、不燃、耐火，减少了水和化学品的使用，尽量降低了涂料对环境的污染，也可以减少建筑物维护的工程次数和成本。

▲ 灰墁涂料具有天然粗犷的效果

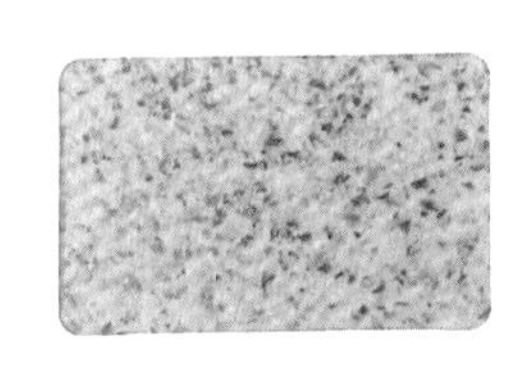
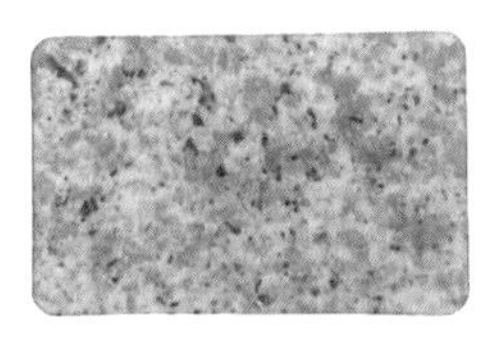

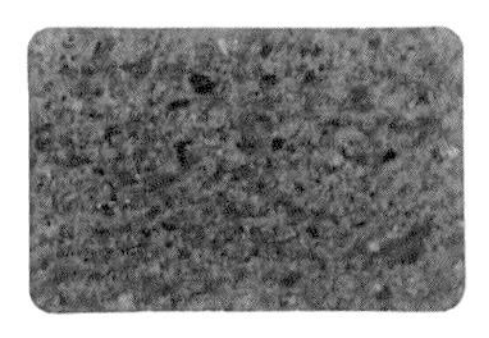

▲ 仿花岗岩涂料有不同的颜色和品种

根据耐久等级选涂料

仿岩涂料的面漆有不同的材质，常用的有亚克力，面漆耐久性为 3~5 年，聚氨酯耐久性为 5~7 年，矽利康耐久性为 7~10 年，氟树脂耐久性为 10~15 年，无机涂料的耐久性为 25~30 年。如果气候变化比较大或者常见日照比较强烈的地区，若在室外使用仿岩涂料，建议从耐久性上进行选择，耐久性越长，需要更换的次数越少，总体算起来就越划算。

漆及涂料·硅藻泥

调节湿气、除臭

硅藻泥是一种以硅藻土为主要原材料的室内装饰壁材，具有消除甲醛、净化空气、调节湿度、释放负氧离子、防火阻燃、墙面自洁、杀菌除臭等功能。以无机胶凝物质为主要黏结材料，硅藻材料为主要功能性填料，配制的干粉状内墙装饰涂覆材料。

硅藻泥详情速览

种类	特点	吸湿量	价格
稻草泥	颗粒较大，其中添加了稻草，非常具有自然气息	吸湿量较高，可达到 81 克 / 平方米	330 元 / 平方米
防水泥	中等颗粒，可搭配防水剂使用，能用于室外墙面装饰	吸湿量中等，约为 75 克 / 平方米	270 元 / 平方米
膏状泥	颗粒较小	吸湿量较低，约为 72 克 / 平方米	270 元 / 平方米
原色泥	颗粒最大，具有原始风格	吸湿量较高，可达到 81 克 / 平方米	300 元 / 平方米
金粉泥	颗粒较大，其中添加了金粉，效果比较奢华	吸湿量较高，可达到 81 克 / 平方米	530 元 / 平方米

注：表内价格仅供参考，请以市场价为准。

原料天然、健康环保

硅藻泥的主要原料是历经亿万年形成的硅藻土，硅藻泥采取生活在数百万年前的水生浮游类生物——硅藻沉积而成的天然物质，主要成分为蛋白石，富含多种有益矿物质，质地轻软，电子显微镜显示其粒子表面具有无数微小的孔穴，孔隙率达 90% 以上。

硅藻泥健康环保，不仅有很好的装饰性，还具有功能性，是替代壁纸和乳胶漆的新一代室内装饰材料。硅藻泥具有泥的属性，遇水吸收，遇火不燃，便于修补，纯天然健康环保，丰富的肌理图案和色彩适合各类室内装修项目使用，不易沾染灰尘。

净化空气、消除异味

硅藻泥产品具备独特的“分子筛”结构，具有极强的物理吸附性和离子交换功能，可以有效去除空气中的游离甲醛、苯、氨等有害物质及因宠物、吸烟、垃圾所产生的气味，净化室内空气。

硅藻泥独具的“分子筛”结构，在接触到空气中的水分后会产生“瀑布效应”，从而不断地释放出对人体有益的负氧离子。

防火阻燃、调节湿气

硅藻泥由无机材料组成，因此不燃烧，即使发生火灾，也不会冒出任何对人体有害的烟雾。当温度上升至 1300 摄氏度时，硅藻泥只是出现熔融状态，不会产生有害气体等烟雾。

随着不同季节及早晚环境空气温度的变化，硅藻泥可以吸收或释放水分，自动调节室内空气湿度，使之达到相对平衡。

▲ 硅藻泥的粉状原料，原粉为白色，可加各种颜料调色

尤其是沿海城市和南方空气较湿润的城市，调节室内空气湿度的作用明显，可减少潮湿空气给生活带来的烦恼。

吸音、保温隔热

由于硅藻泥自身的分子多孔结构，因此具有很强的降低噪声功能，可以有效地吸收对人体有害的高频音段，并衰减低频噪功能。其功效相当于同等厚度的水泥砂浆和石板的 2 倍以上，同时能够缩短 50% 的余响时间，大幅度地减少了噪声对人身的危害。

硅藻泥的主要成分硅藻土的热导率很低，本身是理想的保温隔热材料，具有非常好的保温隔热性能，其隔热效果是同等厚度水泥砂浆的 6 倍。

液状涂料可 DIY

硅藻泥分液状涂料和浆状涂料两种，液状涂料与一般的水性漆相同，可以自行 DIY。硅藻土施工后需要一天的时间才会干燥，因此有充分的时间来进行不同的造型。具体的造型可向商家咨询，并购置相应的工具，用刮板和铲刀就能做出很多造型，

▲ 硅藻泥墙面装饰效果

加以不同类型的硅藻泥，能够获得不同风格的效果。浆状硅藻泥有黏性，适合做不同的造型，而施工的难度较高，需要专业人员来进行，不适合家庭自主施工，且价格要比液状的高一些。

硅藻泥墙面的清洁

硅藻泥不可用湿布来擦拭，当有灰尘的时候用刷子或者扫把轻轻地扫除即可。若局部有脏污，用橡皮擦以轻轻叩击的方式清理即可。

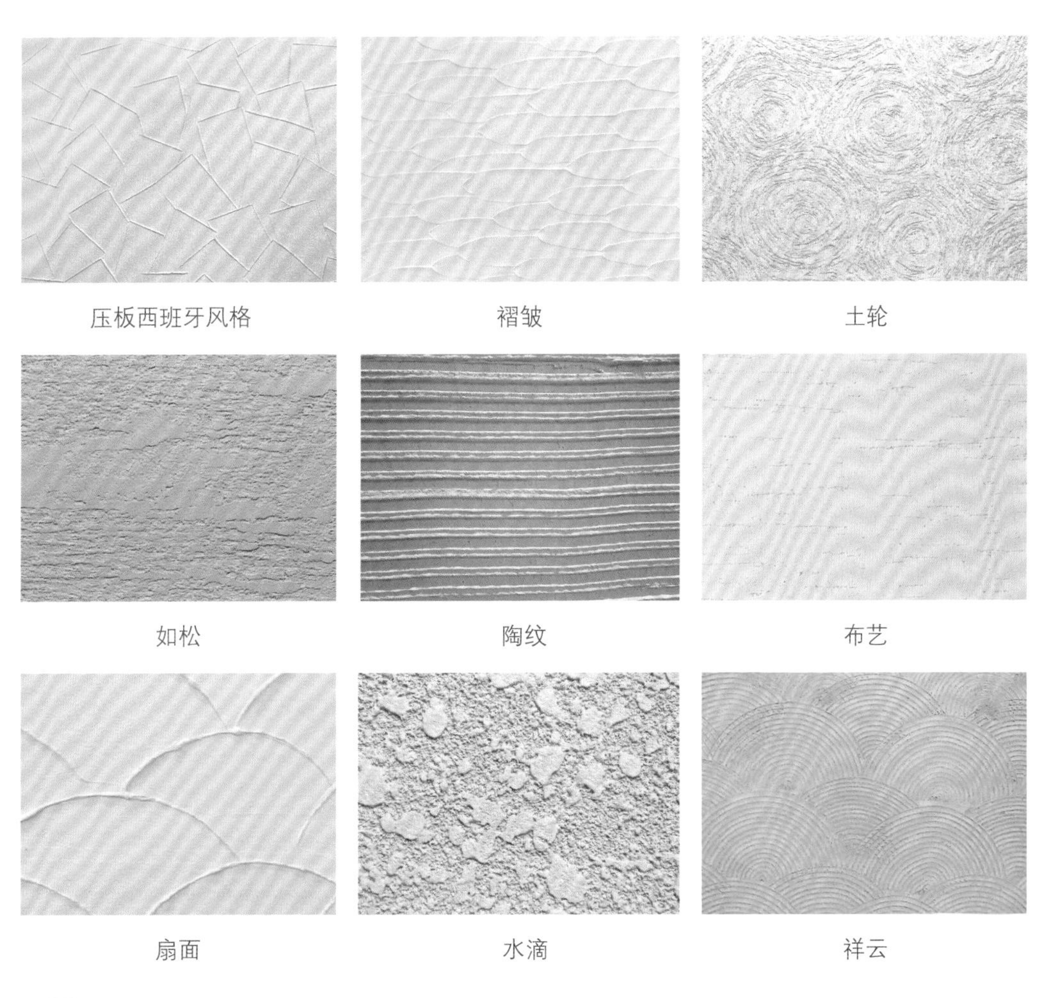

压板西班牙风格　褶皱　土轮

如松　陶纹　布艺

扇面　水滴　祥云

材料小知识

不能做地面装饰

硅藻泥属于天然材料，为了保证其调节湿气、净化空气的作用，表面不能涂刷保护漆，且硅藻泥本身比较轻，耐重力不足，容易磨损，所以不能用作地面装饰。

由于没有保护层，所以硅藻泥不耐脏，用于墙面时，建议不要低于踢脚线的位置，最好用于墙面的上部分及天花板上，这样在擦地的时候不会弄脏。

漆及涂料·马来漆

绿色环保，马蹄印造型

马来漆是通过各类批刮工具在墙面上批刮操作，产生各类纹理的一种涂料，其纹理图案类似马蹄印造型，因此被命名为“马来漆”。其漆面光洁、手感滑润，花纹具有三维效果，是新兴墙面艺术漆的代表。具有绿色环保、色彩浓淡相宜、效果华丽富贵、质感独特，使用过程中不褪色、不起皮，耐酸、耐碱、耐擦洗等特点。

马来漆详情速览

种类		应用场所	使用特点	价格
单色马来漆		大面积墙面	由单一颜色的涂料做出的图案；效果相对来说较朴素；可以代替墙漆或壁纸	100~300 元 / 平方米
混色马来漆		大空间的墙面或背景墙	由两种颜色的涂料叠加做出的图案；效果较单色马来漆华丽一些	150~400 元 / 平方米
大刀纹马来漆		大面积墙面	大块面的纹理叠加产生的图案；形状犹如刀片；可以代替墙漆或壁纸大面积使用	200~500 元 / 平方米
叠影纹马来漆		大空间的墙面或背景墙	有方块、半圆、三角等多种纹理；图案犹如叠加起来的影子；效果独特、层次丰富	200~500 元 / 平方米
金银纹马来漆		大空间的墙面或背景墙	批涂图案时加入了金银粉；或在其他图案上叠加金银线做装饰；效果华丽、富贵	300~500 元 / 平方米

注：表内价格仅供参考，请以市场价为准。

马来漆的共性

1. 色彩浓淡相宜，效果富丽华贵，晶莹剔透，可以调制任意颜色或金属颜色。

2. 独特的施工手法和墙面工艺处理，具有特殊肌理效果和立体釉面效果，手感细腻，具有犹如玉石般的质地和纹理。

3. 在表面加入金银批染工艺，可以渲染出华丽的效果。

4. 易操作，可大面积施工，有一定的防污功能，易清理。

5. 马来漆材料在使用的过程中不会褪色，不起皮，不开裂，耐酸，耐碱，耐擦洗。

6. 绿色环保，不会造成污染环境。

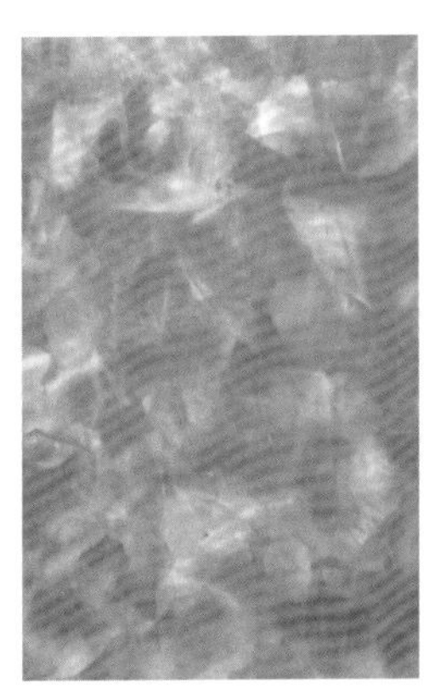

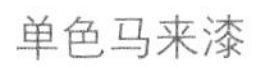

单色马来漆　　混色马来漆

马来漆代替壁纸使用

不知在何部位使用马来漆时，有一条简单的替换法则可供参考：适合使用壁纸的墙面就可以用马来漆来替代。需要注意的是，挑选马来漆的种类时，需结合室内面积和涂刷面积的大小进行选择。

▲ 用马来漆代替壁纸装饰背景墙，可避免开裂、翘边等问题

马来漆的花纹独特

马来漆的花纹独特而层次丰富，因此，适合搭配一些具有素净感的材质，如白色乳胶漆、纹理较为规则的木质材料等，可起到互相衬托的作用，同时也可避免使空间装饰层次显得过于混乱。马来漆适合多种室内风格，如现代、简约、美式、中式等。但在设计时，需注意色彩的选择应与风格的特征相符，如现代风格的居室内，可选择灰色或具有个性的跳色。

▲ 现代风格居室中，墙面使用灰色马来漆，强化了现代感和个性感

漆及涂料·书写涂料

任意书写，环保节能

书写涂料是一种特殊的水性环保涂料，是针对人们个性化的需求现场制作白板的一款专用功能漆。与普通白板、黑板、墙贴相比，书写涂料具有更环保、易操作、空间大小无限制、颜色任意可搭配、形状变化可设计、不占额外空间等优点。

书写涂料详情速览

图片	材质	特点	价格
	特殊高分子纳米覆膜形成的涂料	涂刷在墙上使墙面变得可以反复书写和擦除	300~1000元 / 平方米

注：表内价格仅供参考，请以市场价为准。

可反复书写和擦除

书写涂料是一种涂刷在墙上、由特殊高分子纳米覆膜形成的涂料。它可以使会议室、培训室、教室、书房、儿童房、走廊和儿童游戏区的任意光滑表面变得可以反复书写和擦除，以满足随时随地书写、沟通、创作、教育的需求。常用的水性白板笔、水洗颜料、软头蜡笔等均可在上书写。

代替黑板粉笔书写

书写涂料可以替代现在常用的教学黑板、白板等，避免了黑板用粉笔书写造成的粉尘污染，省去了购买成品白板、投影幕布的花费。制作书写涂料过程环保，对于能源日益短缺、环境日益恶化的今天，书写涂料的推广应用也为环保、节能、减排做出了一定贡献。

书写涂料的其他特点

1. 抗碱防腐，耐脏，耐擦洗，不起皮，不开裂，不褪色，可使用 10 年以上。

2. 天然环保，无毒无味，自身不含重

▲ 书写涂料的上墙效果

金属，不产生静电，不吸灰尘。

3. 防毒防霉，防止墙面霉菌滋生，安全卫生。

4. 易于施工，方便快捷，对基材有广泛的适应性

5. 有很长的使用寿命，如表面硬度高，不会剥落龟裂，容易重涂翻新，最重要的是有良好的仿涂鸦性，水性白板笔笔迹容易擦干净，不留痕迹，甚至笔迹留存 1 个月后都很容易擦除。

根据质感和用途分类

书写涂料根据质感和用途不同，可分为纳米墙膜高光涂料和纳米墙膜亚光涂料。纳米墙膜高光涂料多用于教室、办公室、开放沟通区等墙面，可以将普通墙面变成超大的白板，用水性白板笔随意书写和擦拭。

纳米墙膜亚光涂料多用于会议室投影墙面。产品光泽度比高光涂料降低以达到投影屏幕的要求。涂层致密性高，光泽舒适，能替代投影幕布，清晰投影的同时支持书写和擦除，达成投影幕布和白板合二为一的功能。

书写涂料的施工工艺

书写涂料必须在平整致密的乳胶漆表面施工，对于墙面底材有较严格要求。在表面粉化严重、大面积空鼓、裂纹严重、坑洼不平的墙面上不建议施工。施工后要迎光检查，在光线不足的情况下，应使用灯照射墙面，若发现光泽不匀现象，应该适当补漆。高分子膜施工 7 天 后才能使用。

漆及涂料·金银箔

奢华闪耀，极佳延展

金箔和银箔装饰，以传统原材料和先进的工艺精心打造而成，能体现出场所的高档次和主人品位，尽显金壁辉煌，塑造出充满艺术氛围的环境。

金银箔详情速览

图片	材质	特点	价格
	用机械的方法将块状的黄金均匀地延展，使之成为薄如蝉翼的片状，然后通过裁切、拼接、修整成正方形	延展性很好，能加工成很薄的片材，极具装饰效果	200~900 元 / m^2

注：表内价格仅供参考，请以市场价为准。

特种传统工艺品

金银箔，是绍兴特种传统工艺品，经手工千锤百炼而成，1g 黄金可打成 9.33 厘米 ×9.33 厘米金箔 50 张。金银箔用途极为广泛，适用于任何高档装饰的地方，如寺院庙宇、佛像、宾馆酒店、豪宅、会所、仿古园林建筑、雕塑、家具、牌匾楹联等。

仿金箔发源地为中国台湾，中国大陆仿金箔技术经过多年发展，在制作工艺上有了较大进步，一般有高温黏合、冗压、机械切割等几道工序，且仿金箔的品质也有了极大的改善，在色泽、抗氧化、柔软度、耐磨耗等方面达到甚至超过真金箔的水平，现国内流通的常用规格为 9 厘米 ×9 厘米，型号、颜色也多种多样，主要产自浙江、江苏、南昌等地，仿金箔的主要成分是铜，质量的差别是在于含铜量的多少。

金银箔的其他特点

1. 视觉效果好，能够塑造出质感丰富、多层次的氛围和丰富的色彩组合。

2. 性质稳定。金银箔具有良好的耐候性、防火性，耐酸碱和污染，还能防虫、防辐射，无异味，永远不会褪色变色。

3. 不同于以往的手工作业，现在的金银箔生产已经实现机械化作业，可以批量生产以满足装饰市场的需求。

4. 金银箔的用途较为广泛，不但可以用在建筑行业的装饰，还可以用于佛像贴金、印刷制墨、印泥。

应用于其他装饰行业中

金银箔的裁切方式不同，称呼也不同，直接裁切为方形、完整的箔称为直拉箔，由拼接而成方形的箔为拼箔。

金银箔也应用于其他的装饰行业之中，进一步拓展了金银箔的存在形式与种类。有金银箔的涂料、壁纸、马赛克、家具、装饰品及玻璃制品等，在任何材质的固体上可以贴裹的特性，以及特有的神秘光泽，赋予金银箔更多的用途。

银箔壁纸

水性金箔漆

金箔饰品

价格计算以平方米起算

金箔有真金箔和仿金箔之分，真金箔按不同规格价格为 4~10 元 / 张，如金箔 9.33 厘米的规格大概是 5.5 元 / 张，每平方米用量 130~140 张，不同规格所需的张数也不同。一般金箔施工是以平方米起算，每平方米包工包料的价钱在 900 元以上，仿金箔虽然便宜，价格为 150~500 元 / m^2，但质量效果也会打折，可以按需选择。

施工底层要干净

贴金银箔之前要先打磨贴金部分，如木质工件需喷、刷一遍底漆，底漆干后再打磨待用。贴金银箔一般使用“WTB 水性金箔胶水”或“油性胶水 TP-2 或 TP-9”，可以用喷枪喷，至少喷两遍。手工刷涂需要在贴金的部分尽量抹涂全。贴箔的时候，可以待胶水稍干，用羊毛刷子对着金箔衬纸面并稍加施力，令金箔表面与涂有胶水的表面紧密结合，然后将衬纸从金箔上剥离下来。

金箔漆并非刷得越厚越好

水性金箔漆适用于吸水底材，如石材、木材、石膏、水性腻子和水泥。油性金箔漆适用于金属、木器、瓷器、玻璃、树脂等。同时金箔漆并非刷得越厚越好，相反每层越薄越有金属闪光效果。涂层越厚，颜色越深，亮度也会受到影响。

玻璃·烤漆玻璃

环保、健康，适合现代风格

烤漆玻璃，是一种极富表现力的装饰玻璃品种，可以通过喷涂、滚涂、丝网印刷或者淋涂等方式来体现。烤漆玻璃在业内也叫背漆玻璃，做法是在玻璃的背面喷漆，然后在 30~45 摄氏度的烤箱中烤大约 12 小时制成。

烤漆玻璃详情速览

图片	种类	特点	价格
	按制作方式可分为油漆喷涂玻璃和彩色釉面玻璃两种	耐水性、耐酸碱性强；使用环保涂料制作，环保、安全；防滑性能优越；抗紫外线、抗颜色老化性强；色彩的选择性强；耐污性强，易清洗	60~300 元 / 平方米，钢化处理的烤漆玻璃比普通烤漆玻璃要贵

注：表内价格仅供参考，请以市场价为准。

烤漆玻璃的用途

运用广泛，可用于制作玻璃台面、玻璃形象墙、玻璃背景墙、衣柜柜门、玻璃围栏、包板、私密空间、店面内部和外部空间设计等。

最适合现代风格

烤漆玻璃色彩多样，施工简单，还可定制图案，是近年来运用比较广泛的装饰材料之一。

作为具有时尚感的一款材料，烤漆玻璃最适合用于表现简约风格和现代风格，根据需求具体定制图案后也可用于混搭风和古典风。

烤漆玻璃的种类

烤漆玻璃根据制作的方法不同，一般分为：油漆喷涂玻璃和彩色釉面玻璃。彩色釉面玻璃，又分为低温彩色釉面玻璃和高温彩色釉面玻璃。

油漆喷涂的玻璃，刚用时，色彩艳丽，多为单色或者用多层饱和色进行局部套色，常用在室内。在室外时，经风吹、雨淋、日晒之后，一般都会起皮脱漆。

▲ 烤漆玻璃作为背景墙的装饰效果

彩色釉面玻璃可以避免以上问题，但低温彩色釉面玻璃会因为附着力问题出现划伤、掉色现象。

不同系列产品的特点

实色系列：色彩丰富，根据潘通或劳尔色卡上的颜色可以任意调配所需颜色。

蒙砂系列：效果类似磨砂玻璃，具有无手印蒙砂粉效果。

金属系列：包含金色、银色、铜色及其他金属颜色效果。

聚晶系列：高雅亮丽，质感胜于陶瓷制品，浓与疏的效果展现不同的韵味。

珠光系列：带有柔和、高雅的类似于珠宝的视觉效果。

半透明系列：主要应用于特殊装饰领域中，实现半透明、模糊效果。

DIY 套色系列：根据自我需求，配合以上所有的表现手法，能够定制出非常个性的设计方案。

尺寸可定做

所用烤漆玻璃位置不同，所需要的尺寸也不相同，特别是带有图案的款式，都可以具体根据所需尺寸来定制。事先测量一下使用部位的尺寸，去店里定制即可。

如果幅面太大则要用几块小的拼凑。一般玻璃的大小是 2.44 米宽，3.66 米长，但一般不会安装整块，因为整块玻璃不管是运输还是安装都很麻烦。

玻璃·喷砂玻璃

透光不透视，清洁好打理

喷砂玻璃是采用高压喷射出的金刚砂，击打玻璃的表面制成的一种装饰玻璃。其表面经过击打后会形成凹凸不平的毛面，能使光线透过时形成散射的效果，从而形成朦胧感。具有适用范围广、施工简单、透光不透视、易清洁打理等优点。

喷砂玻璃详情速览

材质		应用场所	使用特点	价格
全喷砂玻璃		隔断、家具、门窗	玻璃里层全部进行喷砂处理；具有很好的保护隐私的作用；适合作为浴室隔断或门玻璃	80~200 元 / 平方米
条纹喷砂玻璃		隔断、屏风、家具、门窗	喷砂部分呈条纹状分布；表面平整光滑、有光泽；可做室内任何位置的隔断	80~200 元 / 平方米
电脑图案喷砂玻璃		隔断、屏风、家具、门窗	利用电脑技术而制作的喷砂图案玻璃；图案可设计定制；简单方便，效果美观	80~200 元 / 平方米

注：表内价格仅供参考，请以市场价为准。

分为干喷和湿喷

喷砂玻璃可分为干喷和湿喷，湿喷用磨料与水混成砂浆，为防止金属生锈，水中需加入缓蚀剂。干喷效率高，加工表面较粗糙，粉尘大，磨料破碎多；湿喷对环境污染小，对表面有一定的光饰和保护作用，常用于较精密的加工。喷砂玻璃包括喷花玻璃和砂雕玻璃，它是经自动水平喷砂机或立式喷砂机在玻璃上加工成水平或凹雕图案的玻璃产品。在图案上加上色彩称为喷绘玻璃，与电脑刻花机配合使用，深雕浅刻，可形成光彩夺目、栩栩如生的艺术精品。

快速清理又能保持粗糙度

喷砂玻璃能快速清理又能保持粗糙度。喷砂成本低，所以喷砂玻璃适用范围也比较广，在日常生活中被广泛使用。其性能基本与磨砂玻璃相似，可起到遮挡光线的作用，使光线变得柔和，具有一定装饰作用。喷砂玻璃的加工效能好，能源消耗低，成本也相对较低，但是它的设计通常比较新颖，操作简单方便，喷砂的质感可以使室内的光线柔和、成本低。

界定区域的作用

当室内空间需要做面积较大的隔断时，使用喷砂玻璃做主材可以避免影响采光，是非常适合的选择。在所有类型的喷砂玻璃中，电脑图案的产品是最适合用来做大隔断的。选择图案时，需注意图案与室内风格的协调性。

全喷砂的玻璃从美观性上来讲，更适合小面积地用在门窗上，当注重装饰性时，更适合使用局部喷花的款式。喷砂玻璃的

▲ 图案喷砂玻璃适合做大隔断

花纹可根据室内风格来设计，如简约风格使用条纹款、欧式风格使用卷草纹等，喷砂的面积可根据遮挡需求来选择。

喷砂玻璃的挑选

1. 对比样品。喷砂的深度与样品相符合、图案的造型与样品或效果图相符合、肌理纹理与样品或效果图相符合。

2. 观察细节。选购时应注意玻璃表面细节的唯美性，不能有瑕疵，如气泡、夹杂物、裂纹等。从侧面看不能有任何弯曲或不平直的形态。

喷砂玻璃的施工工艺

喷砂玻璃隔断的安装方式可分为：压条安装、玻璃胶固定和吊挂式安装，一般情况下，家居室内隔断多有框架，因此较多采用玻璃胶固定的安装方式。

压条安装：在地面和墙线弹线开槽，用膨胀螺栓固定玻璃一侧的压条，用橡胶垫垫在玻璃下方，再用压条将玻璃固定。适合玻璃较厚的隔断。

玻璃胶直接固定：将玻璃先安装在预留槽或制作好的框架内，然后用玻璃胶封闭固定。适合一般厚度的玻璃隔断。

吊挂式安装：在天花顶部玻璃槽设置玻璃夹固定玻璃，下部玻璃槽预留伸缩缝。适合大型玻璃隔断。

玻璃·夹层玻璃

安全隔音，控制光线

夹层玻璃是由两片或多片玻璃，之间夹一层或多层有机聚合物中间膜，经过特殊的高温预压（或抽真空）及高温高压工艺处理后，使玻璃和中间膜永久黏合为一体的复合玻璃产品。

夹层玻璃详情速览

图片	种类	特点	价格
	常见的玻璃原片有浮法玻璃、钢化玻璃、彩色玻璃、吸热玻璃或热反射玻璃等；常见的中间膜有PVB、SGP、EVA、PU等	较好的透明度和抗污能力；可承受一定能量的外来撞击或温差变化而不破碎	100~600元/平方米

注：表内价格仅供参考，请以市场价为准。

突出的安全性能

夹层玻璃作为一种安全玻璃，即使碎裂，碎片也会被粘在薄膜上，破碎的玻璃表面仍保持整洁光滑。这就有效防止了碎片扎伤和穿透坠落事件的发生，确保了人身安全。

夹层玻璃的分类标准

夹层玻璃种类很多，常见的夹层玻璃有PVB夹层玻璃、SGP夹层玻璃、EVA夹层玻璃和PU夹层玻璃等。PVB夹层玻璃在汽车和建筑领域的应用广泛，其透明度高、熔点高，因此可以在玻璃幕墙中得到广泛使用。SGP夹层玻璃使用的是近年来新开发的SGP胶片，是为了抵御美国南部沿海地区飓风携带碎石冲击玻璃幕墙而开发的，多用于玻璃采光顶和玻璃外窗、幕墙。EVA夹层玻璃制作工艺比PVB夹层玻璃简单，成本低，但是熔点低，因此主要用于室内隔断和装饰。

夹层玻璃根据中间膜的熔点不同，还可分为低温夹层玻璃、高温夹层玻璃、中空玻璃；根据中间所夹材料不同，又可分为：夹纸、夹布、夹植物、夹丝、夹绢、夹金属丝等。

玻璃·钢化玻璃

可保障使用安全

钢化玻璃属于安全玻璃，它是一种预应力玻璃，为提高玻璃的强度，通常使用化学或物理的方法，在玻璃表面形成压应力，玻璃承受外力时首先抵消表层应力，从而提高了承载能力，增强玻璃自身抗风压性、寒暑性、冲击性等。

钢化玻璃详情速览

图片	规格	应用	特点	价格
	常见厚度为8毫米、11毫米、12毫米、15毫米、19毫米等	多用做需要大面积玻璃的场所，如玻璃墙、玻璃门、楼梯扶手等	当钢化玻璃受外力破坏时，碎片会形成类似蜂窝状的钝角碎小颗粒，不易对人体造成严重的伤害	130元/平方米起

注：表内价格仅供参考，请以市场价为准。

钢化玻璃的优缺点

1. 优点。

（1）高强度，同等厚度的钢化玻璃抗冲击强度是普通玻璃的3~5倍，抗弯强度是普通玻璃的3~5倍。

（2）热稳定性好。钢化玻璃具有良好的热稳定性，能承受的温差是普通玻璃的3倍，可承受300摄氏度的温差变化。

2. 缺点。

钢化玻璃的表面会存在凹凸不平现象（风斑），有轻微的厚度变薄。变薄的原因是因为玻璃在热熔软化后，再经过强风使其快速冷却，使其玻璃内部晶体间隙变小，压力变大，所以玻璃在钢化后要比在钢化前要薄。钢化前厚度为11毫米的玻璃钢化后可能只有9毫米，所以若保证使用厚度，可购买厚一些的。

定制注意事项

钢化后的玻璃不能再进行切割和加工，因此玻璃只能在钢化前就加工至需要的形状，再进行钢化处理。所以若计划使用钢化玻璃，则需测量好尺寸再购买，否则很容易造成浪费。

玻璃·玻璃砖

环保、隔热，做隔墙的好材料

玻璃砖是用透明或颜色玻璃料压制成型的块状或空心盒状，体形较大的玻璃制品。其品种主要有玻璃空心砖、玻璃实心砖。多数情况下，玻璃砖并不作为饰面材料使用，而是作为结构材料，用于墙体、屏风、隔断等类似功能。

玻璃砖详情速览

图片	材质	特点	规格（长×宽×厚）/毫米	价格
	用透明或颜色玻璃制成的块状、空心的玻璃制品或块状表面施釉的制品	不吸水、表面光滑、便于清洁。经济、美观、实用。体积小、重量轻、施工简洁方便	190×190×80、145×145×80、190×190×95、145×145×95、240×240×80、190×90×80	20~100元/块

注：表内价格仅供参考，请以市场价为准。

透光、隔热、防水

目前市面上使用较常见的主要为空心玻璃砖，这种产品可以独立组成墙体。

空心玻璃砖是一种隔音、隔热、防水、节能、透光良好的非承重装饰材料。它是由两块厚度约为1厘米的玻璃合制而成的，中间有约为6厘米的中空空间，在采光上，清玻璃的透光率为75%，彩色玻璃的透光率为50%，可隔绝室外热量为50%，可降低噪声达45分贝左右。

可依玻璃砖的尺寸、大小、花样、颜色的不同做出不同的设计效果，依照尺寸的变化可以在家中设计出直线墙、曲线墙以及不连续墙。

空心玻璃砖的化学成分是高级玻璃砂、纯碱、石英粉等硅酸盐无机矿物，原料经高温熔化，并经精加工而成，无放射性物质及烃类、醛类等刺激性气味元素，不含对人体有侵害的物质，属于绿色建材。

玻璃砖的用途

用于外墙：既具备墙的实体，又具备

▲ 彩色玻璃砖

▲ 无色玻璃砖

窗的通透，同时透光、隔音、防火，一举多得。

作为隔断：用玻璃砖墙来隔墙，既能分割大空间，又能保持大空间的完整性；既达到私密效果，又能保持室内的通透感。家居、办公场所等都是应用玻璃砖的理想场合。

用于走廊与通道：应用于走廊很好地解决了采光与安全的矛盾，只需要一面玻璃砖墙体，就能改变狭窄通道区域带给人的压抑感。

用于镶嵌与点缀：玻璃砖有规则地点缀于墙体之中，能够去掉墙体的死板、厚重之感，让人感觉到整个墙体重量减轻。墙体可以充分利用玻璃砖的透光性，将光线共享。

用于顶棚与地板：利用玻璃砖来处理地面和顶棚，不仅可以为整个楼面营造出晶莹剔透之感，更提供了良好的光线。

进口砖中德国砖质量最佳

玻璃砖的色彩可分为彩色和无色两种，彩色玻璃砖多为进口品种。目前所有市面上的进口砖，以德国产的质量最佳。无色产品，中国和印度、捷克生产的价格约为20 元 / 块；德国、意大利生产的价格约为30 元 / 块。彩色玻璃砖以德国、意大利进口为主，价格约为 50 元 / 块，特殊品种则约为 100 元 / 块。

从砖体色彩辨别产地

通过观察玻璃砖的纹路和色彩可以简单地辨别出玻璃砖的产地，意大利、德国进口的产品因细砂品质佳，会带一点淡绿色；从印度尼西亚、捷克进口的产品颜色比较苍白。另外，玻璃砖在白色灯光和黄色灯光下会有不同的效果，设计时要将这一点考虑进去。

玻璃·镜面玻璃

延伸、扩大空间感

当室内空间有限时，利用镜片进行装饰可以将梁柱等部件隐藏起来，并且从视觉上延伸空间感，使空间看上去变得宽敞。镜片最适用于现代风格的空间，不同颜色的镜片能够体现出不同的韵味，营造或温馨、或时尚、或个性的氛围。

镜面玻璃详情速览

种类		使用特点	价格
黑镜		非常个性，色泽神秘、冷硬，不建议大面积使用，适合用于现代、简约风格的室内空间中	280 元 / 平方米起
灰镜		特别适合搭配金属使用，不同于黑镜，即使大面积使用也不会过于沉闷，适合用于现代、简约风格的室内空间中	280 元 / 平方米起
茶镜		给人温暖的感觉，适合搭配木纹饰面板使用，可用于各种风格的室内空间中	280 元 / 平方米起
明镜		就是最常见的水银镜，价格偏低，反射率高，适合各种风格，应用比较广泛	280 元 / 平方米起
色镜		色彩种类较多，如紫色、红色、蓝色等，反射效果较弱，适合局部使用，适合多种风格	280 元 / 平方米起

注：表内价格仅供参考，请以市场价为准。

▲ 镜片嵌入书柜中，形成开放又宽敞的效果，既能增补光线，又能扩大空间感

扩大空间的必备元素

镜面能够折射光线，模糊空间界面之间的界限，从视觉上起到扩大空间感的作用。特别适合室内面积不大的空间或者本身存在着一定建筑缺陷例如梁、柱比较多的空间。

根据环境选择固定的方式

在固定镜片时，如果是比较干燥的墙面，可以用中性矽利康作为黏结剂，最后将缝隙填平。若是特殊材质的基层，比如比较潮湿的环境，粘贴则不能够保证牢固性，可以用广告钉等固定，保证使用安全。

镜面的恰当使用很重要

无论哪一种镜片，都不适合过大面积使用，特别是反射效果强烈的明镜，产生过多的影响重叠，会使人感觉粗乱，不适合用于家居环境中。

有色的镜片，适合搭配不同的材料，能够强化风格的特征，例如白墙搭配黑镜则在现代感之外显得更具质感，不会显得过于直白、平淡。

镜片施工须知

基层：有的基层材料不适合直接粘贴镜片，包括轻钢龙骨架的天花板、发泡材质、硅酸钙板以及粉墙。

防潮：若直接将镜片粘贴在浴室墙面上，则要特别注意基层的防水。

木柜做基层：将镜片贴在柜子上时，若柜体表面使用酸性涂料，会加速镜片的氧化，缩短使用年限。

玻璃·印刷玻璃

图案丰富，装饰效果好

印刷玻璃是基于印刷技术发展的工艺玻璃，过去玻璃打印图案一般采用筛网丝印，难以将多彩图案印于玻璃或是制造独立的印刷玻璃。随着数码打印技术的发展越来越成熟，现已可将多彩的图案精准地印刷于玻璃上。

印刷玻璃详情速览

图片	材质	特点	价格
	印刷图案一般是以平板玻璃为基础	色彩艳丽、效果逼真、图案可定制	100~500 元 / 平方米

注：表内价格仅供参考，请以市场价为准。

自发定制图案

印刷玻璃已成为建筑室内外装饰设计师表达时尚精神的热门选择，它具有强大的使用功能，加之多彩的特性，以及可供设计师自己定制的创意图案，已成为设计师们最爱的材料之一。半透的图案使其既感受光的穿透，又能使图案自然洒脱地融入环境当中。市面上已有先进的数码打印设备和技术，让任何能在计算机上设计的作品都能在玻璃上准确展现出来。

印刷玻璃的其他特点

1. 每块玻璃上都能融入个性化的设计以及色彩，不用制版，也不用晒版和重复套色，非常简单就能实现，并且成品的效果逼真。

2. 印刷玻璃使用的玻璃本身就是环保材料，没有任何污染，并且非常容易清洁，只需使用抹布擦拭便可干净。

3. 印刷玻璃和一般玻璃一样，具有超强的紫外线耐受能力，抗刮擦、防酸碱，使用寿命比较长。

4. 印刷玻璃由于表面印刷图案，所以有极好的装饰功能。因此，印刷玻璃作为一种装饰材料，既具有玻璃的各种性能，又具有艺术品的雅致风格。

5. 印刷玻璃拥有透明与半透明的特质，

使得通过的光线折射，产生视错觉，形成虚幻感，因此可以用在屏风、隔断、门窗及阳台等地方。

UV 印刷，成品率高

印刷玻璃工艺一般采用 UV 印刷，这是一种通过紫外线干燥、固化油墨的印刷工艺，需要将含有光敏剂的油墨与 UV 固化灯相配合，目前 UV 油墨已经涵盖胶印、丝网、喷墨、移印等领域，而传统印刷界泛指的 UV 是印刷品效果工艺。UV 玻璃打印机不用喷涂层，直接在玻璃上打印图案；带 LED 固化灯装置，即打即干，免除了烘烤工序。不用制版并且印刷快捷，可用各种输出软件，支持各种文件格式。全彩图像，可一次完成。

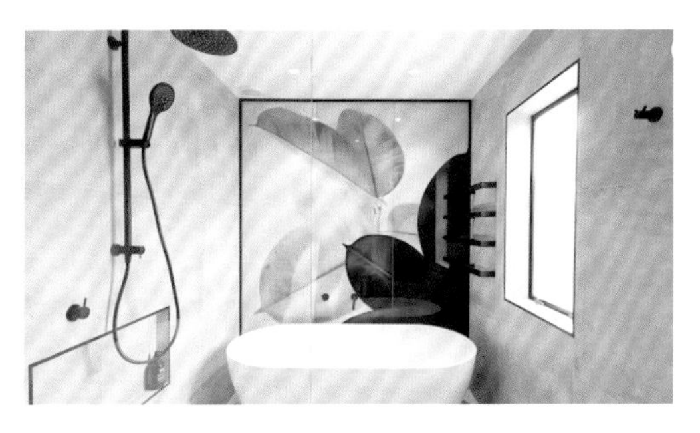

▲ 印刷玻璃作为隔断使用

印刷玻璃施工的注意事项

需要将安装的玻璃按部位分规格、数量裁制，已裁好的玻璃需要按规格码放。同时，在玻璃安装之前，要先清理裁口，在玻璃底面与裁口之间，沿裁口的全长均匀涂抹 1~3 毫米的底油灰，接着把玻璃推铺平整、压实，然后收净底灰。

▲ 印刷玻璃应用效果

玻璃·调光玻璃

智能调光，变色玻璃

调光玻璃是一款将液晶膜复合进两层玻璃中间，经高温高压胶合后一体成型的夹层结构的新型特种光电玻璃产品。使用者通过控制电流的通断与否控制玻璃的透明与不透明状态。玻璃本身不仅具有一切安全玻璃的特性，同时又具备控制玻璃透明与否的隐私保护功能，由于液晶膜夹层的特性，调光玻璃还可以作为投影屏幕使用，替代普通幕布，在玻璃上呈现高清画面图像。

调光玻璃详情速览

图片	材质	特点	价格
	面板可选普通浮法玻璃、超白玻璃、有色玻璃等（一般不建议使用钢化玻璃）	可随时控制玻璃的透明或不透明状态	1500~3000 元 / 平方米

注：表内价格仅供参考，请以市场价为准。

调光玻璃的智能作用

在国内，人们习惯称调光玻璃为智能电控调光玻璃、电控玻璃、智能玻璃、魔术玻璃、液晶玻璃、变色玻璃、Smart 玻璃等。关闭电源时，电控调光玻璃里面的液晶分子会呈现不规则的散布状态，此时电控玻璃呈现透光而不透明的外观状态；当给调光玻璃通电后，里面的液晶分子呈现整齐排列，光线可以自由穿透，此时调光玻璃瞬间呈现透明状态。

调光玻璃的其他特点

1. 隐私保护功能：智能调光玻璃的最大功用是隐私保护功能，可以随时控制玻璃的透明和不透明状态。

2. 投影功能：智能调光玻璃还是一款非常优秀的投影硬屏，在光线适宜的环境下，如果选用高流明投影机，投影成像效果会非常清晰（建议选用背投成像方式）。

3. 具备安全玻璃的优点，包括破裂后防止碎片飞溅的安全性能，抗打击强度好。

4. 环保特性：调光玻璃中间的调光膜及胶片可以隔热，阻隔 99% 以上的紫外线及 98% 以上的红外线。屏蔽部分红外线，减少热辐射及传递。而屏蔽紫外线，可保护室内的陈设不因紫外辐照而出现褪色、老化等情况，保护人员不受紫外线直射而引起的疾病。

5. 隔音特性：调光玻璃中间的调光膜及胶片有声音阻尼作用，可部分阻隔噪声。

调光玻璃的挑选

由于价格关系，调光玻璃进入中国市场时间较晚，随着中国经济的日益昌盛，调光玻璃在中国得到了快速的发展。国内调光玻璃市场品牌山头林立，俨然步入“战国时代”。市场上调光玻璃商家推销方式多种多样，产品品质也高低不一、参差不齐。因此，购买调光玻璃时更应该具备一定的专业知识，认真鉴别品质真伪，以免为了追求最新潮流却花了大价钱买到伪劣产品，当了“冤大头”。

▲ 电源开启时

▲ 电源关闭时

1. 看厂商。国内一般的调光玻璃加工厂家大多加工历史不长，且工程案例很少，品质及口碑有待时间验证，购买时更需谨慎。买市面上的知名品牌或知名厂商生产的调光玻璃产品，可选择正规的专业玻璃生产厂家，而不是贸易公司之类的调光玻璃销售代理或是中间商，可避免潜在的风险且享受好的品质和售后服务。

2. 看技术参数。品质好的调光玻璃通电时透光率极好，清晰透明、外观漂亮且断电时透光而不透明，可极好地保护隐私。简易测试方法：把手掌放在玻璃背面，断电状态下，从正面去看背面的手掌，虽然可见其模糊的背影，但必须不得看到手掌的指纹。或可把一个物体放在距玻璃正面 3 厘米处，在两边光线均衡且非一面背光、一面强光的情况下，从反面看，应看不到该物体为较佳。品质较好的调光玻璃透光率应在 75% 左右。

3. 调光膜品质。调光膜品质是决定调光玻璃成品品质的最重要因素之一。因此，购买调光玻璃时应甄别调光玻璃厂家的调光膜品质。

4. 看工程案例。购买性能稳定、售后服务有保障的调光玻璃产品，最重要的还是要看厂商的相关应用工程案例。我们在选择厂家时，不仅要看该厂家的实际工程案例，最好还要认真查看该厂家调光玻璃实际安装现场的真实照片，而不是经过计算机处理过的效果图。所以，购买调光玻璃之前，可要求厂商提供数个做过的知名工程及现场真实照片供参考。

壁纸·无纺布壁纸

拉力强、环保、透气性好

无纺布壁纸也叫无纺纸壁纸，是高档壁纸的一种，由于采用天然植物纤维无纺工艺制成，拉力更强、更环保、不发霉发黄、透气性好。无纺布壁纸产品源于欧洲，因其采用的是纺织中的无纺工艺，所以也叫无纺布，但确切地说应该称作无纺纸。

无纺布壁纸详情速览

图片	材质	特点	价格
	无纺布壁纸的主材是无纺布，无纺布又称不织布，由定向的或随机的纤维构成	新一代环保材料，具有防潮、透气、柔韧、质轻、不助燃、容易分解、无毒无刺激性、色彩丰富、可循环再用等特点	200~1000 元 / 平方米

注：表内价格仅供参考，请以市场价为准。

环保、无害

无纺布壁纸主要由化学纤维，例如涤纶、腈纶、尼龙、氯纶等经过加热熔融挤出、喷丝，然后经过压延花纹成型，或者由棉、麻等天然植物纤维经过无纺成型。更多是由化学纤维和植物纤维经过混合无纺成型。业界称为“会呼吸的壁纸”，是目前国际上最流行的新型绿色环保材质之一，对人体和环境无害，完全符合环保安全标准。

透气性好、施工快

无纺布壁纸是壁纸里透气性最好的，环保性也相当不错，本身的材质污染物含量低。

这类壁纸在贴的时候胶干得是最快的，这样也就不会把墙壁弄潮湿。还有一个优点就是施工方便，这类壁纸由于材质的特性，施工时工人只要用刮板刮一次即可。

总体来说，无纺布壁纸具有以下优点：产品色彩纯正、视觉舒适、吸音透气；与普通壁纸相比更易粘贴，更防水，不易扒缝，无翘曲，接缝处完好；品质天然，零甲醛、延展性好、收缩性小；独特多孔结构，通体透气、防水防潮、可调节空气湿度；隔音降噪；手感亲和自然；气味芳香。

注意是否使用环保无纺布

市面上有天然纤维无纺布和人造合成纤维无纺布，要确认无纺布是否完全对人体无害，有两个关键因素需要考虑——用于制作无纺布的纤维丝和无纺成型所采用的技术。并不是所有无纺布都是采用天然纤维制成的，大多是采用聚丙烯的纤维丝，虽然经过无纺成型使聚丙烯制品更容易降解，但制造这些材料时使用的化学添加剂依然会对人体产生危害。

▲ 无纺布壁纸是目前运用比较多的壁纸种类

制作无纺布的最理想纤维是采自天然植物的纤维，这是在购买壁纸产品时首先要注意的一点——是天然纤维的无纺布还是人造合成纤维的无纺布。

另外可能造成无纺布环保属性降低的环节是材质的无纺成型工艺，主要有热黏和湿法成型两种，前者要经过高温处理并加入一些黏合剂，如果是采用人造合成纤维的热黏无纺布，所含的有害成分相对更多。湿法成型则是一种利用物理方法将纤维进行排列的技术，如果是天然纤维，采用湿法成型技术制成的无纺布环保性最好。

在购买产品时一定要注意鉴别是否为环保无纺布，主要可以采用燃烧的方法。环保型无纺布易燃烧，火焰明亮，有少量的黑色烟雾，为天然纤维内的碳元素的细小颗粒；人造纤维的无纺布在燃烧时火焰颜色较浅，在燃烧过程中会有持续的灰色烟，并有刺鼻气味。

无纺布壁纸施工对基层的要求

无纺布壁纸需要使用壁纸胶粘贴，如果动手能力强，铺贴的工作也可以自己完成，体验 DIY 的乐趣。

对基层的要求：墙面平整、光滑、清洁干燥。建议做防潮处理，以便以后更换且避免污染墙壁。选用胶浆 + 墙粉来粘贴，无纺布壁纸不用湿水，只要将墙胶均匀刷在墙上，然后上墙即可。

壁纸·PVC 壁纸

防水、施工方便

PVC 壁纸是使用 PVC 高分子聚合物作为材料，通过印花、压花等工艺生产制造的壁纸。PVC 壁纸有一定的防水性，施工方便。

PVC 壁纸详情速览

图片	特点	种类	价格
	具有一定的防水性，施工方便	普通型：表面装饰方法通常为印花、压花或印花与压花的组合 发泡型：分为低发泡和高发泡两种。高发泡壁纸表面富有弹性的凹凸花纹，具有一定的吸音效果 功能型：防水壁纸和防火壁纸	100～400 元 / 平方米

注：表内价格仅供参考，请以市场价为准。

PVC 壁纸的常见款式

PVC 壁纸有一定的防水性，施工方便。表面污染后，可用干净的海绵或毛巾擦拭。PVC 壁纸按照面层材料可分为以下两类。

1.PVC 涂层壁纸。以纯纸、无纺布、纺布等为基材，在基材表面喷涂 PVC 糊状树脂，再经印花、压花等工序加工而成。

这类壁纸经过发泡处理后可以产生很强的三维立体感，并可制作成各种逼真的纹理效果，如仿木纹、仿锦缎、仿瓷砖等，有较强的质感和较好的透气性，能够较好地抵御油脂和湿气的侵蚀，可用在厨房和卫生间，适合于几乎所有家居场所。

2. PVC 胶面壁纸。此类壁纸是在纯纸底层（或无纺布、纺布底层）上覆盖一层聚氯乙烯膜，经复合、压花、印花等工序制成。该类壁纸印花精致、压纹质感佳、防水防潮性好、经久耐用、容易维护保养。这类壁纸是目前最常用、用途最广的壁纸，可以广泛应用于所有的家居和商业场所。

发泡壁纸的装饰效果更好

PVC 发泡壁纸比普通壁纸显得厚实、松软。其中高发泡壁纸表面呈富有弹性的凹凸状；低发泡壁纸是在发泡平面上印有

▲ 带有几何图案的 PVC 壁纸非常有现代感

花纹图案，形如浮雕、木纹、瓷砖等效果，图案逼真、立体感强、装饰效果好。高发泡壁纸表面有弹性凹凸花纹，是一种兼具装饰和吸音功能的壁纸。

PVC 壁纸的挑选

1. 检验环保性。PVC 壁纸的环保性检查，一般可以在选购时，简单地用鼻子闻一下，壁纸有无异味，如果刺激性气味较重，证明含甲醛、氯乙烯等挥发性物质较多。除此之外，还可以将小块壁纸浸泡在水中，一段时间后，闻一下是否有刺激性气味挥发。

2. 通过外观看质量。对外观的检查包括看和摸。看 PVC 壁纸表面有无色差、死褶与气泡。最重要的是必须看清壁纸的对花是否准确，有无重印或者漏印的情况。一般好的 PVC 壁纸看上去自然、有立体感。此外，还可以用手感觉壁纸的厚度是否一致。

3. 检查耐用性。检查壁纸的耐用性，可以通过检查它的脱色情况、耐脏性、防水性以及韧性等来判断。检查脱色情况，可用湿纸巾在 PVC 壁纸表面擦拭，看是否有掉色情况。检查耐脏性，可用笔在表面划一下，再擦干净，看是否留有痕迹。PVC 壁纸的防水性相对纯纸壁纸要好，可在壁纸表面滴几滴水，看是否有渗入现象。反复拉扯壁纸，看其韧性是否符合要求。

PVC 壁纸的清洁

用湿布或者干布擦洗有脏物的地方；不能用一些带颜色的原料污染壁纸，否则很难清除；擦拭壁纸应在一些偏僻的墙角或门后隐蔽处开始，避免出现不良反应造成壁纸损坏。

壁纸常见问题的维修

壁纸起泡：壁纸起泡主要是粘贴壁纸时涂胶的不均匀导致后期壁纸表面收缩受力与基层分离水分过多，从而出现的一些内置气泡。用一般的缝衣针将壁纸表面的气泡刺穿，将气体释放出来，再用针管抽取适量的胶黏剂注入刚刚的针孔中，最后将壁纸重新压平、晾干即可。

壁纸发霉：壁纸发霉一般发生在雨季和潮湿天气，主要是墙体水分过高。发霉情况不是太严重的可以用白色毛巾蘸取适量清水擦拭。最好到壁纸店买专门的除霉剂。

壁纸翘边：壁纸翘边有可能是因为基层处理不干净、胶黏剂黏结力太低或者包阳角的壁纸边少于 2 毫米等原因所致。可将贴壁纸的胶粉抹在卷边处，把起翘处抚平，用吹风机吹 10 秒左右，再用手按实，直到粘牢，用吹风机吹到干燥即可。

壁纸·纯纸壁纸

手感好、色彩饱和度高

纯纸壁纸，是一种全部用纸浆制成的壁纸，这种壁纸由于使用纯天然纸浆纤维，透气性好，并且吸水吸潮，故为一种环保低碳的家装理想材料，并日益成为绿色家居装饰的新趋势。

纯纸壁纸详情速览

图片	材质	特点	价格
	纯纸壁纸是全部由纸浆制成的壁纸	没有传统 PVC 壁纸的化学成分，打印面纸采用高分子水性吸墨涂层，用水性颜料墨水便可以直接打印，打印图案清晰细腻，色彩还原好，并可防潮、防紫外线	200~600 元 / 平方米

注：表内价格仅供参考，请以市场价为准。

耐擦洗、铺贴效果自然

纯纸壁纸的耐擦洗性能比无纺布壁纸好很多，比较好打理。装饰效果自然、手感光滑、触感舒适，颜色生动亮丽，对颜色的表达更加饱满。

同时，纯纸壁纸能够紧贴墙面，透气性能较强，耐磨损、抗污染、便于清洗。具有防裂痕的功能，铺贴后的效果自然而美观。

纯纸壁纸的种类

纯纸壁纸分为两种：原生木浆纸——以原生木浆为原材料，经打浆成型，表面印花，相对韧性比较好，表面相对较为光滑；再生纸——以可回收物为原材料，经打浆、过滤、净化处理而成，该类纸的韧性相对比较弱，表面多为发泡或半发泡。

纯纸壁纸施工须知

纯纸壁纸的耐水性相对比较弱，施工时表面最好要避免溢胶，如不慎溢胶，不要擦拭，而应使用干净的海绵或毛巾吸收。如果用的是纯淀粉胶，可等胶完全干透后用毛刷轻刷。纯纸有较强的收缩性，建议使用干燥速度快一些的胶来施工。

壁纸·金属壁纸

具有金属质感的装饰效果

在基层上涂布金属膜制成，这种壁纸给人金碧辉煌、庄重大方的感觉，适合气氛浓烈的场合，一般用于娱乐场所、酒店等公共场所，家居环境中不宜大面积使用。

金属壁纸详情速览

图片	材质	特点	价格
	金属壁纸的壁纸面层添加了金箔等材料，形成类似金属的质感	具有金属光泽的冷调，简约中带奢华，闪亮的高贵质感，与质朴的纸质混搭，更增添空间墙面的层次感和立体感	200~1500元 / 平方米

注：表内价格仅供参考，请以市场价为准。

装饰效果炫目、前卫

金属壁纸是将金、银、铜、锡、铝等金属经特殊处理后，制成薄片贴饰于壁纸表面，构成的线条颇为粗犷奔放，整片地用于墙面可能会流于俗气，但适当地加以点缀就能不露痕迹地带出一种炫目和前卫。

质感强、空间感强。繁富典雅、高贵华丽，这是金属壁纸带给人们最直观的体验。通常大面积地用于公共场所中，家居空间中适合小面积地用于墙面或顶面。

银色的冷调和后现代风格很搭调，饰品可采用混搭的手法，在简约背景里融合部分东方复古风家具，但须注意比例上的搭配。而银漆光泽要达到最佳的视觉层次效果，必须在室内灯光的装设位置和角度上做变化。

金属壁纸的种类

最为常见的金属壁纸是仿金属质感的壁纸。有光面的、拉丝的以及压花的，这种不太适合大面积用于家居空间中，效果过于华丽。

另外，有一种金箔壁纸，这种款式并不是大金、大银，只是部分印花采用金箔材质，可适当扩大使用面积。

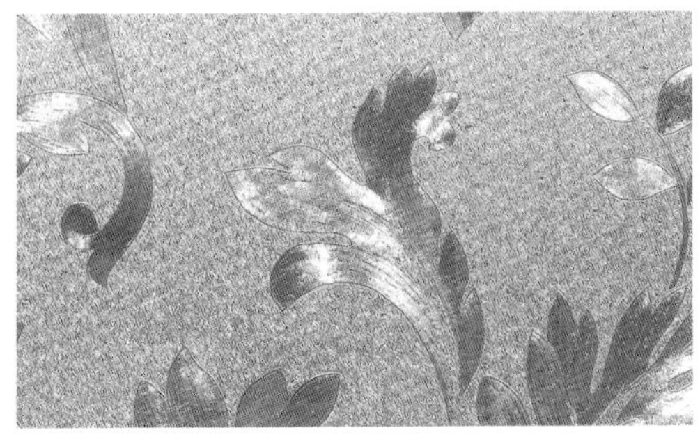

▲ 金箔壁纸

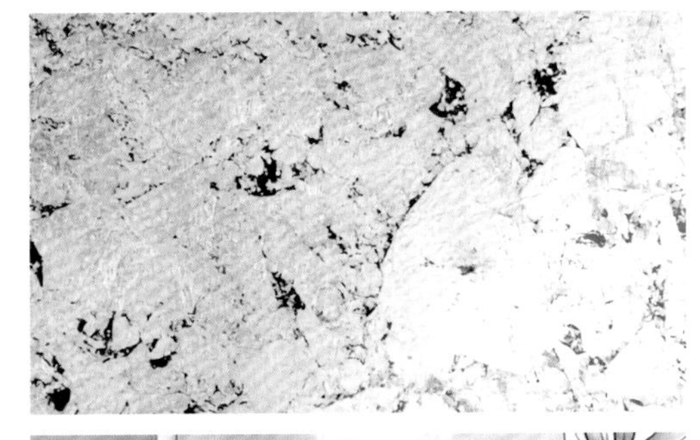

▲ 银箔壁纸

适合小面积的用于主要部位

金属壁纸总体来说都比较华丽，家居需要温馨的氛围，因此，更建议小面积地用于墙面或顶面，如装饰客厅或卧室的主题墙等，若追求艺术性，可选手绘图案的款式。

▲ 金属壁纸效果华丽

金属壁纸施工须知

金属壁纸表面光滑，容易反光，底层的凹凸不平、细小颗粒都会一览无余，因此对墙面要求较高，光滑平整的墙面是裱糊的基本条件。

金属类壁表面带有的一层金箔或锡箔，会导电，因此特别要小心避开电源、开关等带电线路。

因壁纸胶内含有水分，溢胶后再擦除，同样有造成壁纸表面氧化的可能性。故应使用机器上胶，并正确使用保护带。也可以考虑采用墙面上胶的方法进行施工。施工接缝处尽量使用压辊压合，不要用刮板毛巾等。因其金属特性，所以不可用水或湿布擦拭，以避免壁纸表面发生氧化而变黑。

壁纸·木纤维壁纸

使用寿命长、易清洗

木纤维壁纸是毒害量最小的材料之一，现代木纤维壁纸的主要原料都是木浆聚酯合成的纸浆，不会对人体造成危害。环保性、透气性都是非常好的，使用寿命也很长，堪称壁纸中的极品。

木纤维壁纸详情速览

图片	材质	特点	价格
	木浆聚酯合成的纸浆	通过截取优质树种的天然纤维，经特殊工艺直接加工而成，有相当卓越的抗拉伸、抗扯裂强度（是普通壁纸的 8~10 倍），其使用寿命比普通壁纸长	150~1000 元 / 平方米

注：表内价格仅供参考，请以市场价为准。

亚光、易搭配

采用亚光型光泽，柔和自然，易与家具搭配，花色品种繁多。对人体没有任何化学侵害，透气性能良好，墙面的湿气、潮气都可透过壁纸。长期使用不会有憋气的感觉，是健康家居的首选。它经久耐用，家庭使用一般可保证 15 年左右的时间；即使用于酒店、写字楼等公共场所，也可使用 8~10 年。

环保、无害

木纤维壁纸的结构中不含任何聚氯乙烯、PVC 和重金属成分，在完全燃烧时，也只产生二氧化碳和水，无任何挥发性有害离子析出，不会对人体造成任何的化学侵害。壁纸的染料也是以水为溶剂，而不是其他壁纸所常采用的化学制剂。另外，木纤维壁纸在生产过程中接受过最严格的防火安全检验，适用于紧急出口走廊墙面的装饰。

透气、防水、耐擦洗

木纤维壁纸由天然植物纤维加工而成，具有良好的透气性能，能将墙面本身的潮湿气体释放，不至于因潮湿气体积压过多而导致壁纸发生霉变，同时还能将屋内的污浊空气通过壁纸释放出去，使居住者免受憋气之苦。木纤维壁纸有一个可用刷子清洗并防液体和油脂的外表层，因此具有更卓越的耐擦洗能力。不仅可以放心地用湿抹布进行擦洗，对于特殊区域，甚至可以用小毛刷或金属刷进行清洁，而无需担心将壁纸擦伤、刮破。即便是在气候潮湿的南方地区，甚至是在湿度较大的梅雨季节，都可以放心使用。

木纤维壁纸的挑选

1. 闻气味。翻开壁纸的样本，特别是新样本，凑近闻其气味，木纤维壁纸散出的是淡淡的木香味，几乎闻不到气味，如有异味则绝不是木纤维。

2. 用火烧。这是最有效的办法。木纤维壁纸燃烧时没有黑烟，就像烧木头一样，燃烧后留下的灰尘也是白色的；如果冒黑烟、有臭味，则有可能是 PVC 材质的壁纸。

3. 做滴水试验。在壁纸背面滴上几滴水，看是否有水汽透过纸面，如果看不到，则说明这种壁纸不具备透气性能，绝不是木纤维壁纸。

4. 用水泡。把一小部分壁纸泡入水中，再用手指刮壁纸表面和背面，看其是否褪色或泡烂。真正的木纤维壁纸特别结实，并且因其染料为天然成分，所以不会因为水泡而脱色。

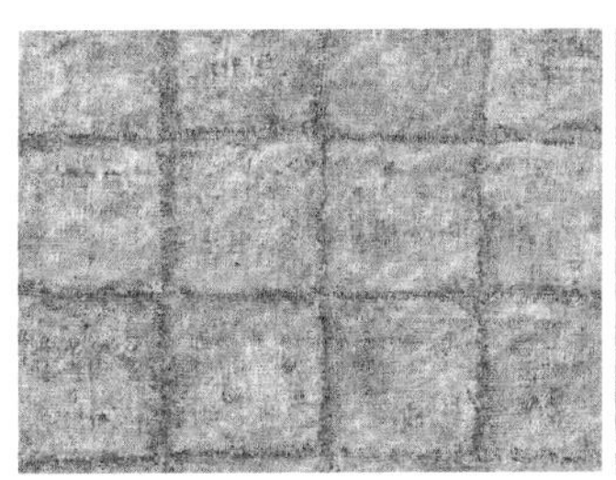

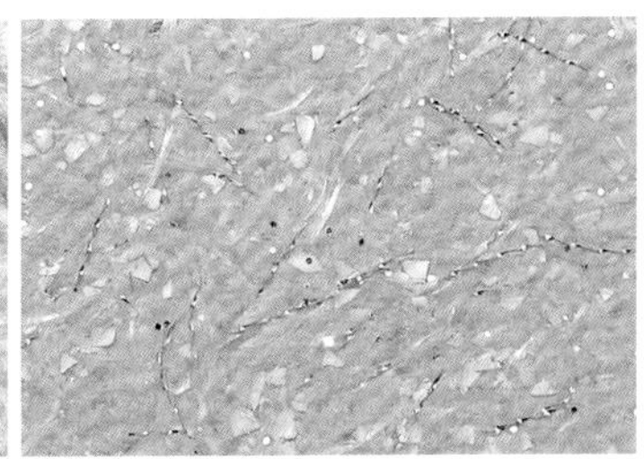

▲ 木纤维壁纸带有明显的纤维效果

木纤维壁纸施工须知

对墙面的处理和要求：墙面必须平整，无凹凸及无污垢或剥落等不良状况；墙面颜色均匀一致，平滑和清洁干燥，阴阳角垂直；墙面应做防潮处理；壁纸施工前应对墙面进行质量验收，以确保墙面符合要求。

保持双手的清洁，一定要均匀上胶，不要污染壁纸表面，溢出要立即用海绵或毛巾吸除。用毛刷轻轻赶出气泡，不可太用力，以免破坏壁纸表面。保持墙面涂胶均匀，接缝处用软质压轮小心压平，以免壁纸翘边。施工完毕必须关好门窗，夏季保持 24~36 小时，冬季保持 48~60 小时，让壁纸胶自然阴干。

壁纸·植绒壁纸

质感清晰、密度均匀

植绒壁纸既有植绒布所具有的美感和极佳的消音、防火、耐磨特性，又具有一般装饰壁纸所具有的容易粘贴在室内墙面的特点。植绒壁纸质感清晰、柔感细腻、密度均匀、牢度稳定且安全环保。

植绒壁纸详情速览

图片	材质	特点	价格
	底纸是无纺纸、玻纤布。绒毛为尼龙毛和黏胶毛	立体感比其他任何壁纸都要出色，绒面带来的图案使表现效果非常独特，这种立体的材质同时还能增加壁纸的质感，得到完全不同于纸质品的特殊视觉效果	200~800元/平方米

注：表内价格仅供参考，请以市场价为准。

吸音、不易褪色

植绒壁纸是用静电植绒法将合成纤维短绒黏结在纸基上而成的。其特点是有明显的丝绒质感和手感，不反光，具吸音性，无异味，不易褪色。

不易打理，需注意保养

植绒壁纸相较PVC壁纸有着不易打理的特性，尤其是如果遇到劣质的植绒壁纸，一旦沾染污渍，很难清洗，如果处理不当，对壁纸则会形成无法恢复的损坏，所以在选择植绒壁纸时，需要格外注重壁纸的质量。

挑选时避免文字陷阱

目前市场的植绒壁纸主要都是所谓的发泡材质，虽然和真正的植绒壁纸在质感上非常相似，但是其在工艺上却有着本质的差别。

真正的植绒壁纸是用静电植绒法将合成纤维短绒黏结在纸基上而成的。而现在很多在市场上销售的所谓“植绒”壁纸，只是在PVC壁纸或者无纺布壁纸中加入发泡剂，在壁纸表面经发泡后形成的绒面。

这样的壁纸虽然表面看起来有植绒壁

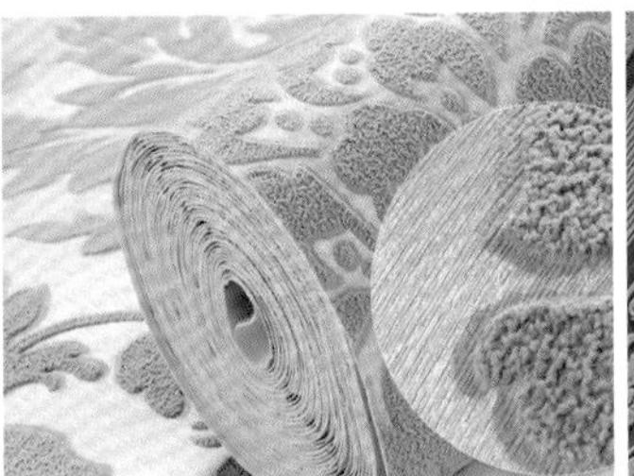
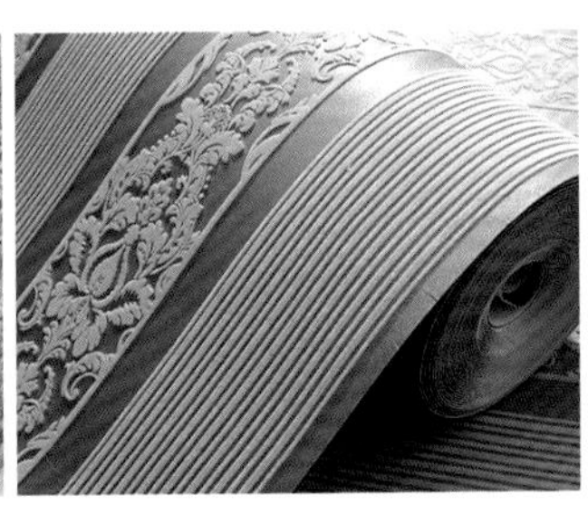

▲ 经典植绒壁纸，绒感明显、立体

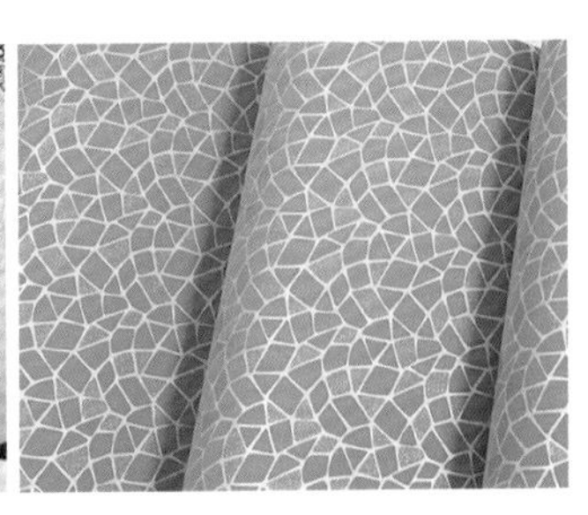

▲ 发泡植绒壁纸，没有明显的绒感

纸的特质，但无论在环保性还是质量上都和真正的植绒壁纸相差很远。在选购植绒壁纸时，要注意这一点。可以询问商家是否为经典款植绒壁纸，以及植绒量。

植绒壁纸的养护

在平时使用时应尽量关闭纱窗，可以减少灰尘吸附，地面尽量保持干净，防止灰尘飞扬。

有积灰时应先使用吸尘器吸走表面浮灰，或用毛质硬度适中的刷子去刷，若有顽固积灰可以使用干净毛巾蘸少许洗涤剂轻轻粘揉，不可胡乱擦洗。

DIY 更换壁纸

植绒壁纸的使用年限是 5 年左右，当壁纸出现不可忽视的缺损时，可以自行 DIY 来更换。步骤一，撕壁纸。把房间可以移动的靠墙家具移开，至足够一人站进去；掀开某一个接缝处或角落，把 PVC 层剥离出来，然后先慢慢撕开一点，再逐渐扩大撕开的范围，直到把墙面上所有壁纸的表层都撕下来。步骤二，去除壁纸底层。拿一桶清水，用辊筒把所在墙壁刷一遍水，过 1 小时左右，就会有很多纸直接从墙壁上掉下来了，有没掉的，可以用手轻轻撕下来。步骤三，贴壁纸。按正确步骤重新贴上自己喜欢的壁纸。这样整个过程下来，只需 1~2 天就可以完成壁纸的更换，焕然一新。

壁纸·墙贴

图案多样、省钱便利

墙贴是已设计和制作好现成的图案的不干胶贴纸，只需要动手贴在墙上，玻璃或瓷砖上即可。搭配整体的装修风格，彰显出主人的生活情趣，让家赋予了新生命，也引领了新的家居装饰潮流。壁艺贴具有出色的装饰效果，装修方法便捷，局部装点即可改变空间的氛围。

墙贴详情速览

图片	材质	特点	价格
	墙贴由面材＋胶水＋底纸（贴纸撕起后下面那层滑溜溜的纸）＋外包装组成	墙贴非常好粘贴，可随时移除、更换，可自行DIY	50~1000元／组

注：表内价格仅供参考，请以市场价为准。

铺贴无需冲压模具

墙贴与传统的壁艺贴相比，最大的特点是：无需冲压模具，生产方式易普及，在计算机上输入图形即可使用雕刻机进行切割，而不是传统壁艺贴使用的冲压机器。国内的墙贴品牌一般采用户外不干胶材料制作。

常见墙贴材料特性

1. 特种耐热纸。在特殊耐热的纸上直接印花压纹的墙贴。具有亚光、环保、自然、舒适、亲切的特点。因为非透明的特征对壁艺贴的设计限制，加上防水性能稍差，而逐步被透明胶面材料替代。

2. 纸底胶面墙贴。底纸为白硅纸，表面为 PET、PC 等透明材质的壁艺贴，是使用越来越广泛的材料。亚光、环保、色彩鲜明、图案丰富、耐脏、耐擦洗。

3. 胶黏剂。墙贴贴于玻璃、瓷砖、木质或金属表面后，再次剥离时，没有胶水残留或者胶水未出现破损现象，而贴纸能进行再次有效粘贴。好的墙贴一般反复粘贴 5 次以上后黏性才会减弱。

▲ 各类图案墙贴的粘贴效果

墙贴的设计风格

按照设计风格，墙贴分为两种：一种为主题类图案，可根据产品附带的示意图，拼凑成设计师推荐的效果，一般只有唯一的排列方式；另一种为素材类图案，主要靠施工人员发挥创意搭配出抽象意境，虽然厂商产品目录中也有推荐效果，但千变万化的可能性排列，让这种壁艺贴更受年轻人喜爱。

墙贴的适用范围

墙贴多用于家居空间的装饰，比较适合用于简约风格和现代风格。如果觉得单独的油漆墙面过于单调，可以用墙贴来活跃气氛。墙贴的种类非常多，可以用来替代彩色手绘，更换起来非常方便，很适合喜欢保持新鲜感的人使用。

墙贴图案及颜色的选择宜结合室内的整体风格进行，例如儿童房适合选择活泼具有童趣的款式等。除了墙面，镜面、柜子上也可粘贴墙贴。

并不是所有的墙面都适合用墙贴来进行装饰，通常墙贴适合粘贴在：乳胶漆墙面、瓷砖表面、玻璃表面、木质表面、塑料表面以及金属表面。

墙贴不适合用在不平整的墙面、壁纸墙面以及掉落粉尘的墙面。

DIY 墙贴可随性一些

粘贴墙贴的时候可以不用那么严谨，如果粘贴得随意一些，完全可以形成独有的个性，可以加入自己的想法，变换位置、变换角度等。若担心歪得太厉害，可以先将一小块背胶打开，固定后再大面积撕下。

若不好撕可用热风软化

墙贴使用时间长了以后，背胶就会变得不好撕下来，会有残留的胶在墙面上，影响美观和再次粘贴的效果。这时候可以用吹风机的热风向墙贴吹一吹，使背胶软化，就会容易撕下来了。

墙面装饰·实木雕花

低调奢华、适合中式风格

实木雕花在我国具有悠久的历史，属于具有中式特色的装饰构件，可用于墙面、屏风、隔断、家具等部位上的装饰，如果搭配中式风格的室内环境，更加相得益彰，现在的实木雕花可分为两种：一种是流传下来的，价格比较昂贵；另一种是现代生产的，价格相对较低。

实木雕花详情速览

图片	材质	特点	价格
	以实木为原料，做实体或镂空雕花，可作为墙面装饰或者屏风使用	具有低调的奢华感，多为原木颜色，做工细致，特别适合中式风格	500 元 / 个起

注：表内价格仅供参考，请以市场价为准。

具有传统文化韵味

实木雕花工艺在我国流传已久，具有独特的艺术底蕴。现在用于装饰的实木雕花多已简化，更适合现代空间的特点，不再显得过于庄重和繁复。

实木雕花可以分为实体雕花和镂空雕花两种，前者用于作为墙面装饰、镶嵌门等用途，后者具有代表性的就是窗格、门扇和屏风，也可用于墙面装饰。

实木雕花的养护

实木雕花为实木产品，会因为气候的变化导致变形、开裂等，所以需要精心养护。

实木雕花工艺品会因长时间放在烈日下暴晒而开裂。所以在摆放的时候，就应该注意不要把它们摆放在窗口或者悬挂于临近窗的位置。

实木雕花工艺品也不宜放置在极潮湿或者极干燥的室内。在很潮湿的环境里，部分木雕工艺品就会长“毛”。例如绿檀工艺品就会吐出银白色的丝出来。

在过于干燥的环境中，实木雕花工艺品有的可能会部分出现开裂的现象。要注意实木雕花工艺品不要对着空调出风口直吹，也不要放在暖气管的附近。

木料属于易燃品，因此实木雕花工艺品不宜放置于明火、火墙、火炕、火炉的附近。不宜用带水的毛巾擦拭，而用含蜡质的或含油脂的纯棉毛巾擦拭为佳。

平常根据室内干净与否，经常用干棉布或鸡毛掸子将实木雕花工艺品上的灰尘掸去，以显示其自然之美，如果发现工艺品的光泽不好时，可以用刷子将上光蜡涂于工艺品的表面，用抹布擦一下抛光即可。用纯棉毛巾蘸一些核桃仁油轻轻地擦在工艺品的表面，也可以达到理想的效果。切忌用带水的毛巾擦拭，这样会使实木雕花工艺品过于潮湿，反而达不到预期的效果，而且还会造成伤害。

▲ 将实木雕花作为墙面装饰使用，很有古典与现代结合的韵味

▲ 木雕窗扇镶嵌于墙壁中可以强化氛围

▲ 将小木雕镶嵌于墙壁中效果更为整体

墙面装饰·墙面彩绘

适合 DIY、具有独特创意

墙面彩绘就是在室内的墙壁上进行彩色的涂鸦和创作，具有任意性和观赏性，能够充分体现作者的创意，非常适合 DIY。墙面彩绘除了可在新涂刷的墙面上做装饰外，还可用来掩盖旧墙面上不可去除的污渍，给墙面以新的面貌。有经验者可自己绘制，也可请专业的师傅来绘制。

墙面彩绘详情速览

图片	特点	价格
	可根据室内的空间结构就势设计，掩饰房屋结构的不足，美化空间，同时让墙面彩绘和屋内的家居设计融为一体，在绘画风格上不受任何限制。不但具有很好的装饰效果，独有的画面也能体现业主的时尚品位	根据墙面的大小及图案的难易程度有所不同，大致区间为 80~1800 元 / 平方米

注：表内价格仅供参考，请以市场价为准。

绘制场所决定图案风格

虽然墙面彩绘非常个性，但不建议在室内过多使用。它只能是室内装饰的一种点缀，如果频繁使用会让空间感觉凌乱不堪。

如果在客厅顶棚进行创作，可选择一些有朝气的题材。由于现代装饰习惯在客厅顶棚做圆状修饰，所以创作在小范围内进行就好，面积过大会显得突兀。也可以在厨房、卫浴间或书房甚至门板上进行创作，这时要注意手绘画幅不要太大，力求精致，题材最好选择古朴素材。

除此之外，还可以在一些不明显的地方，如墙壁转角或地脚做相应的搭配，这种场所的图案不需过大，只需起到点缀作用即可，例如一棵小树或者几朵花朵。

常见的墙面彩绘位置

墙面彩绘的位置主要有以下几种情况。

一种是选择一面比较主要的墙面大面积绘制，这种手绘墙画起到室内的主要装饰使用，例如高大挺拔的树干、酷感十足的几何造型，都会给人带来非常强的视觉冲击，效果会非常突出，使人印象深刻。

另外一种是针对一些比较特殊的空间

进行针对性绘制，比如阳光房，可以在局部绘制以太阳、花鸟为主题的画，在楼梯间画棵大树等。

还有一种是属于“点睛”的类型，在进行室内装饰时，经常有一些拐角、角落位置不适合摆放家具或者装饰品，这时候就可以用手绘墙画进行丰富。此外，还有些专门针对家居、装饰品来画一些比较有创意性的画，比如在沙发后面画。

常用彩绘颜料

传统的墙面彩绘多以丙烯颜料和乳胶漆为主，需要表现特殊效果时会用上金粉、银粉或者玻璃等其他材料，各种材料有不同特色。

1. 丙烯颜料。丙烯颜料属于人工合成的聚合颜料，是由颜料粉调和丙烯酸乳胶制成的，有很多种类，如亚光丙烯颜料、半亚光丙烯颜料、有光泽丙烯颜料以及丙烯亚光油、上光油、塑型软膏等。

丙烯颜料特征如下。

（1）可用水稀释，利于清洗。

（2）速干。颜料在落笔后几分钟即可干燥。

（3）着色层干后会迅速失去可溶性，同时形成坚韧、有弹性的不渗水的膜。这种膜类似于橡胶。

（4）颜色饱满、浓重、鲜润，无论怎样调和都不会有“脏”“灰”的感觉。着色层不会有吸油发乌的现象。

▲ 卡通彩绘非常适合儿童房

（5）作品的持久性较强。丙烯颜料胶膜从理论上讲永远不会脆化，也绝不会变黄。

（6）丙烯塑型软膏中有含颗粒型，且有粗颗粒与细颗粒之分，为制作肌理提供了方便。

（7）丙烯颜料无毒，对人体不会产生伤害。

2. 乳胶漆。近年来在家庭手绘中，已逐步用家庭内墙乳胶漆加色浆代替壁画染料作画。用乳胶漆的好处就是在家庭中画画完全和用乳胶漆刷墙面结合起来，乳胶漆具有环保无味等优点。在家庭中用乳胶漆画画还有一个很大的好处就是它不反光。丙烯颜料等绘画材料画完以后会形成一个防水膜，因此会反光，在光线较强的情况下会显得刺眼、不柔和，而乳胶漆不存在这一问题。

两种彩绘方式对比

墙面彩绘的绘制方式可分为模板彩绘和手绘两种方式。

模板墙面彩绘不需由专业人员施工，可动手 DIY，价格适中。但图案模板统一固定，做出的彩绘除颜色不同外，图案非常容易重复。所以模板绘画只能有矢量风格，色调单一，绘画风格受很大局限。

绘制方法十分简单，选择镂空好的现

▲纯手工绘制的彩绘可以根据墙面就势设计

有图案，把模板放到墙上，上好颜色，取掉模板即可。很适合自行 DIY 设计，不需要太多的美术功底也能完成。

纯手工墙面彩绘可根据室内的空间结构就势设计，没有固定模式，在绘画风格上不受任何限制，能够形成独特个性，但是价格较高。

绘制时可以与室内的整体装修及家具的风格相搭配，量身定做适合室内摆设和风格的墙面彩绘，同时方式灵活，还可结合各种装饰方式。

墙面彩绘施工步骤

1. 提前咨询：若要绘制家庭墙面，应至少提前一周咨询、预约，以便有充分的时间来沟通、选稿、设计手稿或修改调整。公共空间的大型壁画一般要提前 7~30 天预约，原创类要提前 1~3 个月约定。

2. 业主需充分了解自己的装修环境，结合自己的装修预算，在图片参考中挑选自己心意的图案。

3. 与墙绘设计师进行沟通，听取设计师意见，确定自己的绘制图案方向。

4. 约定设计师上门考察现场，设计师设计出符合实际的布局及图案色彩搭配，如有修改要及时提出。

5. 约定墙绘师傅上门服务时间。

6. 画师现场勾画草图，需要业主对墙面的草图再次进行确认，确认后画师开始调配色彩。

7. 画师开始绘制图案。

8. 绘制完后，室内墙面干透时间为 12 小时，户外墙面干透时间为 4 天，家具类干透时间为 7 天，布艺类干透为 24 小时，此期间内，请注意对色彩的保护。

墙面彩绘验收标准

手工绘画往往有绘画笔迹、笔触的痕迹，熟练高超的笔法会留下潇洒飘逸、生动活泼的笔迹，这也是手工艺术的吸引人之处；但也有些因技法不熟练或过于匆忙完工而留下的败笔。简单的手绘墙画一般都能达到和手稿、图片一模一样或优于手稿；某些复杂的图案、稿子一般也能达到 95% 以上的准确度。

墙面彩绘施工须知

绘画的墙面要求比较细腻、平整，不要反光，有些特别的墙画还需要刷有色乳胶漆来衬托。

墙面彩绘干燥以后可以防水、防汗，除去在极其潮湿的环境外，彩绘后的墙面一般可在 10 年内保存完整。一般室内墙画无需太多保护，注意避免灰尘、水分、人为破坏、油烟或故意的擦刮。

第三章

地面材料汇总

地板、砖石、新型材料、其他

想要感受居家温暖，

地面材料选择是第一步，

从花色繁多的瓷砖，

到淳朴自然的木地板，

再到风靡的潮流建材，

本章深入探究地面材料的性能和搭配技巧，

帮助业主挑选到最适合的独特地面材料。

地板·实木地板

触感好、冬暖夏凉

实木地板是天然木材经烘干、加工后形成的地面装饰材料。它呈现出的天然原木纹理和色彩图案，给人以自然、柔和、富有亲和力的质感，同时它冬暖夏凉、触感好。不同的木质具有不同的特点，有的偏软、有的偏硬，选择实木地板的时候可以根据生活习惯选择木种。

实木地板详情速览

种类		特点	价格
柚木		较名贵，多为缅甸产。重量中等，不易变形，防水、耐腐，稳定性性好，它还含有极重的油质，这种油质使之保持不变形，且带有一种特别的香味，能驱蛇、虫、鼠、蚁。它的刨光面颜色是通过光合作用氧化而成金黄色，颜色会随时间的延长而更加美丽	800 元 / 平方米起
花梨木		木质坚实，花纹精美，成“八”字形，带有清香的味道。木纹较粗，纹理直且较多，呈红褐色。耐久度、强度较高	1000 元 / 平方米起
樱桃木		色泽高雅，时间越长，颜色、木纹会越变越深。赤红的暖色，可装潢出高贵感觉。硬度低、强度中等、耐冲击载荷、稳定性好、耐久性高	800 元 / 平方米起
黑胡桃		呈浅黑褐色带紫色，色泽较暗，结构均匀，稳定性好，容易加工，强度大、结构细，耐腐、耐磨，干缩性小	700 元 / 平方米起

续表

种类	特点	价格
桃花心木	木质坚硬、轻巧，结构坚固，易加工。色泽温润、大气，木花纹绚丽、漂亮、变化丰富，密度中等，稳定性高，尺寸稳定、干缩率小，强度适中	900 元 / 平方米起
枫木	颜色淡雅，纹理美丽多变、细腻，高雅，花纹均匀而且细腻，易于加工、重量轻，韧性佳，软硬适中，不耐磨	600 元 / 平方米起
小叶相思木	木材细腻、密度大，呈黑褐色或巧克力色，结构均匀，强度及抗冲击韧性好，很耐腐，生长轮明显且自然，形成独特的自然纹理，高贵典雅。稳定性好、韧性强、耐腐蚀、缩水率小	400 元 / 平方米起
水曲柳木	呈黄白色或褐色略黄，纹理明显但不均匀，木质结构粗，纹理直，花纹美丽，硬度较大，光泽强，略具蜡质感。弹性、韧性好，耐磨、耐湿，不耐腐，加工性能好	400 元 / 平方米起
印茄木	又称菠萝格木，结构略粗，纹理交错，重硬坚韧，稳定性能佳，花纹美观，心材甚耐久，耐磨性能好	500 元 / 平方米起
圆盘豆木	颜色比较深，分量重。密度大，坚硬，抗击打能力很强。在中档实木地板中，圆盘豆地板的稳定性能是比较好的。脚感比较硬，不适合有老人或小孩的家庭使用。使用寿命长，保养简单	600 元 / 平方米起
橡木	又称柞木、栎木，纹理丰富美丽，花纹自然，具有比较鲜明的山形木纹。触摸表面有着良好的质感，韧性极好，质地坚实，制成品结构牢固，使用年限长，稳定性相对较好。不易吸水，耐腐蚀，强度大	800 元 / 平方米起

注：表内价格仅供参考，请以市场价为准。

实木地板的优缺点

1. 优点。

（1）隔音隔热。实木地板材质较硬，具有缜密的木纤维结构，热导率低，能够吸音、隔音，减少噪声污染。

（2）调节湿度。实木地板的木材在气候干燥时将木材内部水分释出；气候潮湿的时候，木材会吸收空气中水分。通过吸收和释放水分，实木地板能自动调节室内的温度、湿度，减少风湿疾病的发生。

（3）冬暖夏凉。冬季，实木地板的板面温度要比瓷砖的板面温度高 8~10 摄氏度，人在木地板上行走无寒冷感；夏季，实木地板的居室温度要比瓷砖铺设的房间温度低 2~3 摄氏度。

（4）绿色环保。实木地板用材取自原始森林，使用无挥发性的耐磨油漆涂装，从材种到漆面均绿色无害，是天然无害的地面材料。

（5）有利于身体健康。实木地板纹理自然、气味芬芳，还可以释放对人体有益的负离子以及吸收紫外线，预防近视的产生。同时实木地板还具有不结露、不发霉的特性，可避免螨类细菌的繁殖，减少呼吸系统疾病。

（6）防滑、消除疲劳。实木地板软硬适中，能够起到缓冲作用。弹性适中，可缓和脚步的重量负荷，具有消除疲劳的功效，尤其是仿古地板，可起到脚底按摩的作用。

（7）经久耐用。实木地板绝大多数品种材质硬密，抗腐抗蛀性强，正常使用寿命可长达几十年乃至上百年。

2. 缺点。

（1）难保养。实木地板对铺装的要求较高，若铺装工人工艺不好，会造成一系列问题。如果位于过于潮湿或干燥的地区，则不适合用实木地板，天气原因容易造成起拱、翘曲或变形的问题。实木地板要经常打蜡、上油，否则地板表面的光泽很快就会消失。

（2）价格高。实木地板一直都保持在较高价位，价格在 400 元 / 平方米以上。

（3）市场中良莠不齐。一般人无法辨认木材的真伪。经过加工的地板对消费者来说更无法鉴别木种，因而一些不法商家为了牟取暴利，就用一些价格较便宜的木种冒充名贵木种，比如用“灰木莲”冒充“柚木”等，因此若决定使用实木地板就要做好功课，最好找懂行的人陪同购买。

不同木种有不同的特点

实木地板的原材料是木材，因为生长地区和气候的差别，不同的木种具有不同的特点，在选购实木地板时，可以先根据地区情况选择恰当的木种，而后再选择颜色。南美风铃木、花梨木以及柚木的硬度比较大，如果气候潮湿则宜从耐久度上考虑，铁幕、樱桃木、柳桉等耐久力强且不需要做防腐处理。

实木地板面板的挑选

1. 测量地板的含水率。国家标准规定实木地板的含水率为 8%~13%。购买时先测展厅中选定的实木地板含水率，然后再测未开包装的同材种、同规格的实木地板

▲ 实木地板的花色自然，具有变化特色，不死板

的含水率，如果相差在 ±2% 以内，可认为合格。

2. 观测木地板的精度。实木地板开箱后可取出 10 块左右徒手拼装，观察企口咬合，拼装间隙，相邻板间高度差。

3. 检查基材的缺陷。检查是否同一树种，是否混乱，地板是否有死节、活节、开裂、腐朽、菌变等缺陷。由于实木地板是天然木制品，存在一定色差和不均匀的现象，这是无法避免的，且自然的花色是实木地板的一个显著特色，只要在铺装时稍加调整即可。

4. 识别木地板材种。由于木材的生长环境不同，相同树种的材质也会因为产地而存在纹路、色泽及价格的差别。需要注意的是并非进口的材质就一定比国产材质好，我国许多地区的树种较好，价格也比同类进口的材质低。

5. 购买实木地板时，建议选择品牌信誉好、售后佳的知名企业。保修期限是购买实木地板非常重要的一个指标，凡在保修期内发生的翘曲、变形、干裂等问题，厂家负责修、换，可免去消费者的后顾之忧。

6. 选择合适的尺寸。建议选择中短长度地板，不易变形，长度、宽度过大的实木地板相对容易变形。

常见实木地板的色泽及纹理

硬度、色泽及纹理		实木地板品种
硬度	中等硬度	柚木、印茄（菠萝格）、香茶茱萸（芸香）
	软木	水曲柳、桦木
色泽	浅色	加枫、水青冈（山毛榉）、桦木
	中间色	红橡、亚花梨、槲栎（柞木）、铁苏木（金檀）
	深色	香脂木豆（红檀香）、拉帕乔（紫檀）、柚木、乔木树参（玉檀香）、胡桃木、鸡翅木、紫心木、酸枝、印茄、香二翅豆、木荚豆（品卡多）
纹理	粗纹	柚木、槲栎（柞木）、甘巴豆、水曲柳
	细纹	水青冈、桦木

实木地板的清洁和保养

实木地板铺设后，建议至少要放置 24 小时后开始使用。安装完毕的场所如暂时不居住，则要保持室内空气的流通，不能用塑料纸或报纸盖上，以免时间长导致表面漆膜发黏，失去光泽。

日常使用时要注意避免重金属锐器、玻璃瓷片、鞋钉等坚硬物器划伤地板。搬动家具时也不要在地板表面拖挪，不要使地板接触明火或直接在地板上放置大功率电热器。禁止在地板上放置强酸性和强碱性物质，禁止长时间水浸。

如果室外湿度大于室内湿度，可以紧闭门窗，保持室内较低的湿度，如果室外湿度小于室内湿度，可以打开门窗以降低室内的湿度。遇到潮湿闷热的天气，可以开空调或电风扇。

日常清洁使用拧干的棉拖把擦拭即可，如遇顽固污渍，可使用中性清洁溶剂擦拭后再用拧干的棉拖把擦拭，切勿使用酸、碱性溶剂或汽油等有机溶剂擦洗。

为了保持实木地板的美观并延长漆面使用寿命，建议每年上蜡保养两次。上蜡前先将地板擦拭干净，然后在表面均匀地涂抹一层地板蜡，稍干后用软布擦拭，直到平滑光亮。

如果不慎发生大面积水浸或局部长时间被水浸泡，若有明水滞留应及时用干布吸干，并让其自然干燥，严禁烘干或在阳光下暴晒。

长时间暴露在强烈的日光下，或房间内温度的急剧升降等都可能引起实木地板漆面的提前老化，应尽量避免。

▲ 实木地板脚感舒适

定期清扫地板、吸尘，防止沙子或摩擦性灰尘堆积而刮擦地板表面。可在门外放置蹭鞋垫，以免将沙子或摩擦性灰尘带入室内。平时清洁地板时可用拧干的棉拖把擦拭。不能用湿拖把或有腐蚀性的液体（如肥皂水、汽油）擦拭地板。秋、冬季节为增加室内空气湿度，可使用加湿器使室内的空气相对湿度保持在 50%~70%。

特殊污渍的清理办法：油渍、油漆、油墨可使用专用去渍油擦拭；如果是血迹、果汁、红酒、啤酒等残渍可以用湿抹布或用抹布蘸上适量的地板清洁剂擦拭，不可用强力酸碱液体清理木地板。

地板·实木复合地板

有实木地板的特点但更耐磨

实木复合地板是将优质实木锯切、刨切成表面板、芯板和底板单片，然后将三种单片依照纵向、横向、纵向三维排列方法，用胶水粘贴起来，并在高温下压制成板的，分三层和多层两种。三层实木复合地板表层为优质名贵木材薄片，中间和底层为速生木材，用胶水热压而成。多层实木复合地板以多层胶合板为基材，表层为硬木片镶拼板或刨切单板，以胶水热压而成。

实木复合地板详情速览

图片	特点	价格
	自然美观，脚感舒适；耐磨、耐热、耐冲击；阻燃、防霉、防蛀，隔音、保温，不易变形，铺设方便 如胶合质量差会出现脱胶的现象；表层较薄，使用中必须重视维护保养	300元/平方米起

注：表内价格仅供参考，请以市场价为准。

实木复合地板并非复合地板

实木复合地板不是市场上的所谓“复合地板”。“复合地板”指的是强化复合地板。而实木复合地板是从实木地板中衍生出来的木地板品种，是一种新的实木地板，是由不同树种的板材交错层压而成的。

它兼具强化地板的稳定性与实木地板的美观性，一定程度上克服了实木地板湿胀干缩的缺点，具有较好的尺寸稳定性，具有环保优势，并保留了实木地板的自然木纹和舒适的脚感。具有天然的木质感、容易安装维护、防腐防潮、抗菌且适用于地热。

实木复合地板表层为优质珍贵木材，不但保留了实木地板木纹优美、自然的特点，而且能够起到节约珍贵木材资源的作用。表面大多涂五遍以上的优质UV涂料，硬度、耐磨性、抗刮性佳，而且阻燃、光滑，便于清洗。芯层大多采用可以轮番砍伐的速生材料，出材率高，成本大大低于实木地板，但其弹性、保温性等完全不亚于实木地板。

实木复合地板的种类

实木复合地板分为多层和三层两种。

三层实木复合地板其表层多为名贵、优质、长年生阔叶硬木，材种多用柞木、桦木、水曲柳、绿柄桑、缅茄木、菠萝格、柚木等，其中柞木因其纹理特点和性价比最受欢迎。芯层由普通软杂规格木板条组成，树种多用松木、杨木等，底层为旋切单板，树种多用杨木、桦木和松木。

根据家居环境选择合适的实木复合地板

实木复合地板的颜色应根据面积的大小、家具颜色、整体装饰格调等而定。例如，面积大或采光好的房间，用深色实木复合地板会使房间显得紧凑；面积小的房间，用浅色实木复合地板给人以开阔感；家具颜色偏深时可用浅色实木复合地板进行调和，家具为浅色时可用深色实木复合地板形成对比等。

实木复合地板的挑选

1. 环保指标。使用脲醛树脂制作的实木复合地板，都存在一定的甲醛释放量，环保实木复合地板的甲醛释放量必须符合国家标准要求。

2. 找知名品牌。即使是用高端树木板材做成的实木复合地板，质量也有优有劣。所以在选购时，最好购买品牌效应比较好的实木复合地板。大品牌的产品售后通常

▲ 实木复合地板也有如实木地板一般自然的观感

都比较好，出了问题可以找商家解决。

实木复合地板质量的鉴别

1. 面层厚度需符合规格。实木复合地板表层的厚度决定其使用寿命，表层板材越厚，耐磨损的时间就越长，欧洲实木复合地板的表层厚度一般要求到 4 毫米以上。

2. 材质。实木复合地板分为表、芯、底三层。表层为耐磨层，应选择质地坚硬、纹理美观的品种；芯层和底层为平衡缓冲层，应选用质地软、弹性好的品种。

3. 加工要精细。实木复合地板的最大优点是加工精度高，选择实木复合地板时，一定要仔细观察地板的拼接是否严密，相邻板应无明显高低差。

4. 漆膜的种类。高档次的实木复合地板，应采用高级 UV 亚光漆，这种漆是经过紫外光固化的，其耐磨性能非常好，一般使用十几年不需上漆。

5. 胶合性很重要。实木复合地板的胶合性能是该产品的重要质量指标，该指标的优劣直接影响使用功能和寿命。可将实木复合地板的小样品放在 70 摄氏度的热水中浸泡 2 小时，观察胶层是否开胶，如开胶则不宜购买。

6. 索取质检报告。符合生产质量标准和安全使用标准的地板才是健康安全的木地板。重点查看检验报告的日期和真实性。

挑选实木复合地板容易出现的误区

误区一：过度追求厚面板。三层实木复合地板的面板厚度以 2~4 毫米为宜，多层实木复合地板的面板厚度以 0.3~2.0 毫米为宜，应选择合适的面板厚度而不是过度地追求面板厚度。

误区二：销售方与铺设方不统一。销售方与铺设方选择两个对象，一旦地板出现问题时，双方会互相推诿，无法及时解决问题。因此销售方与铺设方两者最好为一家。

误区三：过分挑剔色差。实木复合地板与实木地板一样，面板是天然木材，色泽、纹理不会完全统一，因此一定存在色差和花纹不均匀现象，在挑选实木复合地板时，只要无明显的色差就可以，不必过分苛求颜色一致。

误区四：追求名贵材种。市场上销售的实木复合地板材种有几十种，不同树种价格、性能、材质都有差异，并不是越名贵材种性能越好，而应根据自己的居室环境、装饰风格、个人喜好和经济实力等情况进行购买。

误区五：甲醛含量高。甲醛释放量只要符合国家标准即可放心使用。

地板·强化地板

花色多样、价位经济

强化地板也叫做复合木地板、强化木地板，由于一些企业出于不同的目的，往往会自己命名一些名字，例如超强木地板、钻石型木地板等，不管其名称多么复杂、多么不同，这些板材都属于复合地板。它的价格选择范围大，各阶层的消费者都可以找到适合的款式。

强化地板详情速览

图片	特点	价格
	适用范围广，耐污、抗酸碱性好，免维护，防滑性能好，耐磨、抗菌，不会虫蛀、霉变，尺寸稳定性好，不会受温度、潮湿影响变形，色彩、花样丰富，重量轻、能够减轻建筑的承载，防火性能 B1 级	150 元 / 平方米起

注：表内价格仅供参考，请以市场价为准。

强化地板的组成

强化地板一般由四层材料复合组成，即耐磨层、装饰层、高密度基材层、平衡（防潮）层。这些板材并不使用木，所以用“复合木地板”或者“强化木地板”是不合理的，合适的名字是“复合地板”或者“强化地板”。

合格的强化地板是以一层或多层专用浸渍热固氨基树脂，覆盖在高密度板等基材表面，背面加平衡防潮层、正面加装饰层和耐磨层经热压而成。

强化地板的厚度分类

从厚度上分有薄、厚（8 毫米左右及 12 毫米左右）两种。从环保性角度看，薄的比厚的好，因为薄的单位面积用的胶比较少。厚的密度不如薄的高，抗冲击能力稍差，但脚感稍好。

强化地板的规格分类

按照规格不同，强化地板可分为标准板、宽板和窄板。

标准板宽度一般为 191~195 毫米，长度为 1200 毫米及 1300 毫米左右，是最标准的尺寸。

宽板长度多为 1200 毫米，宽度为 295 毫米左右，是我国的强化地板加工企业为了满足消费需求，自己发明的。它的优点是外观大方，地板的缝隙相对少；缺点是色差相对大点。

窄板长度为 900~1000 毫米，宽度基本上在 100 毫米左右，近似实木地板的规格，多数叫仿实木地板，价格便宜，稳定性好，四边做成 V 形槽的，可乱真实木地板。

耐耐、好打理、性价比优良

耐磨：强化地板表层为耐磨层，它由分布均匀的三氧化二铝构成，反映强化地板耐磨性的“耐磨转数”主要由三氧化二铝的密度决定。一般来说，三氧化二铝分布越密，地板耐磨转数越高。但是，耐磨不等于耐用。选择耐用的强化地板，真正需要特别关注的是地板凹凸槽咬合是否紧密，基材是否坚固，甲醛含量是否过高，花色是否真实自然等。

花色品种较多，花色时尚，可以仿真各种天然或人造花纹。强化地板的装饰层一般是由计算机模仿，可仿真制作各类材种的木材花纹，甚至还可以模仿石材以及创造出自然界所没有的独特图案。

容易护理：由于强化地板表层耐磨层具有良好的耐磨、抗压、抗冲击以及防火阻燃、抗化学品污染等性能，在日常使用中，只需用拧干的抹布、拖布或吸尘器进行清洁，如果地板出现油腻、污迹时，用布蘸清洁剂擦拭即可。

安装简便：由于强化地板四边设有榫槽，其安装时只需将榫槽相互契合，形成精确咬接即可，铺设后的地面整体效果好，色泽均匀，视觉效果好，同时，强化地板可直接安装在地面或其他地板表面，无需打地龙骨。另外，强化地板可以从房间的任意处开始铺装，简单快捷。

与实木地板相比，强化地板最表面的耐磨层是经过特殊处理的，能达到很高的硬度，即使用尖锐的硬物去刮，也不会留下痕迹。这个优点的最大好处就是，日常生活里再也不用为保护地板而缩手缩脚。而且具有更高的阻燃性能，耐污染、腐蚀能力强，抗压、抗冲击性能好。

性价比优良（价格便宜）：强化地板由耐磨层、装饰层、基材及平衡层构成。其耐磨层、装饰层以及平衡层为人工印刷，基材采用速生林材制造，成本较实木地板低廉，同时可以规模化生产，相对性价比高。

涂层关系质量

标准的强化地板表面，应该都是含有三氧化二铝耐磨纸的。规格主要有 46 克、38 克、33 克，还有更低的。国家标准规定，室内用的强化地板的表面耐磨转数应该在 6000 转以上，只有用 46 克耐磨纸的地板，才能保证达到要求，耐磨转数直接关系到成本，因此不建议购买过低价格的强化地板。

三聚氰胺表面涂层的板材耐磨转数只有 300~500 转。使用强度大的话只能用两三个月，表面的装饰纸就会磨损，挑选时应予以注意。

钢琴漆表面涂层实际上是将用于实木

地板表面的油漆用于强化地板。只是采用的是比较亮的油漆而已，这种涂层的耐磨程度低。

不同面层的特点

从强化地板的特性上来分，可分为水晶面、浮雕面、锁扣、静音、防水等。

水晶面就是平面类的，非常好打理。

浮雕面用手摸能感到表面有木纹状的凹凸花纹。

锁扣类的地板接缝处采用锁扣形式，既能控制地板的垂直位移，又能控制地板的水平位移，不容易发生翘起、走路绊脚等现象。

静音板即在地板的背面加软木垫或其他类似软木作用的垫子。用软木地垫后，踩踏地板的噪声可降 20 分贝以上，起到增加脚感、吸音、隔音的效果，对提高强化地板舒适性起到了积极的作用。

防水板是在强化地板的企口处，涂上防水的树脂或其他防水材料，阻止外部的水分和潮气侵入，也使内部的甲醛不容易释出，使得地板的环保性、使用寿命都得到明显提高，尤其是在大面积铺设，不便留伸缩缝，加压条的条件下，可以防止地板起拱，减少地板缩缝。

▲ 强化地板可以有不同的铺装方式，也可以有装饰效果

强化地板挑选

1. 选有经营历史、知名品牌厂商的产品。强化木地板是科技含量较高的产品，从外观上来看，极不易区分质量的好坏。因此建议购买品牌产品。知名品牌的厂商既保证产品质量又负责铺设安装，售后有保障。

2. 从包装上鉴别。正规厂商生产的地板需要复合国家标准《浸渍纸层压木质地板》（GB/T18102—2007）。产品的包装箱上标识标注完整，包含注册商标、生产厂家、经营单位、型号、数量、地址、电话等。

3. 耐磨转数。家庭用地板耐磨转数通常选用 6000 转以上，而在公共场所通常选用 9000 转以上。

4. 游离甲醛释放量。强化木地板中含有一定量的甲醛，若超过国家规定的指标值（1.5 毫克 / 升）将对人体有害。在选购时最适宜选用有国家环境保护标志认证的产品或免检产品。

5. 基材密度。强化木地板基材（高密度纤维板）的密度应为 0.82~0.96 克 / 立方厘米，密度太低或太高均不适宜。

6. 耐水性。耐水性主要用吸水厚度膨胀率指标来反映，该指标值高，耐水性就差，即在潮湿环境下轻易引起尺寸变化，只有防潮的地板，没有防水的木地板。

7. 加工精度。用 6~12 块地板在平地上拼装后，用手摸和眼观的方法，观察其加工精度是否平整光滑，榫槽咬合是否合适，不宜过松，也不宜过紧，同时仔细检查地板之间拼装高度差和间隙大小。

掌控特征，避免购买假冒产品

假冒伪劣强化地板表层一般采用三氧化二铝含量在 20 克 / 平方米左右的耐磨纸，或不用耐磨纸，完全不耐磨。

假冒板通常选用国内生产的廉价装饰纸，这种装饰纸花纹模糊，最大的缺陷是不抗紫外线，阳光照射后会褪色。有的地板安装完三四个月后靠近阳台、窗户的地方就会出现变色就是这个原因。

包装比较粗糙，宣传画册的印刷质量较差，内容东拼西凑，经常会盗用大公司的画册内容。

基层要求平整

铺设强化地板，首先基层地面要求平整、干燥、干净；注意检查地面湿度，若是矿物质材料的地面，其相对应湿度应小于 60%；检查地面平整度，因强化地板厚度较薄，所以铺设时必须保证地面的平整度，一般平整度要求地面高低差不大于 3 毫米 / 平方米。

地面平整、干燥、干净，窗、门齐全，无渗水、漏水的可能，排水畅通。门与地面的间距应留有间隙，保证安装后留有约 5 毫米的缝隙。

简单检验强化地板的质量

1. 闻味道。在地板的横截面使用锉刀摩擦，使横截面产生热量让甲醛充分挥发，甲醛在 25 摄氏度以上会加速释放，可以闻到一些刺激性味道。若有刺鼻的味道说明里面含有大量甲醛，选择时候需要谨慎，最好不要购买。

2. 看基材。将地板对破开，看里面的基材，好的基材里面没有杂质，颜色较为纯净，差的地板基材里面用肉眼就能看见大量杂质。有的板材使用速生林，木材 3~5 年就开始使用，基材不稳定，但 FSC 认证的板材对于木种有着严格的限制，所以木质基材较好。

强化地板的保养

在地板刚铺设完毕后，要经常保持室内空气的流通。

超重物品应平稳搁放，家具和重物均不能硬行推拉拖曳，以免划伤耐磨层表面。

不能用利器刮、划地板表面。

使用中千万不能用水浸泡地板，若有意外，应及时用干拖布拖干地板。

保持地板干燥清洁，地板表面如有污物，一般用不滴水的潮湿拖把擦干即可。

防止地板被炊具炙烤而变形。

门前应放置一块蹭脚垫，减少砂粒对地板的磨损。

用地板专用清洁剂清除斑点和污渍。不可用有损伤性能的物品清洁，例如金属工具、尼龙摩擦垫和漂渍粉。

地板·软木地板

环保，弹性、韧性佳

软木地板被称为是“地板的金字塔尖上的消费”，主要材质是橡树的树皮，与实木地板比更具环保性、隔音性，防潮效果也更佳，具有弹性和韧性。非常适合有老人和幼儿的家庭使用，能够产生缓冲，降低摔倒后的伤害程度，且不用拆除旧地板，便可以铺设。

软木地板详情速览

图片	特点	价格
	软木地板与实木地板相比更具环保性，隔音性，防潮效果也会更好些，带给人极佳的脚感。柔软、安静、舒适、耐磨，对老人和小孩的意外摔倒，可提供极大的缓冲作用，其独有的隔音效果和保温性能也非常适合应用于卧室、会议室、图书馆、录音棚等场所	300~1200 元 / 平方米

注：表内价格仅供参考，请以市场价为准。

软木地板的分类

1. 按结构分类。

（1）软木地板表面无任何覆盖层，此类产品是最早期的。

（2）在软木地板表面涂装 UV 清漆或色漆或光敏清漆 PVA。根据漆种不同，又可分为高光、亚光和平光三种。此类产品对软木地板表面要求比较高，所用的软木料较纯净。除此之外还有采用 PU 漆的产品，PU 漆相对柔软，可渗透进地板，不容易开裂变形。

（3）在软木地板表面覆盖 PVC 贴面，结构通常为四层，表层采用 PVC 贴面，第二层为天然软木装饰层，其厚度为 0.8 毫米，第三层为胶结软木层，其厚度为 1.8 毫米，最底层为应力平衡兼防水 PVC 层，此层很重要，可以避免 PVC 表层冷却收缩，进而使整片地板发生翘曲。

（4）面层为聚氯乙烯贴面，第二层为天然薄木，第三层为胶结软木，底层为 PVC 板，与第三类一样防水性好，同时又使板面应力平衡。

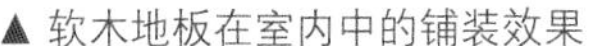

▲ 软木地板在室内中的铺装效果

2. 按拼接方式分类。

（1）粘贴式软木地板一般分为三层结构，最上面一层是耐磨水性涂层，中间一层是纯手工打磨的珍稀软木面层，最下面一层是工程学软木基层。常见规格为（毫米）：305×305×（4/6/8），300×600×（4/6/8），450×600×（4/6/8）。

（2）锁扣式软木地板一般分为六层。第一层是耐磨水性涂层；第二层是软木面层，该层为软木地板花色；第三层是一级人体工程学软木基层；第四层是 7 毫米后的高密度密度板；第五层是锁扣拼接系统；第六层是二级环境工程学软木基层。常见规格为（毫米）：305×915×（11/10.5），450×600×（11/10.5）。

根据场所选择类别

表面无任何覆盖层或仅有漆层覆盖的软木地板，适合一般家庭使用。其中漆层覆盖的地板，软木层质地纯净、较薄，高强度的耐磨层不会影响软木各项优异性能的体现。铺设方便，揭掉隔离纸就可直接粘到干净、干燥的水泥地上。

表面覆盖 PVC 的软木地板和面层是聚氯乙烯贴面的软木地板，表面有较厚的柔性耐磨层，砂粒虽然会被带到软木地板表面，但压入耐磨层后不会滑动，当脚离开砂粒还会被弹出，不会划破耐磨层，所以适合商店、图书馆等人流量大的场合。

▲ 锁扣式软木地板

软木地板的挑选

1. 观察表面光滑度。先看地板砂光表面是不是很光滑，有没有鼓凸的颗粒，软木的颗粒是否纯净，这是挑选软木地板的第一步，也是很关键的一步。

2. 选择边直的产品。取 4 块相同的地板，铺在玻璃上，或在较平的地面上拼装，观其是否合缝。

3. 检验板面弯曲强度。将地板两对角线合拢，观其弯曲表面是否出现裂痕，若无则为优质品。

4. 胶合强度检验。将小块方试样放入开水中浸泡，其砂光的光滑表面变成癞蛤蟆皮一样，凹凸不平的表面，即为不合格品，优质品遇开水后表面应无明显变化。

5. 看功能。好的软木地板具备防潮、防滑、耐磨、抗静电、吸音、阻燃、保温、柔软弹性等优点。

6. 看颜色。软木地板的好坏一是看是否采用了更多的软木。软木树皮分成几个

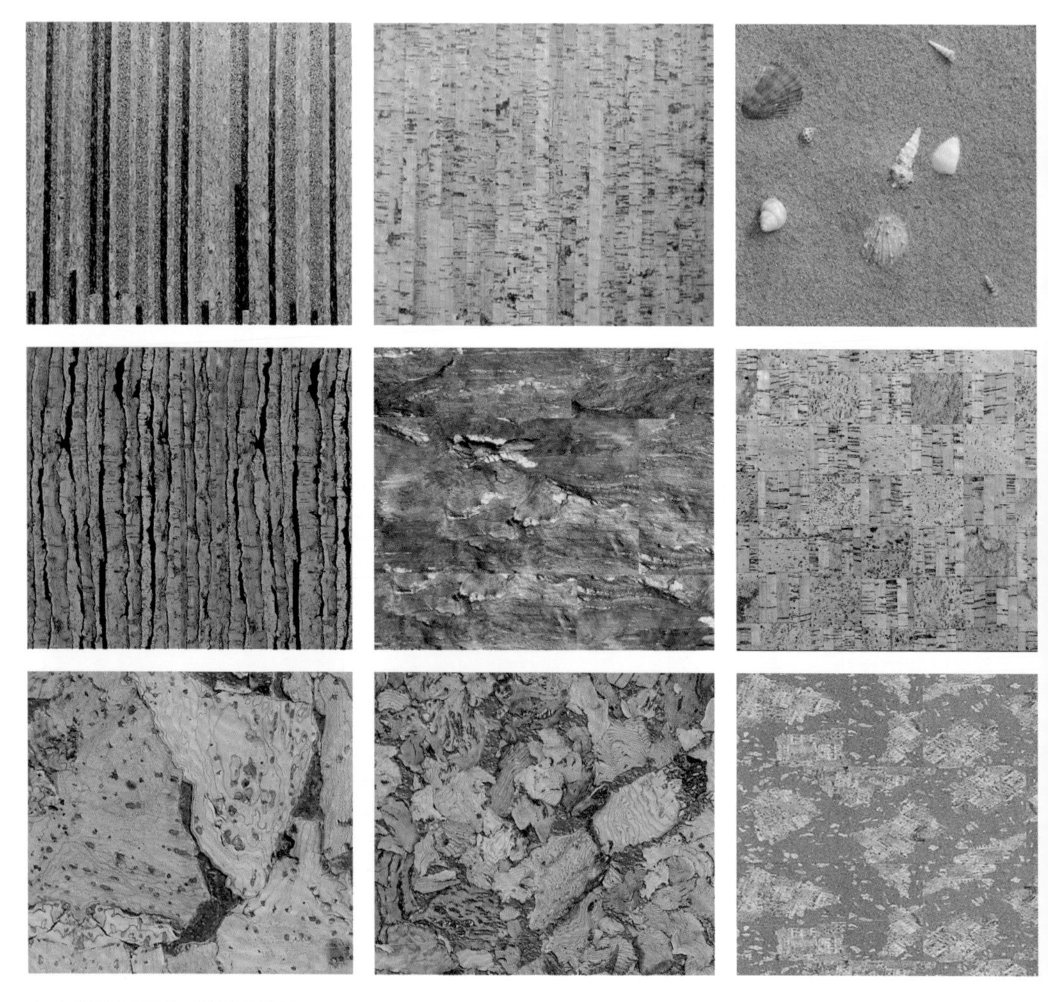

▲ 各种纹理及颜色的软木地板

层面：最表面的是黑皮，也是最硬的部分，黑皮下面是白色或淡黄色的物质，很柔软，是软木的精华所在。如果软木地板更多地采用了软木的精华，质量就高些。

7.看密度。软木地板密度分为400~450千克/立方米、450~500千克/立方米以及大于500千克/立方米三级。一般家庭选用400~450千克/立方米足够，若室内有重物，则可选稍大些的。

不仅用于地面还可装饰墙面

软木地板相对其他类型的地板更具艺术性。它通常可以搭配各种各样的图案和颜色，特别是那些别墅或豪宅里，软木地板的图案颜色可以与其他摆设融为一体，让房子显得更美观整齐。除了用在地面上外，软木地板还可以用来装饰墙面，选择彩色的地板，手工拼贴，做成漂亮的图案。

软木地板可在原地板上可直接加铺

一般家庭原有地砖或者地板，想要换成软木地板，可以直接加铺，不用去除基层。如果需要搬家，可以完整地剥除软木板，做到循环利用，不用购买新品，十分环保。

软木地板的保养

软木地板的保养与其他类型的木地板比起来要简便很多。用吸尘器、掸子、半干的抹布即可，局部污迹可用橡皮擦拭，切不可用利器铲除，若是打过蜡的板材，可以用湿布擦拭干净。

在使用过程中，需避免将砂粒带入室内。砂粒被带入后即被压入脚下弹性层中，当脚离开时，又会被弹出，带入室内的砂粒应及时清除，一般不需要配备吸尘器，也不用担心受潮出现翘曲、霉变等现象。

使用三五年后若个别处有磨损，可以在局部重新添上涂层。在磨损处轻轻用砂纸打磨，清除其面上的垢物，然后再用干软布轻轻擦拭干净，重新涂制涂层，或在局部处覆贴聚酯薄膜。

维护地板时，不得用水冲洗、抛光或用去污粉清洁。表面刷漆的软木地板的维护保养同实木地板一样，一般半年打一次地板蜡；平时只需用拧干的拖把或抹布拖擦。难以擦净的地方可用专用清洁剂去除。避免对地板进行强烈的冲击，搬运家具以抬动为益，不能直接拖动，家具腿需垫物。

防止热伤害。切忌将热水杯等温度较高的物品直接放在地板上，以免烫坏表面漆膜。同时应尽量避免太阳长时间直射地板，以免漆膜被紫外线长期强烈照射后，过早干裂和老化。

建议在门口处铺一块蹭脚垫，以减少砂粒对地板的磨损。地板安装24小时后才可以把家具放到地板上，24小时之内应该防止人在上面走动。

地板·竹地板

色差较小、冬暖夏凉

竹地板是一种新型建筑装饰材料，以天然优质竹子为原料，经过二十几道工序，脱去竹子原浆汁，经高温高压拼压，再经过多层油漆，最后用红外线烘干而成。竹地板有竹子的天然纹理，清新文雅，给人一种回归自然、高雅脱俗的感觉，兼具原木地板的自然美感和陶瓷地砖的坚固耐用。

竹地板详情速览

图片	特点	价格
	竹地板无毒，牢固稳定，不开胶，不变形。经过脱去糖分、脂肪、淀粉、蛋白质等特殊无害处理后的竹材，具有超强的防虫蛀功能。地板六面用耐磨漆密封，阻燃、耐磨、防霉变。地板表面光洁柔和，几何尺寸好，品质稳定	200~600元 / 平方米

注：表内价格仅供参考，请以市场价为准。

抗拉强度高于实木地板

竹材地板的加工工艺与传统意义上的竹材制品不同，它是采用中上等竹材，经严格选材、制材、漂白、硫化、脱水、防虫、防腐等工序加工处理之后，再经高温、高压热固胶合而成的。竹木地板耐磨、耐压、防潮、防火，它的物理性能优于实木地板，抗拉强度高于实木地板，而收缩率低于实木地板，因此铺设后不开裂、不扭曲、不变形起拱。

但竹木地板强度高，硬度强，脚感不如实木地板舒适，外观也没有实木地板丰富多样。它的外观是自然竹子纹理，色泽美观，价格在实木地板和强化地板之间。

冬暖夏凉、色差小

竹子因为热导率低，自身不生凉放热，因此具有冬暖夏凉的特点，这也是竹地板的一大特色。

色差较小是竹材地板的另一大特点。依照色彩，竹材地板可分为两种，一是自然色，色差比木质地板小，有丰富的竹纹，色彩匀称。自然色又可分为本色和炭化色，本色以清漆处理表面，采用竹子最基本的色彩；炭化色平和高雅，是竹子经过烘焙制成的。二是人工上漆色，漆料可调配成各种色彩，但竹纹不太明显。

轻松选购优等品

选购竹地板宜先看面漆上有无气泡，是否清新亮丽，竹节是否太黑，表面有无胶线（一条一条均匀顺长直线，是有机加工工艺不精细、热压压力不均等原因造成的）。

然后看四周有无裂缝，有无批灰痕迹，是否干净整洁，再就是看背面有无竹青竹黄剩余。最后还要验货，看样品与实物是否有差距。

▲ 自然色的竹地板温润，具有自然气息

竹地板施工注意事项

施工时先装好地板，后安装踢脚板。请使用 1.5 厘米厚度的竹地板做踢脚板，安全缝内不留任何杂物，以免地板无法伸缩。卫生间、厨房和阳台与地板连接处应做好防水隔离处理。地板安装完毕后 12 小时内不要踏踩。

日常保养和清洁

竹地板因为是植物粗纤维结构，它的自然硬度比木材高出一倍多，而且不易变形。因此理论上竹材地板的使用寿命可达 20 年左右，正确的使用和保养是延长竹材地板使用寿命的关键。

竹材地板在使用中最重要的是要保持室内干湿度，因为竹材地板虽经干燥处理，但是竹子是自然材料，所以还会随着气候的变化而变化。在遇到干燥季节，特别是开放暖气时，可以在室内通过不同方法调节湿度，可用加湿器或在暖气上放盆水等。而在夏季潮湿时，应多开窗通风，保持室内干燥。

竹地板应避免阳光暴晒和雨水淋湿，如果遇水应及时擦干，并应尽量避免硬物撞击、利器划伤和金属摩擦竹材地板漆面。在日常保持竹材地板清洁时，可先扫净，然后用拧干的毛巾擦拭，如果条件允许的话，还应在 2~3 个月内打一次地板蜡。如不慎将水洒至地面时，须及时擦干。

地板·实木 UV 淋漆地板

脚感好、保养方便

实木 UV 淋漆地板，是实木烘干后经过机器加工，表面经过淋漆固化处理而成。吸收了传统的实木地板与现代强化地板的各种优点，是在反复使用考验的基础上，逐步完善成熟起来的新型的地面装饰材料。常见的材质有柞木、橡木、水曲柳、枫木和樱桃木等，也有花梨木、紫檀木等稀有贵重树种的淋漆地板。

实木 UV 淋漆地板详情速览

图片	特点	价格
	纯木制品，材质性温，脚感好，真实自然。表面涂层光洁均匀，尺寸多，选择余地大，保养方便。但由于木质本身的物理特性，这种地板在干燥或潮湿的环境下，容易产生形变、反翘等现象，安装起来也比较麻烦	150~320 元 / 平方米

注：表内价格仅供参考，请以市场价为准。

纹理自然

该类型地板表面采用天然木材经脱脂刨切后贴面，充分体现木材美丽的自然纹理。

稳定、可再生

1. 稳定性。实木 UV 淋漆地板基材采用高密度板改变了天然木材纵横受力不均、收缩不平衡的缺陷，产品安装后整体不会变形、开裂、起拱（微小的变化采用悬浮式周边预留伸缩缝的安装方法消除）。

2. 再生性。地板表面采用 UV 淋漆饰面，耐久性好。正常使用 8~10 年后，用户可自行打磨涂刷地板漆 1~2 遍，地板又焕然一新，属“再生型”产品。

常见的等级分类

A 级板是精选板。它的表面光洁均匀，木质细腻，天然色差很小，做工精良，质量优异；B 级板与 A 级板的主要差别在于优良板所占比例不及 A 级高，部分 B 级板表面有色差，木质稍差，有可能存在质量缺陷（如疵点等）。

▲ 实木 UV 淋漆地板效果自然、具有木材的美丽纹理

主要规格和种类

实木 UV 淋漆地板的规格较多，一般有：450 毫米 ×60 毫米 ×16 毫米、750 毫米 ×60 毫米 ×16 毫米、750 毫米 ×90 毫米 ×16 毫米、900 毫米 ×90 毫米 ×16 毫米等。

UV 淋漆实木地板漆面可分为亮光型和亚光型，经过亚光处理，地板表面不会因光线折射而伤害眼睛，不会因地板过度光滑而摔跤，且亚光型地板的装饰效果也很好，家庭装饰中较常被采用。

实木 UV 淋漆地板的保养

保持地板干燥，不宜用滴水的拖把拖地板，或用碱水、肥皂水擦地，以免破坏油漆表面的光泽；若家中空气干燥，拖把可湿一些或在暖气上放一盆水或用加湿器增湿。

避免阳光暴晒，以免表面油漆长期在紫外线的照射下提前老化、开裂。

板面不慎沾染污迹应及时清除，若有油污，可用抹布蘸温水及少量洗衣粉擦洗，若是药物或颜料，必须在污迹未渗入木质表层以前加以清除。尽量避免与水长时间接触，特别是不能与热水接触，因此，一旦有热水洒在地板上，要及时擦干。

应避免尖锐器物划伤地面，不要在地板上扔烟头或直接放置太烫的东西，尽量避免拖动沉重的家具。

地板·海岛型地板

稳定性高、不耐磨

海岛型地板是将实木纵向切成 0.6~4 毫米的片装，使用胶合技术与耐水夹板结合成型的地板。其抗潮性佳、稳定度高，具有不膨胀、不离缝、防白蚁功效，适合海岛型气候使用。

海岛型地板详情速览

种类		特点	价格
橡木染灰		价格便宜，是最为常见的海岛型地板款式。纹理细腻而清晰，适合乡村风格的室内	100~450 元 / 平方米
白栓木		价格便宜，木纹清晰且纹理较大	100~450 元 / 平方米
黑檀木		原材料比较少，价格偏高。木材油脂含量高，不容易进水，比较坚固	250~650 元 / 平方米
柚木		比较名贵，多为缅甸产，价格较高，富含油脂，具有独特的倾向，稳定耐用	250~650 元 / 平方米
玉檀香		原料多产于北美洲，比较少见，带有独特的香味，能够起到驱赶虫蚁的作用，日晒多会变成青绿色，色彩非常自然、独特	100~450 元 / 平方米

注：表内价格仅供参考，请以市场价为准。

并不是所有款式都是实木皮

海岛型地板因为适合海岛型气候而得名，属于新型材料，因其适合海岛气候而得名。

海岛型地板属于复合地板的一种，表面使用实木皮，需要注意的是，海岛型地板的实木皮并不是用其标明的树种来制作的，而是仿照它的颜色来命名的，所以并非标明白橡木就是由白橡木制成的，购买的时候可以从价格上看出来，一般染色地板的价位都比实木皮的价位低，每平方米为 150~450 元。染色的木皮日后容易褪色，且纹路不会非常清晰，购买时应予以注意。

木皮厚度越厚越好

海岛型地板影响价位的主要因素就是木皮的种类及厚度，常见的木皮有 0.6 毫米、2 毫米和 3 毫米等，越厚的价格越高，厚度最少也要达到 0.6 毫米才能体现木纹的质感和手感。

目前市面上有的商家在木皮上做手脚，说是 3 毫米，实则达不到标准，以次充好，所以购买时需要亲自去店里对比、选择，以免受骗。

以树的品种来说，最便宜的是白橡木和白栓木，最为昂贵的是柚木和黑檀木，这与原料的稀少程度及树种的特点有关。

无缝款式价格高昂

海岛型地板的缝隙里面容易存储污垢，在使用时建议 3 个月左右上一次蜡或者护理油来填补缝隙，改善存垢的情况。平时清理不能用过湿的抹布，用略潮湿的布清理即可。现在市面上出现了无缝式的海岛型地板，这种地板不留缝隙也不会出现因为热胀冷缩而变形的问题，不会存垢，但是价格比较昂贵，每平方米工料为 1300~3000 元。

脚踩会响的原因

海岛型地板铺贴后有可能会出现走路有响声的问题，通常是由几个原因导致的：一是基层不平整；二是由于地板本身的质量不过关，板块之间的咬合不严密造成的。施工时建议找有经验的师傅来处理，能够避免以上情况。

地板·超耐磨地板

高耐磨、好清理

超耐磨地板，顾名思义，特点就是耐磨系数高，且易清洁、施工简单、快捷，但是有怕潮湿、易变形的缺点，不适合潮湿的气候或者比较潮湿的空间使用，可供选择的花色非常多。

超耐磨地板详情速览

图片	特点	价格
	超耐磨地板是欧美国家木地板的主流，具有高耐磨性、低甲醛、好清理、易保养、防虫、环保、不易有色差、抗菌、拆卸容易，且不破坏原有地板、花色种类多样。与其他地板相比最大的特点是耐磨系数非常高，好打理，但是怕潮湿，不适合潮湿环境	170~350元/平方米

注：表内价格仅供参考，请以市场价为准。

人工合成产品，耐刮磨

超耐磨地板可以说完全是人工的产品，是在夹板上粘贴美耐板，等于是贴上了一层塑胶皮，因此非常耐刮，甚至于用钥匙之类的尖锐物体刮都没有损伤。因为是人工产品，所以每块地板的花纹都可以一模一样。

一般超耐磨地板的表层加入三氧化二铝，表面具有耐磨性，内层为高密度板（由经过剥皮保留的树木木屑经过分解后与合成纤维胶一起压制而成）。高密度板吸水性很强，所以超耐磨地板特别怕潮湿的环境，且容易因为膨胀而变形。

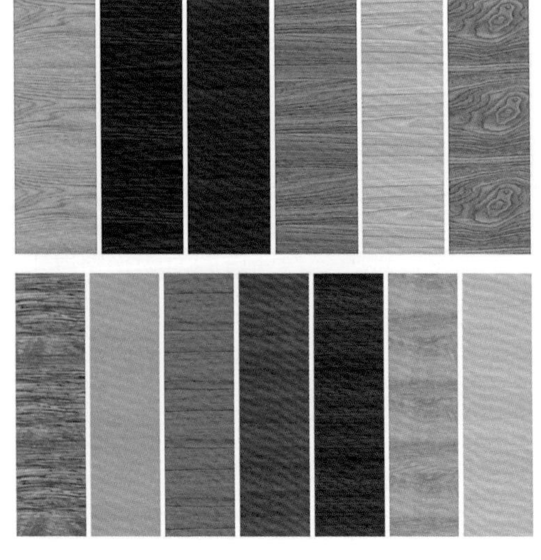

▲ 超耐磨地板常见花色

人工印刷，色差小

美耐板的原料为纸浆，制作中加入了多种化学原料以及树脂，经高温热塑制成，材质坚硬，耐磨转数可达到 1 万转以上，表层的印刷花纹具有类似原木的质感。

超耐磨地板的表层由于是人工印刷的，所以色差较小，挑选时宜选择几块板拼接起来看整体的颜色，单块板的颜色与大面积铺贴的效果可能会存在着差异。

安装简单、快捷

超耐磨地板与软木地板一样，在施工时地面平整度好的情况下，不必拆除原地面材料，直接铺上就可以，能够节省拆除地面的成本。

地板铺设时采用卡榫结构，能够降低噪声的产生。板块用小锯子就可以切割，能够减少粉尘的产生。100 平方米的空间，工期在一天左右，与传统施工相比，时间缩短很多。

防水超耐磨地板

防水超耐磨地板提高了地板的防水性，改善了易受潮的缺点，吸水后的膨胀率大大降低，特别适合养有宠物的家庭。

购买防水超耐磨地板时，避免商家拿防水做噱头，一定要亲自进行测试或提供防水率的报告，如果地板用水泡一天没有什么太大的变形，则是真正的防水板。

避免随意上蜡维护

并不是所有的地板都适合上蜡维护，超耐磨地板的纹理十分接近木纹，有人会误以为是木地板而用蜡做护理。

蜡里面含有化学药剂，能够渗透到内层，使超耐磨地板里层的高密度板受到侵蚀，进而引发变形、膨胀等现象，所以地板的正确维护是十分重要的。

日常保养可用静电纸拖把或吸尘器进行清洁，也可以用半湿的抹布。对于像油渍之类的污渍，首先要先把污渍清除，之后可以用干布蘸点松香水或去渍油做清洁，最后再以半湿的抹布或拖把清洁即可去除污垢。

超耐磨地板施工注意事项

铺设地板前要注意地面的平整度（高差每平方米应小于 3 毫米），观察超耐磨地板表面是否有缺陷，只有确定做好防潮措施，铺上了防潮布，才能发挥超耐磨地板既美观又实用的特性。

在做超耐磨木地板施工时，与墙边的收边非常重要，一般会使用特制的收边条来做搭配，倘若这个收边条不好看，也可以另请师傅装设踢脚板。踢脚板的材质除了木工外，也可以用 PVC 材质等任何材质。

超耐磨地板遇水容易变形，所以施工时需留较大的（8~10 毫米）伸缩缝。

地板·PVC 地板

耐磨、超轻薄、施工简单

PVC 地板也叫做塑胶地板，是以聚氯乙烯加入填料、增塑剂、稳定剂、着色剂等辅料，在片状连续基材上，经涂覆工艺，或经压延、挤出，或挤压工艺生产而成的。PVC 地板是当今世界上非常流行的一种新型轻体地面装饰材料，被称为“轻体地材”。

PVC 地板详情速

种类		特点	价格
片材		PVC 片材地板铺装相对卷材简单，破损时，维修相对简便，对地面平整度要求相对卷材不是很高，价格通常较卷材低 缺点是接缝多，整体感、外观档次相比卷材低，质量参差不齐，铺装后卫生死角多	50~500 元 / 平方米
卷材		PVC 卷材地板接缝少，整体感强，卫生死角少，PVC 含量高，脚感舒适，外观档次高，正确铺装因产品质量而产生的问题少，价格通常较片材高 缺点是对地面的反应敏感程度高，要求地面平整、光滑、洁净等。铺装工艺要求高、难度大，破损时维修较困难	50~500 元 / 平方米

注：表内价格仅供参考，请以市场价为准。

PVC 地板的常见规格

PVC 地板从结构上分主要有多层复合型和同质透心型两种。多层复合型 PVC 地板一般由 4~5 层结构叠压而成，分为有耐磨层（含 UV 处理）、印花膜层和玻璃纤维层。同质透心型 PVC 地板就是说它是上下同质透心的，即从面到底，从上到下，都是同一种花色。

从形态上分为卷材地板和片材地板两种。卷材地板是质地较为柔软的一卷一卷的地板，一般其宽度有 1.5 米、1.83 米、2 米、3 米、4 米、5 米等，每卷长度有 7.5 米、15 米、20 米、25 米等，厚度 1.6~3.2 毫米。

片材地板主要分为条形材和方形材。条形材的规格主要有（毫米）：101.6×914.4，

152.4×914.4，203.2×914.4；厚度 1.2~3.0。方形材的规格主要有（毫米）：304.8×304.8，457.2×457.2，609.6×609.6；厚度 1.2~3.0。

绿色环保、超轻薄

生产 PVC 地板的主要原料是聚氯乙烯以及天然石粉，经国家权威部门检测不含任何放射性元素。任何合格的 PVC 地板都需要经过 ISO 9000 国际质量体系认证以及 ISO 14001 国际绿色环保认证。同时 PVC 地板是唯一能再生利用的地面装饰材料。

PVC 地板厚度低，重量轻，对于楼体承重和空间节约，有着无可比拟的优势。

防水防潮、杀菌抑菌

PVC 地板不怕水，只要不是长期地被浸泡就不会受损，且不会因为湿度大而发生霉变。

其表面经过特殊的抗菌处理，还特殊增加了抗菌剂，对绝大多数细菌都有较强的杀灭能力和抑制细菌繁殖的能力。

超耐磨，弹性佳

PVC 地板表面有一层特殊的经高科技加工的透明耐磨层，0.55 毫米厚的耐磨层地面可以在正常情况下使用 5 年以上，0.7 毫米厚的耐磨层地面足以使用 10 年以上。因为具有超强的耐磨性，所以在人流量较大的医院、学校、办公楼、商场等场所，PVC 地板使用得越来越多。

PVC 地板质地较软，所以弹性很好，在重物的冲击下有着良好的弹性恢复，卷材地板质地柔软，弹性更佳，其脚感舒适，被称为“地材软黄金”，同时 PVC 地板具有很强的抗冲击性，对于重物冲击破坏有很强的弹性恢复，不会造成损坏。

防滑阻燃

表层的耐磨层有特殊的防滑性，与普通的地面材料相比，PVC 地板遇水更涩。

质量合格的 PVC 地板防火指标可达 B1 级，次于石材。PVC 地板本身不会燃烧并且能阻止燃烧；不会产生窒息性的有毒有害气体。

接缝接近无缝

PVC 片材合理安装后接缝非常小，远观几乎看不见接缝；PVC 卷材用无缝焊接技术可以达到完全无缝，这是普通地板无法做到的，可以将地面的整体效果最大限度地优化。

施工快捷、用壁纸刀可 DIY

PVC 地板的安装施工非常快捷，不用水泥砂浆，地面平整的用专用环保黏结剂黏合，24 小时后就可以使用。

用较好的美工刀就好可以任意裁剪，同时可以用不同花色的材料组合。

花色繁多，家装用木纹多

PVC 地板的花色品种繁多，如地毯纹、石纹、木地板纹等，甚至可以实现个性化定制。纹路逼真美观，配以丰富多彩的辅料和装饰条，能组合出绝美的装饰效果。

▲ 家居中多使用木纹图案的 PVC 地板，效果基本可以“以假乱真”

▲ PVC 地板具有优良的性能，还可用于人流较多的场所

但在家居环境中，应用最多的还是木纹的，会有仿实木地板的感觉，显得高档一些。

耐酸碱、保暖

PVC 地板具有较强的耐酸碱腐蚀的性能，可以经受恶劣环境的考验。

导热性能良好，散热均匀，且热膨胀系数小，比较稳定。非常适合有地暖的家庭铺装，尤其是北方寒冷地区。

不适合用在过热及潮湿空间

PVC 地板虽然性能强大，但是也不是所有的空间都适合使用。如家居中阳光充足的阳台及潮湿的卫浴间中就不适合使用，长期的日晒或潮湿会破坏底层的胶，造成翘曲或膨胀变形。

PVC 地板 DIY 施工

所需工具：壁纸刀、锯齿刮刀、铁尺、粘胶。

将地面清理干净，保证平整、干燥，对于原有瓷砖或大理石，将缝隙补平。

根据设计图案、胶地板规格、房间大小进行分格、弹线定位。在地面上弹出中心十字线或对角线，并弹出拼花分块线。

将自带粘胶的地板背胶撕下，没有粘胶的涂抹粘胶。

从中心部分开始铺，向四周扩散。

到墙边的位置用美工刀裁切需要的大小。

需要注意每块之间的接缝要牢靠，发现位置偏移马上揭开重贴。保留几块备用，避免有所损坏。

损坏地板的更换方法

PVC 地板的表面非常怕划伤，使用的时候要注意这一点，如果有划伤特别严重的，可以自己动手更换（购买时最好多买几块留着更换）。用美工刀将有划伤的地板边角翘起来，撕下整块地板，然后在地面四周及中间粘贴适量的胶，将替换的地板粘贴在空位，按压几秒即可。

PVC 地板的清洁保养

1. 使用前清洁保养：将地板表面上的灰尘、杂物清除。用擦地机除去地板表面的保护蜡、油脂、灰尘及其他污垢，用吸水机将污水吸干。用清水洗净、吸干，上 1~2 层高强面蜡。

2. 日常清洁保养：推尘或吸尘器吸尘；湿拖。用地板清洁上光剂按 1：20 兑水稀释，用半湿的拖把拖地。

3. 特殊污垢的处理：局部油污，将水性除油剂原液直接倒在毛巾上擦拭；大面积油污，将水性除油剂按 1：10 稀释后，用擦地机加红色磨片低速清洁；黑胶印，用喷洁保养蜡配合高速抛光机加白色抛光垫抛光处理。对于时间比较长的黑胶印，可以将强力黑胶印去除剂直接倒在毛巾上擦拭处理；胶或口香糖，用专业的强力除胶剂直接倒在毛巾上擦拭去除。

地板·亚麻地板

天然环保、弹性佳

亚麻地板的主要成分为亚麻籽油、石灰石、软木、木粉、天然树脂、黄麻。具有良好的耐烟蒂性能，与 PVC 地板一样属于弹性地材，亚麻地板目前以卷材为主，是单一的同质透心结构。

亚麻地板详情速览

图片	特点	价格
	同质透心结构，花纹和色彩由表及里纵贯如一，能够保证地面长期亮丽如新。无接缝，可选择色彩多、能拼贴特殊图案，易切割、有弹性、降噪、防虫蛀、防火、无毒无害	500~700 元 / 平方米

注：表内价格仅供参考，请以市场价为准。

原料天然，环保无毒

亚麻地板是由可再生的纯天然原材料包括亚麻籽油、松香、木粉、黄麻及环保颜料制成的，收获或提取这些原材料所消耗的能量都非常小。

其中亚麻籽油从亚麻籽中榨取，是亚麻环保地板中最为重要的原材料（亚麻环保地板的名称也来源于此）。

松香取自于松树，所使用的提取方法不会危害松树的生长。作为亚麻环保地板的黏结剂，与亚麻籽油一起，使亚麻地板具有独特的强度及韧性。

木粉被用于亚麻环保地板中是由于它有独特的吸附颜料的特性，给予亚麻环保地板美丽的色彩并确保其长久的色牢度。精细碾磨后的木粉还能提供特别平滑的表面，使亚麻环保地板非常容易清洁。

亚麻地板亮丽、美观的色彩是由环保有机颜料呈现的，所使用的颜料不含重金属（如铅或镉）或者其他有害物质，而且对环境没有任何影响。

因为使用以上天然原料，生产过程无污染，所以亚麻地板环保、不褪色，使用中不释放甲醛、苯等有害气体，废弃物能生物降解。

▲亚麻地板可随意拼贴图案

弹性佳、抑菌、抗静电

良好的抗压性能和耐污性，弹性好，桌椅等重压后不留痕迹，皮鞋、辊轮划过，不留下难以去除的黑印，可以抗烟头灼伤，可以修复，具有良好的导热性能，是地板采暖最适宜的地面材料之一，能够抑止细菌生长，具有永久抗静电性能。

不适合潮气、湿气重的地方

亚麻地板原料多为天然产品，表面虽然做了防水处理，但防水性能不如其他人工合成的材料，因此不适合用在地下室、卫浴间等潮气和湿气较重的地方，否则地板容易从底层腐烂。

亚麻地板对基层的要求

亚麻地板的施工质量与基层的施工质量关系很大。其对基层的要求，可归纳为以下几点。

1. 平整。用直尺检查，表面凹凸度不应大于 2 毫米。若基层不平，易使面层贴后呈波浪形、翘边、空鼓。

2. 干燥。铺贴时基层残含水率不应大于 3%。当基层含水率大于 3% 时，铺贴的弹性地材面层容易空鼓，用水泥拌和物铺设的基层，施工结束后按规定进行养护，并应加强通风干燥。

3. 清洁。面层铺贴前，应认真进行处理，如有油脂等杂质，应用火烤或碱水擦洗，以免影响粘贴效果。

4. 表面应坚硬、光洁，不应粗糙、起砂。基层表面光滑的黏结力比粗糙的黏结力要大。粗糙的表面形成很多细孔隙，刮胶黏剂时，不但增加胶黏剂用量，而且厚薄也不均匀。粘贴后，由于细孔隙内胶黏剂较多，其中分散性气体继续散发，当积聚到一定程度后，就会在粘贴的薄弱部位形成板面起鼓或边角起翘的现象。

焊条营造无缝效果

亚麻地板有专门搭配的同色焊条，施工时在接缝处挖出槽沟，再用热熔焊条连接两块板，可以塑造出无缝效果。亚麻地板平时用吸尘器做干燥清洁就可以，不建议用湿布擦拭，若打翻了有色饮料，宜尽快擦干。

铺贴注意事项

须将材料预放 24 小时以上，同时按箭头同方向排放，卷材要按生产流水编号施工。

铺装时注意接缝，不可将接缝对接过紧以免翘边，同时不可使缝隙过大，标准按可以放进一张复印纸的缝隙为宜。铺装后进行赶气，同时用铁轮均匀赶压。地板接缝及墙边用小压滚赶压。

砖石·大理石

纹理自然、种类多样

大理石主要由方解石、石灰石、蛇纹石和白云石组成，其主要成分以碳酸钙为主，占50%以上，其他成分还有碳酸镁、氧化钙、氧化锰及二氧化硅等。每一块的大理石砖的纹理都是不同的，且纹理清晰、自然，光滑细腻，花色丰富。据不完全统计，大理石有几百个品种，广泛地被用于室内空间的墙面、地面、台面的装饰中。

大理石详情速览

种类		特点	价格
金线米黄		底色为米黄色，带有自然的金线纹路，装饰效果出众，耐久性差些，用作地面时间长了容易变色，建议用作墙面，施工宜用白水泥	140元/平方米起
黑白根		黑色致密结构大理石，带有白色筋络，光度好，耐久性、抗冻性、耐磨性、硬度在质量指标上达到国际标准，墙面、地面、台面均可使用	150元/平方米起
啡网		分为深色、浅色、金色等几种，纹理强烈、明显，具有复古感，价格比较贵，多产于土耳其。可用于门套、墙面、地面、台面的装饰	220元/平方米起
紫罗红		花纹十分明显，大片紫红色块之间夹杂着或纯白或翠绿的线条，形似国画中的梅枝招展，装饰效果色调高雅、气派。不管做门套、窗套、地面、梯步都是理想的选择	400元/平方米起
爵士白		颜色肃静，纹理独特，更有特殊的山水纹路，有着良好的装饰性能，具有良好的加工性、隔音性和隔热性。质地较软，吸水率相对较高。可用作墙面、地面、门套、台面等	200元/平方米起

续表

种类		特点	价格
莎安娜米黄		底纹为米黄色，有白花，光度好，难以胶补，最怕裂纹；没有辐射性，色泽艳丽、色彩丰富；具有优良的加工性能，耐磨性能良好，不易老化，其使用寿命一般为 50~80 年。可用于地面，墙面	280 元 / 平方米起
黑金花		深啡色底带有金色花朵，是大理石中的“王者”，有较高的抗压强度和良好的物理性能，易加工，进口板优于国产板。主要应用于室内墙面、地面、台面、门套、壁炉等装饰	200 元 / 平方米起
木化石		厚度薄、重量轻。高强度，选色容易，安装方便，耐高低温性能好，吸水性低，不适合用在卫生间以及地面材料	360 元 / 平方米起
大花绿		板面呈深绿色，有白色条纹，组织细密、坚实、耐风化、色彩对比鲜明，质地硬，密度大，进口板优于国内生产的板，但国内进口板较少。可用作墙面、地面、台面等	300 元 / 平方米起
旧米黄		带有米黄色层次的花纹，板底色是米黄色，带有暗色的云朵状纹路，风格淡雅。是一款很适合于室内装修用的石材，可以大面积用在地面或墙面，以及台面、门窗套等	260 元 / 平方米起
蒂诺米黄		带有明显层理纹，底色为褐黄色，色彩柔和、温润。表面层次强烈，纹理自然流畅，风格淡雅。不适合用在卫浴间，可用于墙面、地面、台面及门窗套等	400 元 / 平方米起
银白龙		黑白分明，形态优美，高雅华贵，花纹具有层次感和艺术感，有极高的欣赏价值，原产地为广西。可用于墙面、地面、台面及门窗套等	400 元 / 平方米起
银狐		进口板材，产于意大利。白底，带有不规则纹理，花纹十分具有特点，颜色淡雅，吸水性强，不适合作为地材或者用于卫浴间中	350 元 / 平方米起
波斯灰		色调柔和雅致、华贵大方，极具古典美与皇室风范，抛光后晶莹剔透，石肌纹理流畅自然，不同于一般的灰色大理石，表面没有光度感结构，其结构色彩丰富，色泽清润细腻	400 元 / 平方米起

注：表内价格仅供参考，请以市场价为准。

质感华丽、纹理自然

大理石的纹理和色彩浑然天成，纹理富有变化，基本上找不到完全一样纹路的两块石材，装饰效果华丽、高雅。

天然石材的形成经过非常长久的时间，因此硬度虽然只有 3，但是非常耐磨，可以用于墙面及地面、门窗套等的装饰，有些大理石还能够进行雕刻，做成柱式、构件等。

大理石用于地面，除了可以采用同款式以外，还可进行拼花来增强华丽感，多用于面积较大的空间。

稳定性较好

大理石经长期天然时效，组织结构均匀，线胀系数极小，内应力完全消失，不变形；刚性好，硬度高，耐磨性强，温度变形小；不必涂油，不易粘微尘，维护、保养方便简单，使用寿命长；不会出现划痕，不受恒温条件影响，在常温下也能保持其原有物理性能。

不适合用于卫浴间地面

大理石的表面都比较光滑，因此用在卫浴间时，不建议大面积地用在地面上，否则容易让人摔倒，可用作台面、墙面等的装饰。且建议用深色的石材，浅色的石材时间长了以后容易变色。不是所有品种的大理石都适合用在卫浴间中，购买的时候应询问清楚。

▲ 拼花大理石具有律动感，也更为奢华

▲ 浅色系大理石用于卫浴间中易变色

▲ 深色系的大理石用于卫浴间不易变色

▲ 银狐大理石用于墙面上，具有华丽感

大理石的挑选

1. 检查外观质量。不同等级的大理石板材的外观有所不同。大理石是天然形成的，缺陷在所难免，加工设备和量具的优劣也是造成板材缺陷的原因。按照国家标准，各等级的大理石板材都允许有一定的缺陷，优等品最不明显，购买时可先询问等级再进行挑选。

2. 选花纹色调。大理石板材色彩斑斓，色调多样，花纹无一相同，是大理石的魅力所在。色调基本一致、色差较小、花纹美观是优良品种的具体表现，否则会严重影响装饰效果。

3. 检测表面光泽度。大理石板材表面光泽度的高低会极大影响装饰效果。一般来说优质大理石板材的抛光面应具有镜面一样的光泽，能清晰地映出景物。但不同品质的大理石由于化学成分不同，即使是同等级的产品，其光泽度的差异也会很大。

大理石质量的简单辨别

1. 吸水率的简单测试：在石材的背面滴一滴墨水，如墨水很快四处分散浸出，即表示石材内部颗粒较松，质量较差；若墨水不发生渗透，则说明石材致密，质量不错。如果石材背面的水呈水珠状，则说明其涂刷过防护剂，很难吸水，还可能导致其与水泥无法贴合。

2. 是否天然石材：稀盐酸与大理石反应生成乙酸钙，因此将稀盐酸涂在大理石上会导致石材表面产生变化，变得粗糙，由此可以看出是不是真正的大理石。

3. 观测外表：均匀的细料结构的石材

具有细腻的质感，为石材的佳品；粗粒及不等粒结构的石材其外观效果较差。

4. 敲击测试：质量好的石材敲击声清脆悦耳；若石材内部存在轻微裂隙或因风化导致颗粒间接触变松，则敲击声粗哑。

5. 检测报告：消费者在购买石材时有权要求厂家出示检验报告，并应注意检验报告的日期，同一品种的石材因其矿点、矿层、产地的不同，其放射性都存在很大差异，所以在选择或使用石材时不能单一只看其一份检验报告，尤其是工程上大批量使用时，应分批或分阶段多次检测。

新型填缝剂

传统的填缝剂是粉末状的，颜色比较单一，容易吸水，易脏容易变黄。

近年来多使用“无缝处理”的填缝剂，此种填缝剂可以调成与石材相近的颜色，且具有弹性，不易因为温度的变化而变化，耐久性高、不易脏。

大理石安装前的防护

大理石在安装前进行防护是必要的，一般可分为三种方式进行防护：一是六个面都浸泡防护药水，这样做的价格比较高，每平方米 130~1500 元；二是处理五个面，底层不处理，价格为每平方米 80~100 元；三是只处理表面，价格为每平方米 60~80 元，但是防护效果较差。可根据经济情况及计划使用的时间长短来选择具体的防护方式。

大理石的清洁与保养

大理石如果使用不当，长时间不保养或者保养方式不当，会造成石材表面的光亮度降低，发生吐黄、风化等病变。除此之外，大理石若长时间用于水汽过高的地方，还会产生霉苔，时间久了以后表面会出现小的孔洞等。

大理石存在天然的孔洞，容易受污染，清洁时应少用水，定期以微湿、带有温和洗涤剂的布擦拭，然后用清洁的软布抹干和擦亮，使其恢复光泽。还可用液态擦洗剂仔细擦拭，可用柠檬汁或醋清洁污痕，但柠檬汁停留在上面的时间最好不超过 2 分钟，必要时可重复操作，然后清洗并弄干。

大理石很脆弱，平时应注意防止铁器等重物磕砸石面，以免出现凹坑，影响美观。轻微擦伤可用专门的大理石抛光粉和护理剂；磨损严重的大理石，可用钢丝绒擦拭，然后用电动磨光机磨光，使其恢复原有的光泽。油漆污染的大理石必须用漆层剥离剂处理，并按照产品说明进行。清除了全部油漆后，就用钢丝绒擦拭和用电动磨光机磨光。

还可以用温润的水蜡保养石材的表面，既不会阻塞石材细孔，又能够在表面形成防护层，但是水蜡不持久，最好 3~5 个月保养一次。

砖石·花岗岩

耐磨、耐水性佳

花岗岩是一种岩浆在地表以下凝结形成的火成岩，主要成分是长石和石英。花岗岩的硬度高于大理石、耐磨损，具有良好的抗水、抗酸碱和抗压性。不易风化，颜色美观，吸水性弱。多为黄色带粉红的，也有灰白色的。质地坚硬，外观色泽可保持百年以上。

花岗岩详情速览

种类		特点	价格
印度红		色彩以红色居多，夹杂着花朵图案。结构致密、质地坚硬，耐酸碱、耐气候性好。一般用于地面、台阶、基座、踏步、檐口等处，多用于室外墙面、地面、柱面的装饰等	200 元 / 平方米起
英国棕		主要为褐底红色胆状结构，花纹均匀，色泽稳定，光度较好。但硬度高而不易加工，且断裂后胶补效果不好。根据颜色不同又分为深红、淡红、大花、小花等。可作为台面、门窗套、墙面等	160 元 / 平方米起
绿星		墨绿色，带有银晶片，花纹独特，可用于地面、墙面、壁炉、台面板、背景墙等的制作	300 元 / 平方米起
蓝珍珠		深灰色，带有蓝色片状晶亮光彩，产量少，价格高，可用于地面、墙面、壁炉、台面板、背景墙等的制作	400 元 / 平方米起
黄金麻		品质优秀，表面光洁度高，无放射性，色彩多为土黄色，上面散布着灰麻点。结构致密、质地坚硬，耐酸碱、耐气候性好，可以在室外长期使用。用于建筑的内外墙壁、地面、台面等的装饰	200 元 / 平方米起

续表

种类	特点	价格
芝麻灰	世界上最著名的花岗岩品种之一，储量丰富，是一种在国内和国际市场上都非常受设计师及消费者青睐的花岗岩。该岩属于全晶质，颗粒结构，块状构造，矿石呈灰黑色或是芝麻灰色	150 元 / 平方米起
山西黑	又称帝王黑、太白青等，是一种黑色花岗岩。结晶质细粒结构，块状构造。储量多，硬度强，光泽度高，结构均匀。是世界上最黑的花岗石，其结构均匀，光泽度高，纯黑发亮、质感温润雍容	200 元 / 平方米起
金钻麻	易加工，材质较软。花色有大花和小花之分，底色有黑底、红底、黄底。可用于地面、墙面、壁炉、台面板、背景墙等的制作	300 元 / 平方米起
珍珠白	是一种白色的花岗岩石，较为稀见，其矿物化学成分稳定、岩石结构致密、耐酸性强。可用于地面、墙面、壁炉、台面板、背景墙等的制作	500 元 / 平方米起
啡钻	也叫波罗的海棕花岗岩，褐色底，有类似钻石形状的大颗粒花纹，纹理独特。可用于地面、墙面、壁炉、台面板、背景墙等的制作	160 元 / 平方米起

注：表内价格仅供参考，请以市场价为准。

花岗岩的构成

花岗岩主要组成矿物为长石、石英、黑白云母等，长石多为白色、灰色或者肉色，石英多为无色或灰色。

一般来说，花岗岩按色系可分为黑色系、棕色系、灰色系、绿色系、浅红色系及深红色系六种。

花岗岩内部颗粒彼此紧扣，间隙不到岩石总体积的 1%，使得花岗岩具有良好的抗压性和较低的吸水率，与大理石不同的是，花岗岩多用于室外。

▲ 花岗岩拼花地面

▲ 山西黑花岗岩使用效果

花岗岩的适用范围

花岗岩硬度较高，经久耐用，品种丰富，颜色多样，具有广泛的选择范围。容易维护，抗污能力较强，拥有独特的耐温性，极其耐用、易于维护表面，是作为墙砖、地材和台面的理想材料。由于相比陶瓷器或其他任何人造材料更稀有，所以铺置花岗岩地板还可以增加房产的价值。

花岗岩结构均匀，质地坚硬，颜色美观。抗压强度根据石材品种和产地不同而异。不易风化，颜色美观，外观色泽可保持百年以上，由于其硬度高、耐磨损，除了用作高级建筑装饰工程、大厅地面外，还是露天雕刻的首选之材。

花岗岩的清洁

花岗岩耐酸碱度优于大理石，因此清洁时可用弱酸性清洁剂。吸水性强，极易在石材拼缝处形成水斑，而且不易晾干，很难根除，因此清洁保养时，尽量少用水，即使用水也应快速吸干。

油漆和颜料的清洗：油漆或颜料滴落在花岗石上时，除了黏附在其表面上外，还有一部分会渗透进浅表层。清洗前先用薄薄的刀片剥离石材表面之上的污染薄层，然后再用清洗剂清洗。

日常污染和污斑的清洗：对人们日常生活和工作中产生的一些常见污染及所形成的污斑，像油污、积灰和不明污垢等，可使用一些碱性较大或弱碱性或中性的含有表面活性剂配方的清洗剂，都可以得到理想的效果。清洗时先将清洗剂倒在作业面上，用略硬一点的刷子刷开，浸泡约 10 分钟，再用刷子来回擦洗，然后清理掉这些污液，再用清水擦洗两边。

锈斑的清除：锈斑的形成通常有两种，一是受到的外来锈迹污染导致石材出现锈斑，像花岗岩表面遭受铁质广告架因雨水的侵蚀而流淌下来的锈迹；另一种是花岗岩受到水的侵害时，材质里铁的化合物进一步氧化扩散产生的。锈斑清除后应及时地对石材进行防水处理，因为过多的水迹，也会使石材受到污染。

花岗岩的价格会随供求变动

花岗岩的价格并不是固定不变的，当供大于求时价格就会向下浮动；反之就会上涨。除此之外，价格还与产地及开采环境有关系。

砖石·板岩

防滑、不需特别养护

板岩是具有板状结构，基本没有重结晶的岩石，是一种变质岩，原岩为泥质、粉质或中性凝灰岩，沿板理方向可以剥成薄片。板岩的颜色随其所含有的杂质不同而变化。可做墙面或地板材料，与大理石和花岗岩比较，不需要特别的护理，具有沉静的效果，防滑性能出众。

板岩详情速览

种类		色系	应用	特点	价格
啡窿石		黄色系板岩	可用于室内及室外地面	浅褐色，带有层叠式的纹理	100元/平方米起
印度秋		其他色系板岩	可用于室内墙面及地面	底色为黄色和灰色交替出现，色彩层次丰富，具有仿锈感	100元/平方米起
绿板岩		绿色系板岩	可用于室内墙面及地面	底色为绿色，没有明显的纹理变化	100元/平方米起
挪威森林		黑色系板岩	可用于室内墙面及地面	底色为黑色，夹杂黑色条纹纹理，非常具有特点	100元/平方米起
加利福尼亚金		黄色系板岩	可用于室内地面及墙面	色彩仿古，含有灰色、黄色，色彩层次丰富	100元/平方米起

注：表内价格仅供参考，请以市场价为准。

板岩的构成及分类

天然板岩是一种浅变质岩，由黏土质、粉砂质沉积岩或中酸性凝灰质岩石、沉凝灰岩经轻微变质作用形成。黑色或灰黑色，岩性致密呈板状。

常见类型有碳质板岩、钙质板岩、黑色板岩等；也可根据岩石的其他特点，如矿物成分、结构构造等，分为空晶石板岩、斑点状板岩、粉砂质板岩、硅板岩等。

表面易积存污垢

板岩的表面是粗糙、坚硬的，其凹凸不平的特性使其具有超高的防滑性。一般的石材带有细孔，吸水率高，怕潮湿。天然板岩因为结构关系，虽然容易吸水，但是挥发也非常快。在浴室中做地面特别容易积存污垢，要及时清理，不要让污垢停留。

板岩用于室外时，表面无需做防水处理，但时间长了以后容易出现“白华”现象，这也是不可避免的。

理想的卫浴地材

作为一种天然石材，板岩固有的特性使之成为理想的浴室地板材料，其优点有以下几点。

1. 天然独特。具有自然天成的独特外表和多种色彩，砖与砖之间各不相同，使浴室变得独一无二，然而不同的色彩与设计却能够获得协调的图案，增加板岩的美感。这是其他地板砖，即使同样为天然石材砖，也难以实现的效果。

2. 持久耐用。板岩具有高耐磨性，因

▲ 用板岩装饰浴室有独特韵味

此不仅适用于浴室，还适合用在高人流的地方，随着不停地摩擦表面还会形成光滑的质感，非常有个性。

3. 防滑。板岩其凹凸不平的表面，具有天然的防滑性能。

用于外墙与地面

板岩除了适合用于浴室外，还适合用于外部地板、内部地板和外墙。板岩用作地板持久耐用，功能多样，造型美观，可以使用板岩将室内装修成独一无二的环境。

室内板岩地面可以是抛光后的板岩，也可以是天然的样式和颜色，颜色非常丰富，主要以复合灰为主，如灰黄、灰红、灰黑、灰白等。

板岩不适用于厨房

天然板岩的细孔不仅吸收水汽，还会吸油，水汽挥发得快，油污却会存留下来，时间长了以后会形成油渍，导致变色。所以厨房中不适合使用板岩，一定要用的话可以选择黑色的款式，平时勤用清水清洁。

砖石·板岩砖

具有板岩效果的瓷砖

天然板岩由于结构特点，薄厚不能完全一致，不能像瓷砖一样铺设得特别平实，而板岩砖的出现改善了这一情况，板岩砖是瓷砖的一种，根据加工方式的不同分为陶瓷砖及石英石砖两种，表面具有类似板岩的粗犷效果。

板岩砖详情速览

种类		特点	价格
陶瓷板岩砖		颜色分布比天然板岩均匀，防水性能佳，破损后会露出白色陶瓷内芯	50~320 元 / 平方米
石英石板岩砖		颜料能够渗透到里层中，损伤也不会影响美观。吸水率低，硬度高，耐磨、耐酸碱，能够使用各种清洁剂清理	50~400 元 / 平方米

注：表内价格仅供参考，请以市场价为准。

属于仿古砖范畴

板岩砖属于瓷砖的一种，可以划分到仿古砖里，在防滑性能上要优于抛光砖，依靠表面的两层釉层，产品的防腐蚀、防污性能都较为突出，时尚精致的花色设计，具有独特艺术美感及个性化空间装饰效果，可广泛应用于家居空间、公共空间的内外墙装修。

陶瓷板岩砖与石英石板岩砖的区别

板岩砖依照窑烧难度、着色方式以及硬度的区别，可以分为陶瓷板岩砖和石英石板岩砖两类。

陶瓷板岩砖花色多，颜色分布比天然板岩均匀，提高了硬度，不容易破裂。经上釉以后，陶瓷板岩砖具有吸水率低于 3% 的高防水性能，但由于其仅仅为表面着色，一旦破损后，里面的白色陶瓷芯会裸露出来，影响整体效果，使用时应注意。

石英石板岩砖色彩渗透比较深，着色可达到芯层，颜料渗透均匀，破裂后没有其他

▲ 板岩砖有类似天然板岩的装饰效果

颜色的显露，不会破坏整体装饰效果。吸水率低于 1%，更加防水，且硬度高、耐磨损、耐酸碱，不怕各种清洁剂，很适合用在卫浴空间中，但价格比陶瓷板岩砖要贵一些。

具体选择板岩砖的品种时，可以从经济角度及房子的使用年限予以综合性的考虑。如果打算更换房子，追求短暂的效果或追求新鲜感，喜欢翻新，则建议选择陶瓷板岩砖；如果不打算更换房子，想长久地保留效果并打扫省力，则建议选择石英石板岩砖。

根据面积具体选择尺寸

板岩砖适合墙面及地面使用，有不同的尺寸，可以根据空间的面积来选择砖体的大小。通常来说大空间适合选择大块的砖，小面积适合铺贴小块砖，整体效果才会显得协调。例如，100 平方米以下的室内空间适合选择尺寸为 300 毫米 ×600 毫米的砖体，而 100 平方米以上的室内空间则适合选择 600 毫米 ×600 毫米以上尺寸的砖。

卫浴间中因需要倾斜一定的角度以利于排水，所以适合选择小块砖，比较容易铺贴。

板岩砖施工须知

铺设板岩砖时，一般板岩砖的边角并不会如其他砖那么平直，砖与砖仍会有细微的差距，因此需要保留 6 毫米的缝隙，以达到整齐的效果。若想要缩小缝隙，可用水刀裁切后铺贴，缝隙可缩小到 3 毫米，但是价格也会提高。

砖石·玻化砖

表面光亮、耐划

玻化砖是瓷质抛光砖的俗称，在陶瓷术语中并无玻化砖的说法，是由石英砂、泥按照一定比例烧制而成的，是通体砖坯体的表面经过打磨而成的一种光亮的砖，属通体砖的一种。吸水率低于 0.5% 的陶瓷都称为玻化砖，抛光砖吸水率低于 0.5% 也属玻化砖，因为吸水率低的缘故其硬度也相对比较高，不容易有划痕。

玻化砖详情速览

图片	特点	规格（长 × 宽）	价格
	玻化砖是所有瓷砖中最硬的一种，在吸水率、边直度、弯曲强度、耐酸碱性等方面都优于普通釉面砖、抛光砖及一般的大理石	800 毫米 ×800 毫米，600 毫米 ×600 毫米，1000 毫米 × 1000 毫米，等	40~500 元 / 平方米

注：表内价格仅供参考，请以市场价为准。

逼真模拟石材纹理

市场上的玻化砖、玻化抛光砖、抛光砖实际是同类产品，吸水率越低，玻化程度越好，产品理化性能越好。玻化砖可广泛用于各种工程及家庭的地面和墙面。

因其效果好、用途广、用量大等特点，而被称为“地砖之王”。玻化砖以模仿石材的纹理和抛光后的质感为设计的根本。

替代天然石材较好的瓷砖

玻化砖色彩艳丽柔和，没有明显色差，质感优雅、性能稳定，强度高、耐磨、吸水率低。

高温烧结、完全瓷化生成了莫来石等多种晶体，理化性能稳定，耐腐蚀、耐酸碱、抗污性强。

厚度相对较薄，抗折强度高，砖体轻巧，建筑物荷重减少。抗折强度大于 45 兆帕（花岗岩抗折强度为 17~20 兆帕）。

无有害元素，各种理化性能比较稳定，符合环保要求，是替代天然石材较好的瓷制产品。

抗污力较差

由于是人工产品，与天然产品相比色泽、纹理较单一，且表面光滑，不够防滑。由于其吸水率过小，做墙砖时，容易出现空鼓及脱落现象。

玻化砖的表面有细孔，所以抗污能力较差，如果不小心洒了有色的物质，会被“吃”进去，平时使用的时候要注意这个问题，避免将咖啡或者有色饮料洒在地上，否则会产生难以去除的污点。

可随意切割造型

玻化砖可以随意切割，任意加工成各种图形以及文字，形成多变的造型。可用开槽、切割等分割设计令规格变化丰富，满足个性化需求。

吸水率在 0.1% 以下。在铺贴的过程中无需泡水，省时省力。

玻化砖的挑选

1. 选品牌。从玻化砖表面来看难以看出质量的差别，而内在品质差距却非常巨大，因此选择口碑好的品牌尤为重要。专业的玻化砖生产厂家从选料到入库有几十道工序，都有严格的标准规范，因此质量比较稳定。而一些小规模的抛光砖厂，由于前期工序并非亲自参与，走的大都是低质低价路线，因此对质量的要求相对较低。

2. 选品种。一个玻化砖品牌中通常会包含很多品种，不同的系列价格是不同的。普通渗花是最普通的一种，工装采用较多，家庭装修根据不同的风格可以选择不同的系列产品。

3. 选品质。不同的品牌、同品牌的不同品种，品质都不同。可以从抗污性和平整度入手选择，高品质的砖这两个指标都应该是优良的。

玻化砖的品质鉴别

1. 看表面。看砖体表面是否光泽亮丽，有无划痕、色斑、漏抛、漏磨、缺边、缺脚等缺陷。查看底坯商标标记，正规厂家生产的产品底坯上都有清晰的产品商标标记，如果没有或者特别模糊，建议不要购买。

2. 试手感。同一规格的砖体，质量好、密度大的砖手感都比较沉，质量差的手感较轻。

3. 敲击瓷砖。若声音浑厚且回音绵长，如敲击铜钟之声，则为优等品；若声音混哑，则质量较差。

4. 测量。抛光砖边长偏差≤ 1 毫米为宜，对角线允许偏差 500 毫米 ×500 毫米的≤ 1.5 毫米，600 毫米 ×600 毫米的≤ 2 毫米，800 毫米 ×800 毫米的≤ 2.2 毫米，若超出这个标准，会影响装饰效果。对于对角线的尺寸，可以用一根很细的线拉直沿对角线测量，看是否有偏差。

5. 试铺。在同一型号且同一色号范围内随机抽样不同包装箱中的产品若干，在地上试铺，站在 3 米之外仔细观察，检查产品色差是否明显，砖与砖之间缝隙是否平直，倒角是否均匀。

6. 试脚感。主要看光滑程度，着重测试砖不加水是否防滑，因为玻化砖越加水会越防滑。

7. 查验外包装。正规厂家的包装上都

▲ 玻化砖多为仿大理石纹路的款式，是天然大理石较佳的替代品

明显标有厂名、厂址、商标、规格、等级、色号、工号或生产批号等，并有清晰的使用说明和执行标准。如果中意的品牌砖无上述标记或标记不完全，请慎重选择。

8. 查看砖背面。正规厂家出厂的抛光砖底都有清晰的商标或标志，特别注意进口砖，有的厂家鱼目混珠，用设计地来混淆生产地，例如“Made in USA”（美国生产）和“Designed in USA”（美国设计）。

玻化砖的清洁

茶渍、果渍、咖啡、酱醋、皮鞋印等污渍使用次氯酸钠稀释液（漂白剂）进行处理，使用时浸泡 20~30 分钟后用布擦净；渗入砖内时间较长的污渍，浸泡时间需几个小时。

墨水、防污蜡霉变形成的霉点使用漂白剂涂在污渍处，浸泡几分钟擦净。

水泥、水垢、水锈、锈斑使用盐酸或磷酸溶液，多擦几遍。

油漆、油污、油性记号笔、表面防污蜡层可以使用碱性清洁剂或有机溶剂进行擦拭。

注：以上去污剂使用时需戴上橡胶手套；将污渍清除后再用清水将砖面擦洗干净；去污剂可去超市购买，按说明使用。

玻化砖的养护

在玻化砖没有使用前以及进行清洁以后，在表面涂刷一层 SW 防水防污剂，可以阻止水分及污垢的侵入，而且不会改变玻化砖原有的亮丽效果，使以后的清洁变得简单。每一升 SW 防水防污剂可以进行 15~20 平方米的抛光砖表面养护。

日常保养玻化砖时，宜先将地砖上所有污渍彻底清扫干净，然后将地板清洗剂泼洒在地砖上，用打蜡机将地砖上的污渍摩擦干净，再将水性蜡倒入干净的干拖把上，将蜡均匀涂布于地砖上即可。上蜡后让地砖表面自干，也可用电风扇辅助吹干，一般打蜡后 8 小时才会完全干，如有重物要移动，须等蜡完全干后才能搬动，这样做可以保持玻化砖表面的光亮度。

上蜡多次以后地砖表面变黄而要重新上蜡时，则要用除蜡剂处理。具体方法为：除蜡剂直接使用，不必加水，均匀泼洒于要除蜡之处，10~15 分钟，除蜡剂渗入地砖后，用水将地砖泼湿，蜡需完全除掉，否则重新上蜡不会发亮。将蜡除干净后，可再依以上步骤清洁保养。

铺砖前的检验

铺贴玻化砖前，请检查包装所示的产品型号、等级、尺寸及色号是否统一，重点检查砖体的平整度，如有问题及时联系厂家更换。

铺贴前，应先处理好待贴体或使地面平整。采用干铺法时，基础层达到一定刚硬度才能铺贴砖，铺贴时接缝多在 2~3 毫米之间调整。彩砖建议采用 325 号水泥，白色砖建议采用白水泥，铺贴前预先打上防污蜡，可提高砖面抗污染能力。

砖石·微晶石

性能优于天然石材

微晶石在行内称为微晶玻璃复合板材，是将一层 3~5 毫米的微晶玻璃复合在陶瓷玻化石的表面，经二次烧结后完全融为一体的高科技产品。微晶石集中了玻璃与晶体材料（包括陶瓷材料）两者的特点，热膨胀系数很小，也具有硬度高、耐磨的力学性能。

微晶石详情速览

图片	特点	规格	价格
	质感晶莹剔透，带有自然生长而又变化各异的仿石纹理、色彩鲜明的层次，不受污染、易于清洗，具有优良的物化性能和耐风化性	多数为大尺寸，800 毫米 × 宽 800 毫米，1000 毫米 ×1000 毫米	150~450 元 / 平方米

注：表内价格仅供参考，请以市场价为准。

属于陶瓷玻璃的一种

微晶石也称为玻璃陶瓷，是微晶玻璃与陶瓷板材的平面复合材料，具有多方面的综合优势。它吸收了陶瓷板材机械强度大、韧性强、耐冲击性能好、耐化学腐蚀性能好的优点，使其力学性能优于纯微晶玻璃，且提高了耐酸、耐碱、耐化学洗涤液的性能。

性能优于天然石材

微晶石之所以性能优于天然花岗石、大理石、合成石及人造大理石，与其所含的物质成分及制作程序有关。

微晶石是选取花岗石中的几种主要成分，经高温，从特殊成分的玻璃液中析出特殊的晶相。因此，具有很高的硬度和强度，在成型过程中又经过二次的高温熔融定型，所以没有天然石材形成的纹理。

其着色是以金属氧化物为着色剂，经高温烧结而成的，因此不会褪色，且色泽鲜艳。

天然石材由于自然形成过程的原因，有的含有对人体有害的放射性元素（如氡、

▲ 微晶石除了用于地面外还可用于墙面，装饰效果华丽、独特

镭），时间过长会对人体产生危害。而微晶石是经两次高温的提炼、解析成型，所以不含任何放射性元素。

不需要特别养护

微晶石质地均匀，密度大、硬度高，抗压、抗弯、耐冲击等性能优，经久耐磨，不易受损。更没有天然石材常见的细碎裂纹，不易断裂、不吸水，又不怕侵蚀和污染，光泽度高，装饰后不会出现色差、泛碱、吐汁等现象。

耐酸碱、耐候性强

微晶石耐酸碱度、抗腐蚀性能都强于天然石材，尤其是耐候性更为突出，经受长期风吹日晒也不会褪光，更不会降低强度。吸水率极低，多种污秽浆泥、染色溶液不易侵入渗透，依附于表面的污物也很容易清除擦净，特别方便于建筑物的清洁维护。卓越的抗污染性，方便清洁，不需特别的保养维护。

微晶石加工、铺贴注意事项

微晶石格外明亮，因此细小的划痕也会更为明显。微晶石使用一段时间后，表面会变毛发乌、光泽明显降低，直至最后变成亚光状态。可以进行表面光泽保养，在清洁后彻底擦净水迹、保证表面干燥，用干净的软布抹取石材打光蜡，涂布到表面上，停留 5~10 分钟之后，再用干净软布擦抛光亮。

砖石·全抛釉瓷砖

纹理看得见但摸不到

全抛釉瓷砖是近几年才兴起的一种瓷砖产品，它是一种精加工砖，它的特点在于釉面。全抛釉是一种可以在釉面进行抛光工序的一种特殊配方釉，目前一般为透明面釉或透明凸状花釉，在它的生产过程中，要将釉加在瓷砖的表面进行烧制，这样才能制成色彩、纹理皆非常出色的全抛釉瓷砖。

全抛釉瓷砖详情速览

图片	特点	规格	价格
	其优势在于花纹特别出色，不仅造型华丽，色彩也是非常出色的，颜色丰富，且非常具有层次感，看起来格调很高	长 250 毫米、宽 300 毫米，长 300 毫米、宽 300 毫米，长 600 毫米、宽 600 毫米，长 600 毫米、宽 900 毫米等	120~450 元 / 平方米

注：表内价格仅供参考，请以市场价为准。

釉面平滑、光亮

全抛釉瓷砖的釉面用手触摸，表面光亮柔和、平滑不凸出，效果晶莹透亮，釉下石纹纹理清晰自然，与上层透明釉料融合后，犹如一层透明水晶釉膜覆盖，使得整体层次更加立体分明。

烧制快、耗能少、更环保

全抛釉瓷砖坯体不用优质原料，表层只要有 0.5~1 毫米的釉层即可。全抛釉瓷砖制作更加环保，由于釉层烧制速度较快，能耗较低，抛釉比抛光的能耗低，因而产量也较高。

花色上更丰富、使用时间长

全抛釉瓷砖经高温烧成瓷砖后，花纹着色肌理非常独特，不是普通瓷砖表面上的粗犷花纹，而是看得见、摸不着的特殊着色肌纹，色彩鲜艳，花色品种多样，纹理自然。

一般抛光砖用久了，容易亚光，全抛釉烧成的瓷砖透明釉面比较厚，不容易磨损，因此其使用寿命是一般微粉砖的 3 倍。

▲ 全抛釉瓷砖的铺贴效果

抛晶砖是全抛釉瓷砖的一种

抛晶砖主要原料有精磨瓷粉、微量耐磨矿物质、进口干粒、进口釉料等，它采用纳米技术，经过专业三度烧和多次印花工艺集合烧制而成。

抛晶砖是全抛釉瓷砖的一种，具有彩釉砖装饰丰富和瓷质吸水率低、材质性能好的特点，又克服了彩釉砖釉上装饰不耐磨、抗化学腐蚀的性能差和瓷质砖装饰方法简单的弊端。抛晶砖采用釉下装饰、高温烧成、釉面细腻、高贵华丽，属高档产品。

与传统的瓷砖产品相比，抛晶砖最大的优点在于耐磨、耐压、耐酸碱、防滑、无辐射、无污染；还具有保健按摩的特性。此外，抛晶砖经过马赛克艺术造型和抛釉技术处理后，表面光泽晶莹剔透，似水晶，若玛瑙，立体感非常强。

大块的抛晶砖还有地毯砖的别称，多数为精美的拼花，可以组合成类似花纹地毯的效果。

全抛釉瓷砖铺贴注意事项

施工的时候建议使用有机胶黏剂粘贴，不使用传统水泥湿法铺贴的方法，这样能较好地避免平整度不准的问题，铺贴效果较好。关于水泥品种，基层的普通水泥标号不宜超过 425 号，或者选用 325 号，纯水泥（素灰）应采用 275 号的白水泥；为保证铺贴美观，建议留 2~3 毫米砖缝铺贴。

砖石·釉面砖

釉面细致、韧性好

釉面砖是砖的表面经过施釉后高温高压烧制处理的瓷砖，由土坯和表面的釉面两个部分构成。主体又分陶土和瓷土两种，陶土烧制出来的背面呈红色，瓷土烧制的背面呈灰白色。釉面砖表面可以做各种图案和花纹，比抛光砖色彩和图案丰富，因为表面是釉料，所以耐磨性不如抛光砖。

釉面砖详情速览

图片	特点	价格
	色彩和图案丰富、规格多、清洁方便、选择空间大，适用于厨房和卫生间。釉面砖表面可以做各种图案和花纹，比抛光砖色彩和图案丰富。防渗，无缝拼接，可任意造型，韧度非常好，基本上不会发生断裂等现象	40~500 元 / 平方米

注：表内价格仅供参考，请以市场价为准。

釉面砖的分类

釉面砖是装修中最常见的砖种，由于色彩和图案丰富，而且防污能力强，因此被广泛用于墙面和地面装修，多用于厨房和卫浴间中。根据光泽的不同，釉面砖又可以分为光面釉面砖和亚光釉面砖两类。

釉面砖的常用规格（毫米）：100×100、152×152、200×200、152×200、200×300、250×330、300×450 等，常用的釉面砖厚度为 5~8 毫米。

防渗透、耐脏

相对于玻化砖，釉面砖最大的优点是防渗、耐脏，大部分釉面砖的防滑度都非常好，而且釉面砖表面还可以烧制各种花纹和图案，风格比较多样。虽然釉面砖的耐磨性比玻化砖稍差，但只要是合格的产品，其耐磨度绝对能满足家庭使用的需要。

韧性好、耐冷耐热

釉面砖采用无缝拼接，可任意造型，韧度非常好，基本上不会发生断裂等现象。

釉面砖具有承受温度急剧变化而不出现裂纹的性质。试验采用的冷热温度差为（130±2）摄氏度。

不耐磨、吸水率高

表面是釉料，所以耐磨性不如抛光砖，同时它怕酸、怕水、怕污渍。在烧制的过程中经常能看到有针孔、裂纹、弯曲、色差，釉面有水波纹斑点等。

吸水率高，为10%，缺点是容易渗入液体，有的甚至在贴砖的时候，能够将水泥的脏水从背面吸进来，进入釉面。釉面和坯体之间就容易开裂，不好的砖用了一段时间后边角处的表面会脱落。

釉面砖的挑选

1. 密度。看密度要看横切面，横切面细的砖说明密度大。

2. 颜色。好瓷砖在同一批号上的色差是没有的，所以铺起来的效果将会更好。

3. 规格。好瓷砖每一块的误差小于或等于1毫米，这样铺下来砖缝才能大小均匀。

4. 釉面。釉面均匀、平整、光洁、亮丽、一致者为上品；面有颗粒、不光洁、颜色深浅不一，厚薄不均，甚至凹凸不平、呈云絮状者为次品。

5. 观察反光成像。观察灯光或物体在经釉面镜面的反射图像，釉面砖比普通瓷砖成相应更完整、更清晰。

6. 防滑性。将釉面地砖表面湿水后进行行走实验，依然能体会到很可靠的防滑感觉。

7. 看断层。摔裂后断裂面光滑平整，无毛糙，且通体一色，无黑心现象。

釉面砖的清洁及保养

清洁：釉面砖砖面的釉层是非常致密的物质，有色液体或者脏东西是不会渗透到砖体中的，使用抹布蘸水或者用瓷砖清洗剂擦拭砖面即可清除掉砖面的污垢，如果是凹凸感强的瓷砖，凹凸缝隙里面积存了很多的灰尘的话，可以使用刷子刷，然后用清水冲洗即可清除砖面污垢。

保养：隔一段时间可在表面打液体免抛蜡、液体抛光蜡或者做晶面处理。

施工注意事项

施工前要充分浸水3~5小时，浸水不足容易导致瓷砖吸走水泥浆中的水分，从而使产品粘接不牢，浸水不均衡则会导致瓷砖平整度差异较大，不利于施工。

水泥的硬度不能高于400号，以免拉破釉面，产生崩瓷。

铺贴时，砖与砖之间留有2毫米的缝隙，以减弱瓷砖膨胀收缩所产生的应力。

若采用错位铺贴的方式，需要注意在原来留缝的基础上多留1毫米的缝。

包装箱的纸用完后，不要用其覆盖地面，以免包装箱被水浸泡，有机颜料污染地面，造成清理麻烦。可使用无色的蛇皮袋覆盖地面。

砖石·木纹砖

仿木纹纹理、好清理

木纹砖是指表面具有天然木材纹理装饰效果的陶瓷砖，可分为釉面砖和劈开砖两种。釉面砖是通过丝网印刷工艺或贴陶瓷花纸的方法使砖体表面具有木纹图案的；而劈开砖是将两种或两种以上色彩的釉料，用真空螺旋挤出机螺旋混合后，通过剖切出口形成的酷似木材的瓷砖，其纹理自然、贯通整体。

木纹砖详情速览

种类		特点	价格
釉面砖		阻燃，不腐蚀，纹路逼真、不褪色、耐磨，易保养，防火、防水、防霉、不受虫蛀，使用寿命长，是绿色环保型建材	90~120 元 / 平方米起
劈开砖		纹理细腻逼真，无法与原木区分开来；更防潮；超强导热能力；硬度比普通木纹砖高一倍以上；超强耐磨；超强抗污能力，表面污渍只需用湿抹布轻轻擦拭即可清除	90~120 元 / 平方米起

注：表内价格仅供参考，请以市场价为准。

仿实木纹理的陶瓷砖

木纹砖是一种表面呈现木纹装饰图案的新型环保建材。分原装边（烧成时即是长条形，无需切割）和精装边（方砖，后期都切割后铺贴）两大类。

纹路逼真、自然朴实，没有木地板褪色、不耐磨等缺点，易保养。最具特色的是线条明快、图案清晰。

木纹砖具有高逼真度、阻燃、不腐蚀的特点，是绿色环保型建材，使用寿命长、耐磨，无需像木制产品那样周期性地打蜡保养等，不喜欢前卫风格的人可以选择木纹砖，它既有木地板的温馨和舒适感，又比木地板更容易打理。

木纹砖的规格选择

在市场上木纹砖常见的规格（毫米）有：150×600，600×600，200×900，200×1000，600×900等，因木纹砖很多时候都是用在十几平方米这类空间不是很大的地方，以卧室为主，建议选择 150 毫米 × 600 毫米规格的产品，比较美观，在施工中所面临的损耗相对要少些，价钱也更实惠。

浴室用注意吸水率

木纹砖的吸水率在 1% 左右，非常低，同时花纹多样，可用在浴室中作为地砖使用。如果用作地砖，要注意挑选吸水率低的产品，最好带有凹凸感的花纹，能够增加摩擦力，提高使用安全性。

除了用于卫浴间外，木纹砖还可用于室外，如户外阳台等。

木纹砖的挑选

1. 纹理重复越少越好。木纹砖是仿照实木纹理制成的，想要铺贴效果接近实木地板，则需要选择纹理重复少的才能够显得真实，至少达到几十片都不重复才能实现大面积铺贴时自然天成的效果。

2. 与众不同的设计。木纹砖是取样自大自然的产品，需要高精度珍木标本扫描后，再由设计师对素材进行创作。不同的设计能够塑造出不同的铺贴效果，例如古船木等，想要个性一些，一定要精心选择。

3. 触感需真实。木纹砖不仅仅用眼看，还需要用手触摸来感受面层的真实感。高端木纹表面有原木的凹凸质感，年轮、木眼等纹理细节入木三分。

4. 物理性能必须优良。在购买时候，需要询问销售人员，了解其物理性能指数如吸水率，规格是否齐全、平直度吸水率是否高于一般标准，耐磨系数至少在 0.4 以上，防滑系数、防污系数也需要达到国家标准才行。

▲ 木纹砖的使用改变了传统卫浴间材料的冷感，使其更温馨

5. 感受铺贴效果。木纹砖与地板一样，单块的色彩和纹理并不能够保证与大面积铺贴完全一样，因此在选购时，可以先远距离观看产品有多少面是不重复的、近距离观察设计面是否独特，而后将选定的产品大面积摆放一下感受铺贴效果是否符合想象中的效果，再进行购买。

木纹砖加工、铺贴注意事项

一块木纹砖并不是随意加工的，在保证效果的同时需要最大限度降低损耗。房间面积小于 15 平方米时，建议由 600 毫米 ×600 毫米的砖加工成 150 毫米 ×600 毫米的砖；面积大于 15 平方米时，建议由 600 毫米 ×600 毫米的砖加工成 200 毫米 ×600 毫米的砖。

铺贴过程中，要注意的是缝隙的控制，仿古砖的缝隙一般都在 3 毫米，这样更可以突出立体效果。深色木纹砖用浅灰色或者白色（白色不耐脏）的填缝剂较好，浅色木纹砖用咖啡色的填缝剂较好。

砖石·皮纹砖

视觉、触觉上有皮质感

皮纹砖属于瓷砖类的一种产品，是表面仿动物皮纹的瓷砖。皮纹砖克服了瓷砖坚硬、冰冷的触感，从视觉和触觉上都可以体验到皮的质感。具有凹凸的纹理和柔和的质感，有着皮革质感与肌理，有着皮革制品的缝线、收口、磨边的特征。

皮纹砖详情速览

图片	特点	价格
	具有皮的质感和手感，适合吧台、卧室、高档浴室、电视背景墙等居室空间的铺贴，可以与皮革家具搭配协调，营造和谐统一的整体家居氛围。常见的有白色皮纹、黑色皮纹、红色皮纹和米色皮纹，还有印花款式	300~500 元 / 平方米

注：表内价格仅供参考，请以市场价为准。

突破了瓷砖的传统概念

皮纹砖是将瓷砖皮革化，让瓷砖变得已经不仅仅是单纯的瓷砖，更是一种可以随意切割、组合、搭配的建筑装饰应用“皮料”，突破了瓷砖的固有概念。将皮革制品的缝线、收口、磨边制造工艺引入瓷砖生产二次加工过程中，真实还原皮革制品的缝制艺术。

皮纹砖是近两年来的新兴产品，制作过程复杂、技术新颖，价格高于其他纹理砖，可用作地面和墙面。

较其他砖材价格高

目前皮纹砖主要以 300 毫米 ×600 毫米、600 毫米 ×600 毫米两种规格为主，客厅铺贴皮纹砖选后者的效果最佳。一块 300 毫米 ×600 毫米的皮纹砖目前价格在 60 元左右，一块 600 毫米 ×600 毫米的皮纹砖售价超过百元，价格相对来说较高。

皮纹砖的挑选

1. 观察侧面。手拿皮纹砖观察侧面，检查平整度；或将两块或多块砖置于平整

▲ 皮纹砖用于地面的铺贴效果

地面，紧密铺贴在一起，缝隙越小越好。

2. 敲击。一只手夹住瓷砖的一角，提于空中，让砖自然下垂，然后用另一只手的手指关节敲击砖的中下部，声音清脆者为上品，声音沉闷者为下品。

3. 滴水测试。吸水率的检测是评价瓷砖质量好坏的一个非常重要的标准。可以在瓷砖背面倒一些水，看其渗入时间的长短。如果瓷砖在吸入部分水后，剩余水还能长时间停留其背面，则证明瓷砖吸水率低，质量好；反之，则说明瓷砖吸水率高。

皮纹砖的保养

铺贴完后应及时用湿毛巾对产品表面进行清洁。填缝剂的白色粉末可能会粘到瓷砖上，干后瓷砖就会发白。这时可以加一些瓷砖清洁液清洗，再用干布擦拭。

日常保养皮纹砖可以用干布擦拭，也可以用粘了蜡的拖把擦拭。严禁用铁刷、清洁球及化学用品（如天那水等）进行清洗。

铺贴方式与其他砖不同

皮纹砖不仅本身注重对皮纹效果的模仿，在铺贴上也不同于一般瓷砖，讲究皮纹条做拼缝。为了追求更加有效的视觉体验，砖与砖之间并非用采用勾缝的处理方式，而是用一根皮纹条替代了拼缝，这样整体效果更加逼真。在购买皮纹砖时，还需购买皮纹条，一般皮纹条的规格为 20 毫米 ×600 毫米。

新型材料 · 软石地板

可回收利用，长时间不用更换

软石地板是以天然大理石粉及多种高分子材料合成的新一代高档建筑材料。软石地板是许多发达国家的首选地面材料，由于其环保、无污染的特性，被越来越多的人所青睐。

软石地板详情速览

图片	材质	种类	价格
	天然大理石粉及多种高分子材料合成	既有大理石的纹样，又有特殊肌理；无污染、可回收利用	150~250 元 / 平方米

注：表内价格仅供参考，请以市场价为准。

可回收再利用

近年来，我国政府及有关部门对推广使用绿色环保建材非常重视，由于软石地板具有节能、无污染、可回收利用等优点，成为时下消费的新时尚。它既有天然大理石的纹样，又有其独特的肌理与图案，而且具有防滑、价廉、无毒、防火、安装简单等优点，可一直使用 20 年无需更换。

新型材料·玻晶砖

原料使用少，生产周期短

玻晶砖是由碎玻璃为主，掺入少量黏土等原料，经粉碎、成型、晶化退火而成的一种新型环保节能材料。这种新型结晶材料均由玻璃相和结晶相构成，其性质由结晶相矿物组成和玻璃相化学组成及其数量所决定，因而集中了玻璃与陶瓷的特点，性能却超过它们，是一种既非石材也非陶瓷砖的新型绿色建材。

玻晶砖详情速览

图片	材质	种类	价格
	碎玻璃为主，掺入少量黏土等原料	黏土用量少；烧制温度低；生产周期短；废气排放少；生产升本低	450~1600 元 / 平方米

注：表内价格仅供参考，请以市场价为准。

减量化原则

生产中使用的黏土等地球上不断枯竭的资源，其用量比其他产品少得多；由于烧成温度低于陶瓷的烧成温度，生产周期短，可大大节约能量，二氧化碳等废气排放量可减少 25% 以上，生产成本远远低于其他同类产品，因此符合减量化原则。

回收循环利用

碎玻璃是城市固体垃圾中比较难处理的问题，玻晶砖的开发为碎玻璃开辟了一条高附加值再利用的新途径；另外，破旧的玻晶砖本身也可以回收再循环利用。玻晶砖在日本叫做结晶黏土砖，可以做出天然石材和玉石两种效果，以多种颜色和不同规格形态，用于装饰地面、内外墙、人行道、广场或道路。

其他·榻榻米

有利身体健康、可调节湿度

喜欢休闲一些的风格，可以在家里设计一个榻榻米，用来下棋或者喝茶、聊天都是非常好的。榻榻米是用蔺草编织而成，一年四季都铺在地上供人坐或卧的一种家具。榻榻米主要是木质结构，在选材上有很多种组合。面层多为稻草，能够起到吸放湿气、调节温度的作用。

榻榻米详情速览

图片	成分	特点	价格
	榻榻米的席面为蔺草，底层有天然稻草和木纤维两种	厚度 15~60 毫米，填充物能够吸放湿气，调节温度，同时有吸汗、除臭的功效，夏天使用非常凉爽	1500 元 / 平方米起

注：表内价格仅供参考，请以市场价为准。

榻榻米的结构

现代榻榻米是采用日本先进技术和设备，选用优质稻草为原料，通过高温熏蒸杀菌处理，压制成半成品后经手工补缝、蒙铺表面的天然草席，再包上两侧装饰边带制成的。一张品质优良的榻榻米大约重 30 千克。榻榻米是草绿色的，使用时间长了后，因日照发生氧化，会变成竹黄色。榻榻米的构造分三层，底层是防虫纸，中间是稻草垫，最上面一层铺蔺草席，两侧进行封布包边，包边上一般都有传统的日式花纹。

蔺草面和纸席面

榻榻米席面的材质分为蔺草面和纸席面，相对来说蔺草面的透气性好一点，适用于卧室和不经常使用的房间。

而纸席面的结实程度要好些，并且具有防水的功能，适用于使用频率较高的房间。款式既有传统的素面，还有很多具有现代气息的各式图案，编织手法有平纹、斜纹、方格、提花等。

稻草芯最为传统

稻草芯：市面上以稻草芯最为多见，是

▲ 蔺草面

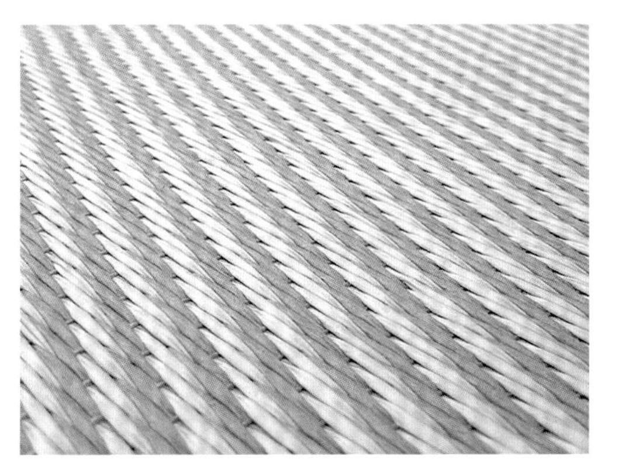

▲ 纸席面

最传统的做法。做榻榻米的稻草，通常要自然晾干 1 年左右，再靠机器烘干，垂直、水平交错放置 7 层后缝制固定而成。优点是能够调节湿气，缺点是需要经常晾晒、怕潮，受潮后容易长毛和生虫，且不是很平整。

棕芯：做榻榻米容易变形，市面上已经数量非常少。

无纺布芯：无纺布是一种环保、可降解的材料，而榻榻米芯是无纺布叠压编织制成的，具有更稳定的效果，不易变形且平整。

木质纤维板芯：可夹一层泡棉，整体感觉偏硬，因为密度高，平整、防潮、易保养，无需担心发霉的现象，但是不能用在地热上，热量烘烤后会发酥。

使用榻榻米对健康有益

榻榻米是天然环保产品，对人类的健康长寿有益处。赤脚走在上面，可以按摩通脉、活血舒筋；具有美形美体功能。

对儿童的生长发育及中老年人的腰椎、脊椎的保养有奇效，幼儿使用不用担心摔着。还能防止骨刺、风湿、脊椎弯曲等。

榻榻米平坦光滑、草质柔韧、透气性好、色泽淡绿、散发自然清香。用其铺设的房间，隔音、隔热、持久耐用、搬运方便，尽显异国情调，可在最小的范围内，展示最大的空间，它具有床、地毯、凳椅或沙发等多种功能，同样大小的房间，铺“榻榻米”的费用仅是西式布置的 1/3。

榻榻米的质量鉴别

外观：榻榻米外观应平整挺拔。

表面：绿色席面应紧密，均匀紧绷，双手向中间紧拢没有多余的部分；黄色席面的种类，用手推席面，应没有折痕。

草席：草席接头处，“丫”形缝制应斜度均匀，棱角分明。

包边：应针脚均匀，用米黄色维纶线缝制，棱角如刀刃。

背部：底部应有防水衬纸，采用米黄色维纶线，无跳针线头，通气孔均匀。

厚度：上下左右四周边厚度应相同，硬度相等。

劣质榻榻米表面有一层发白的泥染色素，粗糙，容易褪色。填充物的处理不到位，使草席内掺杂灰尘、泥沙。榻榻米的硬度不够，易变形。

▲ 做休闲用的榻榻米并不需要太多的空间

▲ 榻榻米房既有收纳功能，又能做休闲使用

榻榻米的使用建议

如果家里的榻榻米是带有储物空间的，建议地箱内放置的物品为不常用物品，由于榻榻米比较沉重，常用物品不方便存取。

榻榻米较硬，适合有腰椎问题和长身体的人，如果不是需要睡硬床的人使用，会感觉难受。

除虫卵处理需要彻底，如果不彻底就容易生虫，最好买之前去卖场看看是否生虫。

需经常清理，缝隙内易藏灰尘，不常清理容易产生细菌，不适合皮肤敏感的人使用。

不能水洗，晾晒需翻面

榻榻米因其吸湿性容易发霉，所以不能用水擦拭。最好每半年平置于通风阴凉处暴晒一小时左右，晾晒的时候记得要翻面，避免单面晾晒蔺草而使面层变得脆裂。

榻榻米的养护

1. 日常护理。

榻榻米的特点就是吸放湿气，调节湿度，因此不要在榻榻米上铺设地毯等覆盖物。

时常将榻榻米掀起，竖立起来吹吹风，将取得更好的效果，持续 2~3 天晴天时，把窗户打开，让新鲜空气吹进室内。

不可用力弯曲或拉扯，以防表面产生折痕或变形，如果弯曲，在弯曲的一边反方向拧数次，即可恢复原状。

以稀释的醋擦拭榻榻米，可避免榻榻米草席泛黄变色。

最少每周用吸尘器仔细打扫一次，即可防虫、防霉。

2. 雨季护理。

连日阴雨潮湿，注意开空调除湿；太阳充足的日子，要掀开通风，晾晒背部；如发现霉变，可用干布蘸稀释的醋酸将霉斑清理干净。

污渍处理方法

发霉：用蘸有消毒用酒精的毛巾进行擦拭，然后用拧干的抹布擦净，最后通风干燥。

留下家具压痕：往凹处适度喷点水，然后垫上湿润毛巾，用熨斗熨平。

染上墨水：用牛奶弄湿，再擦拭干净。

沾上酱油、灯油：抹上洗衣粉或洗洁剂，然后用拧干的布巾反复擦拭，直至干净为止。

沾上万能笔芯：油性笔用修指甲的除光液或者天然漆的稀释液进行擦拭，水性笔用洗洁剂擦拭即可。

烧焦：倘若是烟头那样小的地方，可用中号砂纸将焦黑处去除；如果烧焦处较大时，除了用砂纸去除焦黑外，还可滴上蜡油将窟窿处填平。

其他·磐多魔地坪

新型无缝地坪材料

近年来磐多魔（panDOMO）因其无接缝性质及多种创意的可能渐渐受到注目，以其变化多元、表面有自然纹路、清理方便并贴近自然石材质感的特性，成为居家地面材料的生力军。

磐多魔地板详情速览

图片	特点	价格
	新型的地坪材料，地材表面没有接缝，色彩图案变化多样，纹路自然、美观，表面有气孔，需要 2~3 个月打一次蜡。硬度强，但是怕尖锐物品划伤，小损伤可修复	700 元 / 平方米起

注：表内价格仅供参考，请以市场价为准。

无接缝新型地坪材料

无接缝地坪最显著的特征是质地坚固、保养方便，不需要既定的排列方式，跳脱传统地坪的束缚，能够塑造出充满创意的舒适氛围。

这种无切割或分割线的建材，能保持地坪的完整性，不管是商业空间、住宅居家，还是公共场所，都能够创造出与众不同的装饰效果。

磐多魔地坪表面有天然气孔与纹路，特别的手工质感以全新的地坪系统符合现代建筑设计要求。它其实是无接缝的水泥基材质，其特殊的纹路处理，让地坪对整个空间的影响力更为加分，其颜色的变化让设计者有更多创意发挥空间。

耐久度高、质地坚固

耐久度高、低耗损。磐多魔创意地面系统有着足够的坚固程度，易维护与清理。即使厚度只有 5 毫米，也具有不收缩、不龟裂、耐久的特性，可与木质地板或大理石石材媲美，可用于地热空间，且抗磨、不褪色。

磐多魔地板的特殊配方是自平式水泥panDOMO—K1，施作完成后经由四道抛磨，再涂上特殊调配的表面涂料，让表面产生丝缎滑面的光泽感，具有耐磨损、防渗水、防滑的功能。

可发挥无限的创意

通过颜色、阴影、填料及光效等的不同应用，赋予每个房间新的风格与灵魂。无论是木质地板般的温馨或手工制造的陶瓷砖般的乡村风味，都可以根据不同的要求完美地实现每一个方案。

磐多魔能提供最多可能性的完美搭配，可以使用单色设计，也可以是丰富多彩的创意图形区块，无缝的随意组合让所有设计就像单块画布所表现出的效果。

需现场施工

磐多魔地坪与瓷砖、石材等不同，地砖等是在工厂加工成固定尺寸后再进行铺贴的，而磐多魔必须在施工现场直接施工，经过灌料、挂出纹路、抛光、保养等多个步骤，工期大约需要一周。

磐多魔以自流平水泥为基底，可以添加任何颜色，变化多样，可以根据需求做任何改变，与传统地材完全不同。

▲ 磐多魔具有漂亮的纹理和色彩，除了地面还可用在墙面上

不需砸除原地转即可施工

磐多魔地坪的厚度在5~10毫米之间，不需要砸除原有的旧地砖就可以施工，可以节省下这部分费用，非常适合改造房，虽然价格比较贵，但总体算下来与重新铺设石材等的价位差不多，效果更为独特。

磐多魔不适合大型空间

磐多魔地坪表面有自然气孔，若损伤较小，可进行修复，若是划伤严重，则无法恢复，所以不适合用于人流较多的大型空间中，很难养护。

其他·楼梯踏步

宜根据需要具体选择

楼梯常见于别墅、复式等两层以上的室内环境中，总体来说，楼梯踏步主要有木质、砖石、玻璃、塑胶等几种，可以根据室内风格、颜色结合楼梯的建筑方式来进行具体的挑选，同时宜结合家庭人口情况，如有老人和小孩就要考虑舒适性和防滑等。

楼梯踏步详情速览

种类	特点	价格
木质踏步	木质踏步是最常见的踏步材料，可分为超耐磨、强化和实木三种，超耐磨型容易热胀冷缩，价格比较便宜，每平方米约为150元；强化型比较稳定，不易变形，每平方米约为250元；实木型价格较贵，与地板一样，花纹自然，养护比较麻烦，根据树种不同，每平方米从300元至几千元都有	150元/平方米起
砖石踏步	砖石类踏步包含天然石材和瓷砖两大类，包括大理石、花岗岩和瓷砖等，款式非常多，也是比较常见的一种楼梯踏步材料，相对来说耐磨度、稳定度都比较高，但是触感比木质地材要冷硬很多，且容易滑倒，所以需要止滑垫、防滑条，不太适合有老人和孩子的家庭	150元/平方米起
玻璃踏步	玻璃踏步出现在家居环境中比较少，并不是所有的楼梯都能够使用玻璃踏步，需要底部为钢结构的款式才能够使用。玻璃踏步相比其他几种来说，非常个性、时尚，养护方便，虽然做了钢化处理也不能用重物来磕碰，比较脆弱	200元/平方米起
塑胶踏步	塑胶踏步的普通款多用于人流比较多的场所，家居中多用仿石材、木纹等款式。塑胶踏步的价格比较低，具有出色的防滑效果，养护比较方便，耐磨、防潮、防虫蛀，但是怕热，用烟头等烫过后会留下明显的痕迹	150元/平方米起

注：表内价格仅供参考，请以市场价为准。

多数可选木质地材

实木地材与其他材质不同，能够让人感觉自然、亲切、安全、舒适，特别适合三口之家、三代同堂等有老人和孩子的家庭，但是价格比较贵。建议选择花梨、金丝柚木、樱桃木、山茶、沙比利等材质密度较大、质地较坚硬的实木来加工楼梯，这些木材制品经久耐用，年头越长越会显露出天然木材的珍贵和高雅，具有升值价值。

除了实木还可选择强化地板、超耐磨地板等，养护比较容易，也具有温润的脚感，但价格要低很多，也是多数家庭的选择。

玻璃、金属最为现代

金属结构玻璃踏步的楼梯最为现代、时尚，其造型新颖多变，不占用更多空间，安装和拆卸方便，能够从多方面满足年轻一族的品位需求。其形式具有强烈的时代气息，并能够体现旋转的魅力。

砖石要做防滑措施

瓷砖和天然石材也是运用比较多的踏步面材，天然石材纹理自然、多变，具有不可比拟的装饰效果，特别能够彰显出华丽的感觉；瓷砖是天然石材的最佳替代品，品种多样、花纹丰富，且不含辐射，价格也比较低，缺点是比木质冷硬，但是比较好打理。需要注意的是，如果选择的不是防滑系列，面层宜安装防滑垫或者安装防滑条。家居中安装防滑条不太美观，可以在踏步上做防滑沟，更为美观、自然。

塑胶材料易清洁

普通款式的塑胶踏步面材多用于人流较多的地方，其装饰效果比起其他几种要低档一些，但价格便宜，吸音、易清洁、防滑。而塑胶地材不仅仅有纯色款式，还有仿实木、仿石材纹理的款式，以及特别的抗菌、防污等功能，价格则贵一些。这些都可以用在家居环境中，来替代木质或者石材。

▲ 楼梯和扶手可以在颜色上呼应，这样更有整体感

选楼梯踏步不宜贪便宜

楼梯是主要的交通空间，使用频率很高，需要顾及安全性和装饰性两方面，建议如选择其他材料一样，要从环保、使用频率和风格等几方面综合性地选择正规厂家的产品，不要因小失大。

第四章

厨房材料汇总

橱柜

相比传统的厨房概念，

现代厨卫有着功能齐全、适用、美观大方等特点，

因此，涉及的材料种类也很多。

本章将不同的厨房材料进行汇总，

整理出厨房设计常用到的材料，

帮助快速了解材料种类与特性，

从而设计出理想的厨房空间。

橱柜·人造石台面

划伤后可抛光恢复

人造石台面易打理，非常耐用，有个别称是“懒人台面”，非常适合年轻人使用，在繁忙的工作后不用再花大力气来打扫台面，且非常耐磨、抗渗透，没有接缝，烹饪过后打扫起来省时又省力，而且非常适合喜好中餐的家庭。

人造石台面详情速览

图片	特点	价格
	市场中最常见的台面，它的表面光滑细腻，有类似天然石材的质感，价格较高，耐磨、耐酸、耐高温，抗冲、抗压、抗折、抗渗透，表面无孔隙，抗污力强，可任意长度无缝粘接，使用年限长，表面磨损后可抛光	270 元 / 平方米起

注：表内价格仅供参考，请以市场价为准。

卫生易清洁

人造石表面无毛细孔，具有很强的耐高温、耐污渍、耐酸碱、耐腐蚀和耐磨损的性能，使细菌无处滋生。对烧痕、灼痕极易修复，是最卫生、最易清洁的材料之一，并且有极强的可塑性，可以拼接无缝。

可与内嵌式水槽拼接

人造石台面可以与内嵌式的水槽严密拼接，水不容易从接口渗透进去，使用 2 年左右再进行抛光处理就又可以恢复光亮，继续使用，可以使用 15 年左右，非常耐

▲ 人造石台面可与内嵌式水槽拼接

▲ 人造石台面表面光滑、细腻

用。人造石多为国内生产，品质较不稳定，但进口产品价格比较贵，可以综合选择。

人造石台面的保养

直接从灶台中取下来的温度过高的用具都会给台面带来损害。可以使用带锅支座，或者隔热垫。也不要烫完后立刻用冷水冲，否则很容易崩裂。

切菜时应垫上切菜板，否则会留下不美观的划痕，特别是深色系的人造石，刀痕会非常明显。若留下刀痕、灼痕及刮伤，亚光台面可用 400~600 目砂纸磨光直到痕迹消失，再用清洁剂和百洁布擦拭。亮面先用 800~1200 目砂纸磨光，再用干净的棉布蘸少许植物油轻擦表面即可。

不要让过重或尖锐物体直接冲击台面表面。超大或超重器皿不可长时间置于台面之上。

台面表面应尽量保持干燥，避免长期浸水，否则不仅会开胶变形，还会使台面的颜色变浅，影响美观。

严防烈性化学品接触台面，如去油剂、炉灶清洗剂、强酸清洗剂等。若洒了上述物品，立即用大量肥皂水冲洗，然后再用水冲洗。

好产品不含钙粉

传统的人造石台面通常采用亚克力树脂和氢氧化铝做成，而掺杂了钙粉的人造石各方面性能都有所下降，且价格低，可滴醋在表面，有粉末析出则说明含钙粉。

橱柜·石英石台面

硬度高、可在上面斩切

石英石台面是将高品质的天然石英砂粉碎，而后剔除金属杂质，再经过原材料混合，在真空条件下将 90%~94% 的石英石晶体、6% 的树脂和微量颜料等材料通过异构聚合技术制成大规格板材，然后表面进行 30 多道工序抛光打磨，产品既保留了石英结晶的底蕴，又具有石材的质感。

石英石台面详情速览

图片	特点	价格
	硬度很高，耐磨不怕刮划，耐热好，并且抗菌，经久耐用，具有真正的石材感觉，不易断裂，抗污染性强，不易渗透污渍，可以在上面直接斩切，缺点是有拼缝	350 元 / 平方米起

注：表内价格仅供参考，请以市场价为准。

石英石台面的结构特点

石英石台面，是指用石英石做成的橱柜台面。石英石台面利用碎玻璃和石英砂制成，高达 93% 的石英结晶体为主体结构，使其保留了石英结晶的底蕴。

色彩丰富的组合使其具有天然石材的质感和美丽的表面光泽，经久耐用，但是无法做无缝拼接。

不易划伤、耐高温

石英石板材是经过真空振动压缩挤压成型的，硬度可达到莫氏 6~7.5 级（10 级为最高硬度，金刚石为 10 级），钢丝球等硬器都无法将其划伤、磨损，是市面上其他台面材料无法比拟的。

内含高强度胶水和树脂成分，弹性强，故不会有易断的脆性。

极耐高温，灼不伤。石英石原料本身是高熔点的材料，再经过高压压制，极耐高温。天然的石英结晶是典型的耐火材料，其熔点高达 1300 摄氏度以上，93% 天然石英制成的石英石完全阻燃，不会因接触

▲ 石英石台面多有美丽的花纹以及光泽度

高温而导致燃烧，也具备人造石等台面无法比拟的耐高温特性。

不易渗透、抗菌

经过几十道复杂的表面处理，石英石表面结构极为严密，细密无孔，吸水率几乎为零，一般厨房用的油、酱、茶、果汁、咖啡、酸、碱等物质都不可能渗透，抗污性极强。也因为没有细孔，且内置一定的抗菌物质，用石英石台面可以杜绝细菌的滋生、安全洁净，有利于食品卫生。

不易变色、褪色

石英石在生产过程中，采取的是全程自动化控制设备，使得产品色彩标准的统一化率极高。在室内长期的日常生活使用过程中也不会因氧化、老化、腐蚀、热物接触等原因而致褪变色彩和光泽。

石英石台面的保养

石英石台面有优良的物理及化学特性，用任意 pH 值为中性的洗剂都可以进行清洁，简单易用，购买后根本不用担心维修所带来的烦恼和不便，一劳永逸。虽然价位比较高，但与其附加价值比起来，其性价比还是比较高的。

与人造石台面的区别

石英石台面是在人造石台面后面出现的产品，与人造石台面相比更接近石材的质感，且硬度更大，不怕划伤，有美丽的晶体在其中，更为美观，但价格比人造石台面高。

橱柜·不锈钢台面

综合性能优秀、抗菌

不锈钢台面坚固、光洁、明亮、耐用，易于清洁，实用性较强，各项性能都较为优秀。做法通常是在高密度防火板表面加一层薄不锈钢板，下面垫细木工板或夹板，联结成一体。与其他台面相比，抗菌再生能力最强，环保无辐射。

不锈钢台面详情速览

图片	特点	价格
	不锈钢台面的抗菌再生能力最强，环保无辐射，坚固、易清洗、实用性较强，但台面各转角部位和结合缺乏合理、有效的处理手段，不太适用于管道多的厨房	200 元 / 平方米起

注：表内价格仅供参考，请以市场价为准。

防火性能佳、色彩较单一

不锈钢材料防火性能佳，耐高温性能也非常好，不渗透，吸水率为零，因此台面上的油滴或其他污渍只需要轻轻擦拭就能去掉。

不锈钢具有金属特有的质感，外观上给人金属般冷冰冰的感觉，不适合不喜欢现代感风格的人使用。色彩单一，缺乏其他台面的多变性。一旦被利器划伤就会留下无法挽回的痕迹。

避免使用过硬的清洁工具

应避免使用硬度较高的清洁工具如钢丝球等，过硬的清洁工具容易造成表面起毛、表面刮伤等现象。

清洁剂的选择也忌选择酸性和摩擦性的产品，去油漆剂、金属清洗剂等也绝对不可使用。化学物质对不锈钢台面有侵蚀作用，例如粘到盐分有可能生锈。

可与水槽焊接为一体

不锈钢台面使用寿命长，经久耐用。易清洁，始终光亮如新，且能够做到无缝拼接，可与不锈钢水槽焊接为一体。

具有较强的硬度，抗冲击性能好，最多只能在台面上砸出凹陷，不会破裂，使用起来非常安全。

橱柜·美耐板台面

损坏后便于换新

美耐板是一种表面装饰饰材，是以含浸过的毛刷色纸与牛皮纸层层排叠，再经高温高压压制而成的。用其做的台面具有耐高温、高压，耐刮，防焰等特性。多数美耐板台面与橱柜柜体是一体式制作的。

美耐板台面详情速览

图片	特点	价格
	美耐板台面耐刮，易清理，可避免刮伤、刮花的问题，可选择花色多，仿木纹非常自然、舒适。价格经济实惠，如有损坏便于换新。转角处会有接痕和缝隙	整体橱柜 2000 元 / 延米起

注：表内价格仅供参考，请以市场价为准。

花色多、经济实惠

美耐板是由高级进口装饰纸、牛皮纸经过含浸、烘干、高温、高压等加工制作而成的，是一种广泛运用于各种门片、台面的表面材料，一般的橱柜柜体都是用美耐板加工而成的。

现在的美耐板花色很多，有包括木纹，金属、石材等各种颜色，加上粘贴后不必上漆，及耐磨、耐刮、防火、易清洁，是既经济又实惠的橱柜材料。

防霉抗菌、清洗容易

美耐板不易沾尘、防霉抗菌、清洗容易。美耐板台面只需使用湿布或者温和性质的清洁剂清洁即可。切勿使用钢刷、砂纸等表面会刮伤板材的用品，避免使用酸性清洁剂，酸性清洁剂会导致美耐板发生无可避免的损坏。

需粘贴在基材上

美耐板板材仅 10 毫米厚，需要粘贴在基材上才能使用。

超过基材部分的美耐板需要以碳钢制工具修边整齐。修边要干净整齐，没有缺口，才能具有良好的装饰效果以及避免手脚刮伤。最后再以小抹布将溢出的胶清洁干净即可。

橱柜·实木橱柜

纹理自然，有升值价值

实木橱柜适用于 9.2 平方米以上的厨房，如果是开放式的厨房，则至少需 7.2 平方米的面积。其高档美观、纹路自然，给人返璞归真的感觉。环保无污染、质轻而硬、坚固耐用，但实木橱柜比起其他品种的整体橱柜色彩要相对单一很多，适合喜欢田园风格、欧式风格或乡村风格的人。

实木橱柜详情速览

图片	特点	价格
	实木橱柜具有温暖的原木质感、纹理自然，名贵树种有升值价值，天然环保、坚固耐用。养护较麻烦，价格比较昂贵，对使用环境的温度和湿度有要求	4000 元 / 延米起

注：表内价格仅供参考，请以市场价为准。

常用的实木材料

纯实木橱柜对木种的一致性要求较高，木纹自然，效果好；强度大，使用年限长。

实木门板用料高档的有柚木、樱桃木、胡桃木、橡木、榉木；中档的有水曲柳、柞木、楸木；低档的有椴木、桦木、松木及泡桐木。

选实木橱柜要配套烟机

实木橱柜与其他类型不同的是其细节非常讲究，如柜门拉手都以古典风格制作，配用的油烟机也应该采用实木油烟机，否则效果会大打折扣。搭配实木油烟机，或者将烟机用实木罩包裹起来，才能完美凸显整套实木橱柜色泽淳厚、自然古朴的气势。

纹理自然、天然环保

实木橱柜纹路自然、高档美观，给人一种回归大自然的感觉，制作中没有任何添加剂，环保无污染、坚固耐用。

随着木材加工技术的发展，实木整体橱柜也逐渐抛弃了形状简单的外表，出现了雕花门板、花边角的处理、让整体实木橱柜更加多姿多彩。

纯实木橱柜价格贵、怕磕碰

纯实木橱柜价格昂贵是让许多人却步的原因。实木的含水率使得橱柜湿度相对不稳定，在冬季或阴雨季节容易出现变形问题；在高温天气如果透过阳光直射，或者干燥天气的延续将会使实木整体橱柜出现开裂状况。

实木橱柜上漆考究，不能损伤内部材质，所以被金属制品或其他尖锐利器碰撞后会出现掉漆或凹痕。

喜欢木纹的纹理和质感可以用实木复合橱柜来替代实木橱柜，性能相对稳定、价格低一些，但是复杂一些的雕花工艺等无法制作。

注意湿度、不易变形

实木橱柜的门板都是经过特殊处理的，比如水泡、日晒、恒温烘干，经过这些工艺以后木材不会轻易地因为温度、湿度的变化而产生变形。

实木门板在作色上也有一个特殊的工艺叫“搓色”，就是把颜色揉到里面去。实木表面的最后一遍漆很关键，将决定门板呈现出来的亮度、光泽度和色度，这遍漆也是封闭性的。把一块实木抽干后再在外部进行封闭，这样外部的潮气、水汽就很难进入木头了。

只要不是常年特别潮湿的地区，精心的保养就可以避免实木变形的问题。

实木橱柜的挑选

1. 柜体。市场上实木橱柜的柜体材料主要有两种：第一种是以刨花板为基材，表面为三聚氰胺板贴面，其纹理与实木边框接近，但色泽和质感与实木边框完全不同，可作为实木橱柜的参考材料，优点是成本较低且握钉力足够强；第二种是多层板，表面为实木贴皮，与实木门板质感一致，浑然一体，具有同样的质感与色泽，是一种理想材料，可长期使用，但成本比较高。柜体的组装方式，建议采用三合一加榫销结构，更牢固。

2. 门板。实木门板材料分为硬木和软木两种。硬木不易变形，加工难度大，成本较高；软木容易变形，加工相对容易，成本较低。

实木芯板主要有两种：一种是以密度板为基材，表面贴皮，拥有与实木比较接近的质感，优点是成本较低；另一种是纯实木芯板，与边框同种材质，拥有同等色泽与质感，是一种理想芯板材料。成本较高，加工难度大，但具有升值价值。

3. 踢脚板。实木橱柜的踢脚板有三种材料：第一种为刨花基材三聚氰胺贴面；第二种为多层实木板表面贴皮；第三种为纯实木。

因踢脚板接触地面，潮湿且水多，刨花板易膨胀，故不宜做踢脚板材料，多层板是踢脚板的理想基材。

▲ 使用实木橱柜，如油烟机等配件最好配套使用，否则会感觉不伦不类

让“偷懒的行为”有个正当的名头

实木门板造型这么复杂，是不是会有一些油垢清洗不出来呢，这是多数对实木橱柜有购买意向的消费者所疑惑的问题。

实木橱柜的最大特点就是其自然的韵味，与实木家具一样，使用越久韵味越浓郁，一些款式甚至特别做成了仿古的样式。所以在清洁实木橱柜的时候，有一部分擦不干净也没关系，擦到的地方很亮、很浅，擦不到的让它逐渐变深，顺其自然，使用一些年头后就会出现仿古款式的岁月痕迹。

实木橱柜的保养

纯实木橱柜，因门板为纯实木制造，属于天然环保产品，价格昂贵，但是也因为这一点使实木橱柜与其他橱柜不同，它具有一定的升值价值，特别是使用名贵树种的款式。

实木橱柜相比普通材质的橱柜保养起来略微复杂，实木橱柜对温度、湿度都有一定的要求，保养时要特别注意以下几点。

1. 温差影响。实木橱柜最理想的安放环境温度是 18~24 摄氏度，最佳相对湿度为 35%~40%，特别忌讳忽冷忽热的环境。冬季阴雨时节应注意厨房湿度，避免多余水分蒸发增加室内潮气，门板上有水分应及时擦拭。

2. 阳光直射。应尽量避免室外阳光对橱柜整体或局部的长时间暴晒，摆放位置最好在能够躲开阳光照射进来的地方，或用透明的薄纱窗帘隔开日光直射。这样，既不影响室内采光，又能起到保护室内橱柜的作用。

3. 避免硬物划伤。打扫卫生时，勿使清洁工具触及橱柜，平时要注意避免坚硬的金属制品或其他利器碰撞，保护其表面不出现碰伤痕迹。

4. 避免用酒精、汽油或其他化学溶剂除污渍，会损害木质表面。橱柜表面如有污渍，千万不可使劲猛擦，可用温茶水将污渍轻轻去除，等到水分挥发后在原部位涂上少许光蜡，然后轻盈地擦拭几次以形成保护膜。

5. 注意表面的清洁维护。实木橱柜表面涂有油漆，对其漆膜的维护和保养显得尤为重要，漆膜一旦被破坏不仅影响表面美观，而且会进一步影响到产品内部结构。

应经常保持橱柜的清洁，每天用纯棉干软布轻轻拭去表面浮尘，每隔一段时间，用拧干水分的湿棉丝将橱柜犄角旮旯处的积尘细细揩净，再用洁净的干软细棉布揩干即可，也可在揩干后涂上一层薄薄的高质量光蜡，像擦皮革一样轻柔地擦拭出光泽，这样做不仅保养了木橱柜，还增加了它的光亮。需注意的是选用光蜡时一定要慎重，切不可使用含有化学腐蚀成分的低劣产品。

橱柜·烤漆橱柜

色泽鲜亮具视觉冲击力

现在市面上的很多橱柜都是烤漆型的，它的形式多样，色泽鲜亮美观，有很强的视觉冲击力。烤漆橱柜表面光滑、易于清洗，分为 UV 烤漆、普通烤漆、钢琴烤漆、金属烤漆等。不同的烤漆面层具有不同的风格，总体来说烤漆橱柜适合对色彩要求高、追求时尚感的消费者。

烤漆橱柜详情速览

图片	特点	价格
	色泽鲜艳，易于造型，具有很强的视觉冲击力，美观时尚且防水性能极佳，抗污能力强，易清理。工艺水平要求高，所以价格高；使用时要精心呵护，怕磕碰和划痕，一旦出现损坏就很难修补，用于油烟较多的厨房中易出现色差	2000 元 / 延米起

注：表内价格仅供参考，请以市场价为准。

烤漆橱柜的种类

烤漆门板大体上可以分为 UV 烤漆、普通烤漆、钢琴烤漆、金属烤漆四类。基材为密度板，表面先经过一系列的复杂程序处理，再经过高温烤制制成。

▲ 烤漆面板色彩具有视觉冲击力

UV 烤漆制作工艺与其他三种烤漆有很大的区别。它是在普通的基材上，采用 UV 光固化镜面处理技术制作完成的，是通过吸收强紫外线的紫外量子，从而引发化学聚合、交联等反应，使液体漆在几分之一秒内形成三维网状结构，成为固态膜，并使基材和涂膜形成牢固的爪状渗透，使板材的表面不会脱落，有着高强的硬度和耐洗刷性。

而其他三种材料只是在工艺程序和用料上不同。汽车烤漆，钢琴烤漆、普通烤漆的价格与品质由高到低依次降低。而市场上出现的“亮光烤漆、亚光烤漆”等分类其实就是色差的区别，本质其实是一样的。

烤漆橱柜的质量鉴别

烤漆橱柜的质量好坏大部分是由漆膜的坚固程度决定的，可以从以下几个方面来鉴别烤漆橱柜的质量。

1. 漆膜平整度。优质烤漆门板的漆膜表面平整、漆膜流平度好，在灯光下逆光观察其膜表面不会出现坑、波纹、凹凸不平、橘皮等现象，而低档烤漆门板由于生产设备和工艺的限制很难做到。

2. 漆膜饱满度。优质烤漆门板的漆膜饱满、丰满、漆膜厚度均匀、漆膜硬度高，可从门板表面和端部过渡处检查门板表面和端部的漆膜是否一致。

3. 防水边。优质烤漆门板的背面有 1 毫米宽的防水边，防止在使用过程中水分进入基材，从而延长门板的使用寿命。

4. 漆膜洁净度。优质烤漆门板是在无尘条件下喷涂、烘烤的，从而能保证门板漆膜表面无灰尘、脏点等杂物。

5. 看物体反射图像是否变形。好的烤漆像镜子般光亮，反射影像边沿整齐，而差的烤漆映照出的人或物体图像就会变形。

6. 异味。优质烤漆门板所使用的基材、油漆都是环保的，有害物质的释放量在国家规定的范围之内，且经过高温烘烤，有害物质已得以挥发，门板中不会出现异味，而低档的烤漆门板可能会散发出刺鼻气味，还会有刺眼的感觉。

烤漆橱柜的保养

在使用过程中应尽量避免酸性、碱性物质接触烤漆门板表面，以免腐蚀门板的漆膜；烤漆门板的漆膜会因高温发生变色，因此在使用过程中应尽量避免阳光直射门板，如果阳光可以从窗户直射进入，建议在窗户上做一些遮挡。

当门板表面有油烟、油渍时，可用蘸洗涤剂的洁净棉布擦拭，而且使用清洁剂擦洗过后一定要用清水擦净，否则时间长了会造成偏色。

选牌子看厂家整体工艺水平

一般的小型工厂，由于没有一套完善的生产设备，很难达到现代国际标准的橱柜工艺水平，它们没有专业的喷漆房和烘房，喷漆房内环境达不到工艺所要求的标准，橱柜板一旦出现损坏很难修补。可以选择著名品牌，考察其生产的橱柜品类是否比较齐全，借此可以判断厂家的规模，如果只有一个系列产品则多半不可靠。

橱柜·模压板橱柜

色彩丰富、不需要封边

模压板橱柜的材料通常是优质的中密度板，进行铣型、砂光后，在表面通过真空吸附的原理，把 PVC 膜紧密地贴上而形成的门板和装饰板产品，具有防水性能好、环保、造型和色彩纹理多样的优点，也是国内目前性价比较高和常用的橱柜门。

模压板橱柜详情速览

图片	特点	价格
	色彩丰富，木纹逼真，单色色度纯艳，不开裂、不变形。不需要封边，解决了封边长时间后可能会开胶的问题 不能长时间接触或靠近高温物体，同时设计主体不能太长、太大，否则容易变形，烟头的温度会灼伤板材表面薄膜	1200 元 / 延米起

注：表内价格仅供参考，请以市场价为准。

质量好坏取决于 PVC 膜

膜压门板就是 PVC 吸塑门板，质量主要取决于 PVC 膜的好坏，它分亚光模压板和亮光模压板两大类，可加工成各种形状。亮光模压有着很强的光泽感，看上去带有光泽度，而亚光在光泽上暗淡许多，比较高雅。因为制作工艺和用料上的不同，在性能方面也会略显不同。

PVC 膜有国产和进口之分，进口膜一般来自韩国、日本、德国，较厚实且耐磨性佳。

可塑性强，色彩选择丰富

模压板所显示出来的颜色及纹理是由表面压覆的 PVC 膜所决定的，所以颜色及纹理比较丰富，可选择的花色非常多，基本上可以满足不同消费者对色彩的要求。因为中密度纤维板基材的可造性，模压板表面可以做成各种立体造型。

由于模压板经过吸塑模压后能将门板四边封住成为一体，不需要再封边，解决了有些板材封边年久开胶和易受水等问题。模压板抗划、耐磨，耐热、耐污、防褪色，

▲ 模压板橱柜的单色纯度非常高

不开裂、不变形，而且日常维护简单。模压板可以说是目前市场上最成熟的橱柜材料。如果室内为欧式或田园风格，那么模压板橱柜是一个不错的选择。

模压板橱柜的挑选

1. 看膜皮厚薄。模压板的面层质量取决于膜皮的厚薄。好的模压板膜皮较厚，厚的膜皮更耐磨，成型后的模压板整体橱柜热胀冷缩的概率比较小。

2. 看边角。好的机器加工出来的模压板边角应该是均匀、无多余的角料、没有空隙的。

3. 看胶水品质。胶水要选用环保品种，不好的胶水容易造成模压板橱柜的膜皮起泡、脱落、卷边等。

4. 看基材边缘。看基材边缘有没有爆口，如果有爆口的现象，时间长了，潮气进入门板内，膜皮也会很容易卷边。

橱柜主体不能太长、太大

由于压门板的制作工艺是经过热压覆盖而完成的，所以不可避免地会出现热胀冷缩的问题，模压板在冷却后会产生不同程度的向 PVC 膜方向内凹，所以设计上不能太长、太大，否则容易变形。

模压板橱柜的保养

不要用尖锐的物体以及钢丝球之类的清洗工具碰或划擦门板表面。

不要用尖锐的物体挤压或插进三维膜与基材的结合处。

不要用高浓度或腐蚀性的洗涤剂擦洗门板表面，只要用温水加一点点洗洁精，用柔软的布擦拭即可。如表面有污渍、油渍，应尽快清洗干净。

橱柜·炉具面板

从安全角度选择为佳

为了满足现代人对厨房装修的个性化需求，炉具面板也从最初的铸铁材质发展到现在的不锈钢、彩钢、钢化玻璃、微晶玻璃、陶瓷、搪瓷面板等不同材质，除了选择款式、易清洁程度外，还应考虑使用的安全性等。

炉具面板详情速览

种类		特点	价格
玻璃		面板具有亮丽的色彩、美观的造型、上乘的视觉感和易清洁性。市场上采用的玻璃面板有两种：一种是微晶玻璃面板；另外一种是普通钢化玻璃面板。使用玻璃面板要避免敲打，避免爆裂	1000 元 / 平方米起
不锈钢		不易磨损，经久耐用，质感好，耐刷洗、不易变形，一直以来占据市场首位。但是表面容易留下刮痕，颜色比较单一	800 元 / 平方米起
陶瓷		在易清洁性和颜色选择方面具备其他材质不可比拟的优势，独特的质感和视感使其更易与大理石台面搭配	800 元 / 平方米起

注：表内价格仅供参考，请以市场价为准。

质量是玻璃炉具的重要部分

玻璃炉具面板有微晶玻璃和普通钢化玻璃两种。微晶玻璃炉具面板具有极好的耐温差性，其热膨胀系数仅为普通钢化玻璃的 1/22，优质面板四周与面板烹调区域温差 < 700 摄氏度时，不会爆裂。

微晶玻璃的耐腐蚀性比石材还要优良，其本身为无机质材料，即使暴露于风雨及污染空气中，也不会产生变质、褪色、强度变低等现象。它的吸水率为零，附着污物更易清理。但由于材料价格昂贵，设计要求高，国内的产量不多。

普通钢化玻璃面板，虽然相比微晶玻璃面板在各项性能上要逊色，但价格适中，运用得比较广泛。玻璃面板的质量控制是该类型炉具设计中的最重要环节，设计良好的钢化玻璃面板，安全性很高，除受到异常重力冲击外，一般不会爆裂。在选购这类炉具时，建议一定要选购知名厂家的专业产品。

普通不锈钢面板色彩单一

不锈钢材质的炉具面板，不易磨损、经久耐用、质感好，但是普通不锈钢材料颜色单调，感觉冷硬，容易留下划痕。

近年来，彩色不锈钢板的采用，拓展了不锈钢面板的时尚空间，例如镜面或发丝镀钛、蚀刻等，这种材料兼具不锈钢的耐用和玻璃的视感。但因为有了色彩，杂质就不容易辨别出来。劣质彩钢面板在使用很短时间后，就失去了它原有的色泽，表面变得暗淡，清洁烦琐，如受热不均，容易造成变形开裂。

陶瓷面板易清洁、色彩多

陶瓷面板光泽度好、易清洁，一般不容易开裂。还有一种石质感的陶瓷面板，若选择表面经过烤漆处理的款式，更能强化其光泽度。

陶瓷面板在易清洁性和颜色选择方面具备其他材质不可比拟的优势，缺点是时间久了以后容易开裂。

选面板从安全度考虑最佳

不管是什么面板和表现处理，无论它的表面如何华丽，都远不及炉具的安全重要。消费者在选购燃气具时往往存在一个误区，热水器选购知名厂家的产品，炉具则选购价格便宜或外形靓丽的，认为炉具的安全系数没有热水器的重要。

不良炉具造成的安全隐患却不容忽视，由于漏气、回火等原因造成的爆炸事件屡见不鲜。所以，用户在选择炉具时应尽量选择大品牌、大企业生产的，不要贪图便宜，一味选择低价产品。

选购炉具面板要留意选择有 1 年以上的保修期的品牌，若选择钢化玻璃面板，厚度至少要达到 8 毫米，面板背面需有海绵或者塑胶条固定。

外形应美观大方，用手按压台面，无明显翘度；用手握住炉具两对角来回拧动，炉具无明显变形。

炉具面板的清洁

在清洁炉具面板时，应该选用性质柔和、接近中性的清洁剂，这样能保证面板不被清洁剂腐蚀、破坏，留下难看的痕迹。建议读者在选购清洁剂时，根据自家炉具的材质选用适用性高、清洁能力强的专用清洁剂为好。对炉具清洁之后，务必使用清水将附着于炉具面板上的清洁剂擦拭干净，避免残留清洁剂对炉具造成腐蚀。

清洁面板工具需谨慎选择

除了清洁剂外，百洁布也需要挑选，例如家中如果使用不锈钢拉丝的炉具面板，就不宜使用钢丝球、百洁布等进行炉具的清洁，否则很容易划伤炉具面板，影响炉具的美观。

橱柜·五金配件

质量好的才用的住

橱柜的五金配件是橱柜的重要组成部分之一，是不可忽视的一部分，很多人都会忽视而随便采购，这是不对的。五金配件直接影响着橱柜的综合质量，不合格的配件用得时间很短，可能几个月门因为五金配件破损就掉下来了，非常麻烦，所以五金配件更应该仔细选择。

五金配件详情速览

种类		特点	价格
铰链		铰链在平时橱柜门频繁的开关过程中，起到绝对作用。它不仅要将柜和门联系起来，而且还单独承担储物柜门的重量和多达数万次的开合，如果质量不合格，一段时间后就会失去作用，使门闭合不上	5 元 / 个起
抽屉滑轨		链接抽屉与柜体，重要性仅次于铰链，一定要购买质量优的产品，虽然价格会高一些，但是能够保证使用的期限，损坏后去更换是很麻烦的事情	9 元 / 个起，根据材质以及长度的不同有所变化
踢脚板		踢脚板往往被人忽视，实际上橱柜首先出问题的可能就是它。因为它离地最近，如果地面十分潮湿，则很可能泡胀发霉，水汽会沿着踢脚板上升到整个柜身	12 元 / 米起
拉手		拉手起到开合橱柜的承接作用，质量好、款式佳的门拉手不但使用起来很方便，而且对橱柜的整体感起到画龙点睛的效果；相反，如果门拉手材质差，就会影响橱柜的使用效果	1 元 / 个起，根据做工复杂程度有所不同
拉篮		拉篮的存在可以使每天取用物品的过程变得简单，一拉即可，拉篮具有较大的储物空间，而且可以合理地切分空间，内部的物品也能轻松取用	100 元 / 个起

续表

种类		特点	价格
水槽		水槽在厨房中是使用频率相当高的一个配件，质量格外重要。市面上的水槽大多为不锈钢、人造石、陶瓷和石材制品，不锈钢易于清洁，重量轻，而且还具备耐腐蚀、耐高温、耐潮湿等性能，使用最多	150 元 / 个起，高价的可以到几千元
钢具类		钢具刀叉盘的尺寸精确、规范，易于清洁，不怕污染，不会变形。对于橱柜抽屉的保养和使用，有其不可取代的作用。拉开后餐具一目了然，使用安全、快捷	230 元 / 个起

注：表内价格仅供参考，请以市场价为准。

功能性的橱柜五金配件

橱柜五金配件分为功能性和装饰性两种类型，橱柜处在厨房潮湿、烟熏的复杂环境中，温度和湿度变化都很快，选择的五金配件应能经受住腐蚀、生锈损坏的考验。

功能性的橱柜五金是指用于实现某些功能的五金配件，如铰链和抽屉滑轨。其中，铰链要经受住时间的考验，它不仅用于开合橱柜门，而且还单独承担门的重量；另外，抽屉滑轨也不能忽视，它固定在侧板和抽屉上，承受抽屉的全部重量，高品质的抽屉滑轨，不用费大力就可拉动抽屉。

因此，这些五金小配件的选择，必须质量良好。建议购买或者使用不锈钢材料制成的橱柜五金配件。

功能配件挑选多方面检验

购买功能性五金配件时，与同类产品进行比较，仔细观察外观是否粗糙，然后用手滑动开关试验几次，看是否灵敏、是否有异响。然后看材料，选择使用材料好、制造商经营历史较长、信誉度高的产品。

通过对产品的手感、光洁度、配合缝隙等加以鉴别能够判断五金配件的质量，建议选购正规生产厂商制造的五金配件，正规厂商大多采用模具加工，具有产品精度高、尺寸一致性好、加工工艺规范等特点。

装饰性配件需考虑装饰效果

装饰性橱柜五金配件，如橱柜拉手等，则要考虑与家具的色泽、质地相协调的问题。橱柜的拉手不宜使用实木的把手，否则在潮湿的环境中，把手容易变形。

实木橱柜可以选择仿古做旧的拉手，其表面的花纹等均做工十分精致，而且经过表面的处理，可以做到与木质相匹配的效果。

了解有关知识再购买

需要注意五金配件与整体橱柜等的配套与协调。在购买五金配件之前，能够掌握或者了解相关的参考资料，既可以选择比较符合自身需要的五金配件，又可以享受其带来的优质生活。

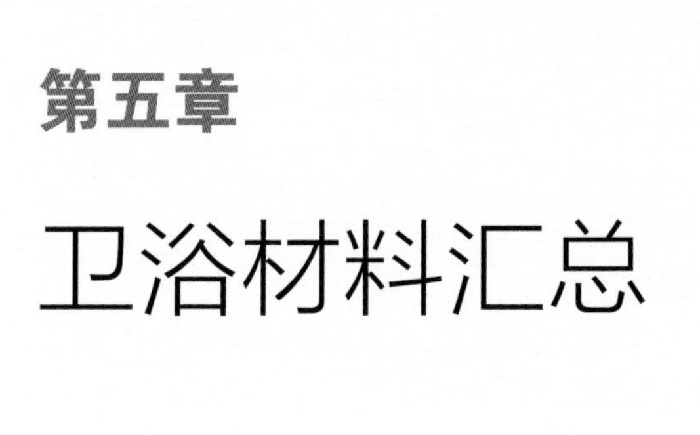

第五章

卫浴材料汇总

墙地通用材料、洁具及五金

随着审美水平的提高和消费需求的升级，

原来平平无奇的洁具和五金，

为了满足人们的需求，

样式越来越多，科技性和便利性也越加完善。

本章将卫浴材料汇总起来，

帮助选择既能满足功能性，

又能保证装饰性的材料。

墙地通用材料·抿石子

无接缝、施工限制少

抿石子技术源于中国台湾地区，是将水泥与小石子混合均匀，然后用镘刀涂抹于工作面，等待水泥表面稍微变干时，使用海绵将表层的水泥抹去，使小石子的表面显露出来的一种施工方法。因为是用镘刀涂抹上去的，所以不只是平面，就算是转角、曲线都可以使用，不像瓷砖容易被定型限制。

抿石子详情速览

图片	特点	价格
	抿石子取代了陈旧的水洗石工法，符合卫生要求，施工方便，不受环境影响，造型没有限制，可应用于建筑物内外墙幕面、地面、花台、浴室等地方，没有缝隙，效果浑然一体，具有超强的天然味道，充分表达质朴之美，可以自己动手施工	150 元 / 平方米起

注：表内价格仅供参考，请以市场价为准。

物美价廉、施工限制少

抿石子的施工属于瓦工类，主料为打碎的天然石子以及浆料，浆料的主要成分为抿石粉，是由白水泥、树脂粉和石粉混合而成的。

抿石子没有施工限制，不需要像粘贴石材、瓷砖那样严格对缝，且没有尺寸和界面的限制，转角、曲线等都可以施工。

抿石子的用处非常多，可用于户外花池、地面、柱子、花坛等，室内可用于浴室、客厅等空间的装饰，例如地中海、田园等自然类的风格就可以在客厅的墙面、地面使用抿石子技术，装饰出自然的韵味。

▲ 抿石子的原料是各种碎石子

石子是抿石子的主料，除了各种颜色的碎石外，还可以添加琉璃和宝石类原料，增加色彩的变化和整体光泽，甚至还可以拼接出各种花样，比起马赛克更具多元化设计效果。若在卫浴间使用抿石子，还是建议以防滑类的天然石为主，提高使用的安全性，也可加入玻璃纤维来增加防水性，甚至可以用来砌浴缸。

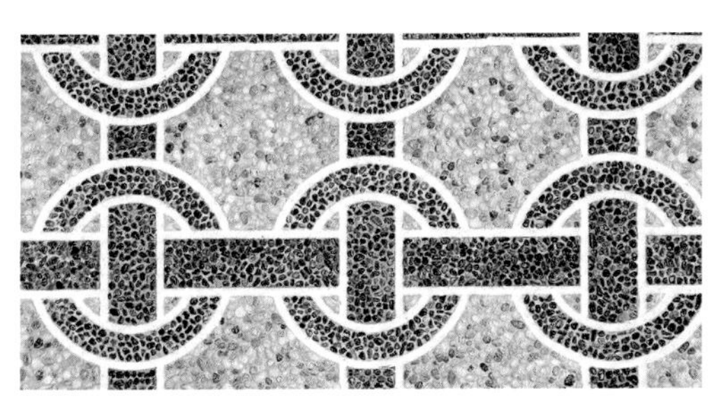

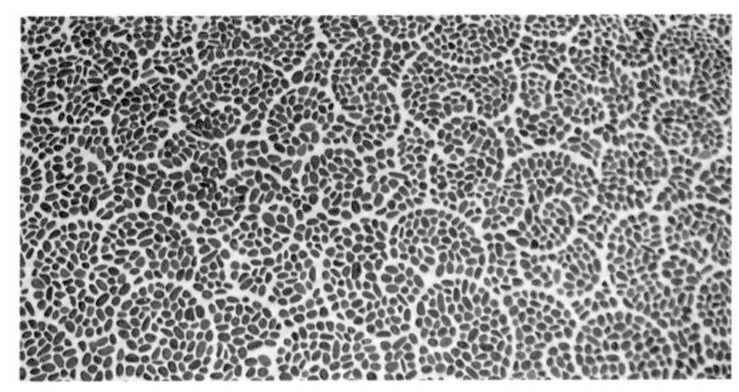

▲ 抿石子可以做出各种拼花

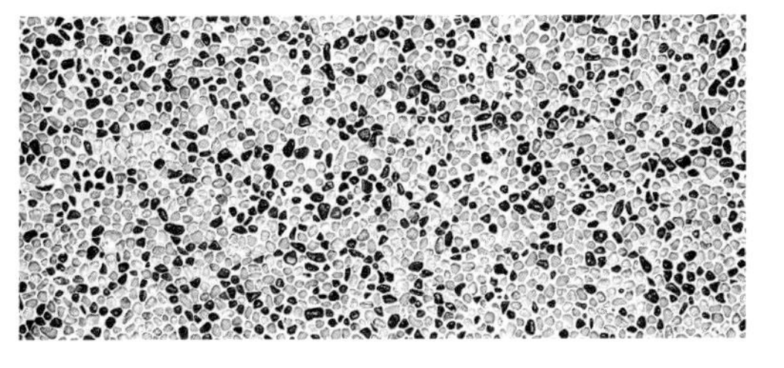

▲ 加入琉璃的抿石子色彩更丰富

用粗蜡防止变色

用于室外及浴室的抿石子墙面、地面经常会受到水的冲刷，长期淋水石子会变色，可以完工后用粗蜡（金油）做涂层来保护石子。1 升桶装粗蜡的价格约为 200 元，可涂刷 6~10 平方米，建议 3~5 年重新涂刷一次。

还可以采用德国进口的保护漆，比粗蜡颗粒细，能够渗透进石头中，成型保护膜，容易清洗，正常下可以使用 10 年，价格较贵，同样 6~10 平方米约需 1000 元。

DIY 抿石子

如果家里需要使用抿石子的面积不大，可以进行 DIY 施工，如果面积很大还是建议找专业的施工人员，特别是转角之类的地方，很考验施工经验。如果自己完全没有经验，会破坏效果。

DIY 由准备工作开始，首先挑选石头，除了颜色外，个头小一些比好掌控，特别是没有瓦工 DIY 经验的消费者，不建议选择大个的。选好石头后还需要水泥、海菜粉、白水泥、石粉，测量一下使用面积，可询问商家，购买合适的数量。

白水泥：做打底用，白水泥很便宜，根据需求量购买即可。

海菜粉：与白水泥混合做成土膏来打底，如果分标号则购买 10000 号的。依照包装上面的说明加适量的水，搅拌之后形成海菜粉浆（海菜粉浆不是做完就可用，使用说明中会指明搅拌后的可使用时间）

石粉：石粉成分是二氧化矽，作用是施工时用海绵抿石子可以比较顺滑，有散装的可以购买。

准备好材料后开始准备工具，如尖头推刀（抹面、基本推平）、带齿推刀（土膏打底）、软推刀（抿石子整平）、粗海绵、细海绵、橡胶手套、搅拌棒等。

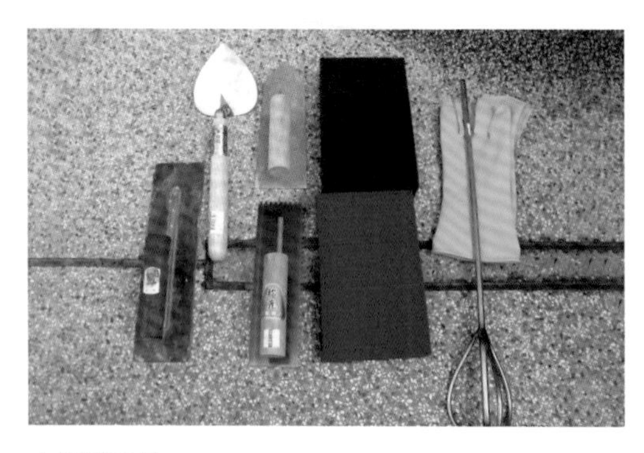

▲ 所需工具

材料及工具齐全以后就可以开工，首先拌制打底用的土膏，将适量水泥放在桶中，开始加入海菜粉浆搅拌，直到桶中全部水泥形成胶状，注意海菜粉浆不要一次加太多，依次少量加入，材料搅拌混合，以水泥：石材：海菜粉 =1：2：0.5 的比例为佳。

而后搅拌抿石子，依次加入石子、白水泥及石粉搅拌均匀成泥状。

▲ 打底用的土膏

将施工的界面打扫干净，不能有沙子、泥土等。用带齿推刀将土膏平铺于施工面，并用推刀有齿那一侧做出沟痕。

等打底的表面部分稍微干燥后，用尖头推刀将搅拌均匀的抿石子材料平推上去，先大致推平，可以用力推，直到将整个面层都推上抿石子。

用软推刀将面层完全整平，在整平的过程中如果有空隙，就在那里加一小坨材料，然后继续用软推刀来回整平，全部整平后等待稍微干燥，用粗海绵蘸水轻轻擦拭表面，过程中就会带走表面的水泥，反复清洗海绵即可。然后再换成细海绵，重复以上步骤，直到石子清晰可见。等到完全干燥后，用水清洗一下，会更漂亮。

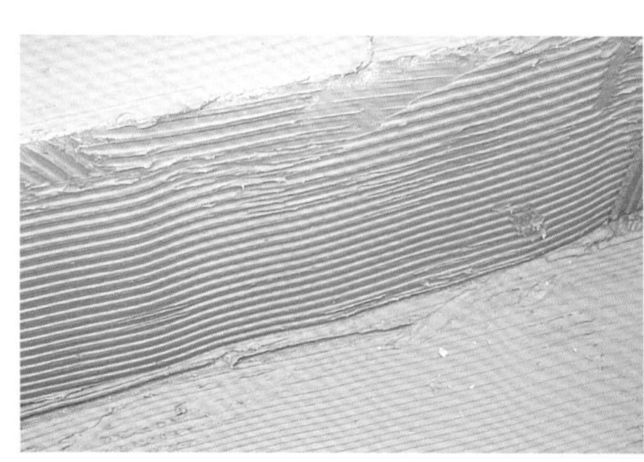

▲ 带齿推刀做出沟痕

▲ 尖头推刀平推在土膏层上

▲ 整个面层用软推刀抹平

▲ 反复用海绵擦拭后得到的效果

选对石子的形状更易施工

抿石子在施工中会因为石材挑选的形状产生难易度的问题，也会直接影响到施工时间和人工花费的多少，选对石材的形状可以获得更好的效果，也能节省预算的开支。

石材形状以圆润、扁平为最佳选择。尖角、立体的石材形状会直接影响涂抹施作的进行，在进行整平时，容易发生粘黏、滚动、划破水泥面等状况，进而延长施作时间，增加不必要的花费和处理难度。

小石子不适合地面

抿石子的整体厚度约为 1 厘米，直径 3~20mm 大小的石子都可以用来制作抿石子。其中 12mm 左右的石子多数用在户外园林或者墙面的制作中；颗粒直径在 3mm 以下的石子不建议用在地面上，防滑性低，也容易因为高跟鞋等尖锐物品的磕碰而掉落，抿石子破坏以后无法修补，非常影响效果。

抿石子的保养

抿石子选用天然石材，其本身的特性让清洁保养变得相当方便，较常见的问题是水泥间隙发生长霉状况，这与当初施工时选用的材料和工法细致的程度有关系。在施作时应选用具有抑菌成分的填隙剂，并于施工完成后使用防护漆将水泥间隙的毛细孔洞完全密封，将霉菌生长的环境降到最低，这道事前防护如果能妥善处理，在日后保养上只需使用清水刷洗，即可长保如新。

抿石子施工验收

工厂验收主要查看石子间的间隙是否均匀细密，完工后施作表面的平整度，收角、弯角、直线、弧线的表现状况，水泥抹去后是否良好呈现露出的石材，是否有过多的气泡和孔洞（搅拌不匀时会产生过多气泡和孔洞）等。

墙地通用材料·炭化木

防腐木、不易变形

炭化木素有物理“防腐木”之称，也称为热处理木。源自欧洲，有十余年的使用历史。经过炭化处理的木材，必须满足无水、高温的条件，才能够生产炭化木。它属于环保防腐型材料，用高温去除水分，破坏细胞养料，杜绝微生物的滋生，因此不易变形、防腐，稳定性好，室内外均可使用。

炭化木详情速览

图片	种类	特点	价格
	炭化木分为表面炭化木和深度炭化木两种类型	环保、可净化空气、有极强的稳定性、防腐	3000 元 / 平方米起

注：表内价格仅供参考，请以市场价为准。

表面炭化木效同木器漆

表面炭化木是指用氧焊枪将木材烧烤，使木材表面具有一层很薄的炭化层，可以类比木器漆，区别是能够突显表面凹凸的木纹，产生立体效果。

表面炭化木采用多年生天然木材，生产过程中不添加任何有害防腐药剂，也没有任何环境污染问题。

表面炭化木经过高科技炭化处理，纯天然油漆喷涂的木材还具有防水、防潮、防腐、防蛀、耐磨、耐高温、抗酸碱性等优点。

表面炭化木纹理清晰、古朴典雅，可做户外墙板、户外家具、户外地板、户外木门、木百叶窗、园艺小品、内部装修、游泳池、停车库、房顶外装修、沙滩护栏、户外秋千、木屋等之用。

表面炭化木首推美松，它纹理比较清晰，木材经络较粗，炭化出来的凹凸面比较明显，产生的立体感强，效果古朴典雅。其次，推荐落叶松、南方松。

尺寸可以定制加工，常规尺寸有（毫

米）：100×100、95×95、200×200、300×300、25×150、25×300、30×400、30×250、50×150、50×200 等。长度有 3 米、4 米、6 米等。

深度炭化木克服起毛弊端

也称为完全炭化木、同质炭化木，是经过 200 摄氏度左右的高温炭化技术处理的木材。营养成分被高温破坏，使其具有较好的防腐、防虫功能，且具有较好的物理性能。

深度炭化木是真正的绿色环保产品，尽管产品具有防腐、防虫性能，却不含任何有害物质，不但提高了木材的使用寿命，而且不会在生产、使用以及使用后的废料处理过程中对人体、动物和环境有任何的负面影响。

无特殊气味，对连接件、金属件无任何副作用，不易吸水，含水率低，是不开裂的木材。耐潮湿，不易变形，加工性能好，克服了木材表面容易起毛的弊病，里外颜色一致，表面有柔和的绢丝样亮泽，纹理显得更清晰，手感舒适，是优秀的防潮木材。

深度炭化木在欧洲有接近十年的使用经验，是禁用 CCA 防腐木材后的主要换代产品。深度炭化防腐木广泛应用于墙板、户外地板、厨房装修、桑拿房装修、家具等许多方面。

在卫浴间的使用

炭化木拥有防腐及抗生物侵袭的作用，其含水率低、不易吸水、材质稳定、不变形、完全脱脂、不溢脂、隔热性能好、施工简单、涂刷方便、无特殊气味，是理想的桑拿浴室材料，成为卫浴装饰领域中新的流行趋势。

炭化木的保养

炭化木较未处理材的握钉力有所下降，所以推荐先打孔再钉孔安装，以避免木材开裂。

炭化木在室外使用时建议采用防紫外线木油，以防天长日久后木材褪色。

▲ 炭化木铺装在卫生间的效果

涂刷保护漆预防老化

由于炭化木是在高温环境下处理的，木头内的多糖（纤维素）高温分解形成单糖，单糖附着在木材表面，随着时间的延长，表面易发生腐朽，表面呈褐色或黑褐色。同时，炭化木吸收结合水的能力不强，但吸收自由水的能力很强。为了减缓这些现象，在炭化木的表面最好每 3 年左右就涂饰保护油漆。

墙地通用材料·桑拿板

耐高温、易于安装

桑拿板是多用于卫生间的专用木板，一般选材于进口松木类和南洋硬木，经过防水、防腐等特殊处理，不仅环保而且不怕水泡，更不必担心会发霉、腐烂。桑拿板经过高温脱脂处理，能耐高温，不易变形。桑拿板主要板材有杉木、樟松、白松、红云杉、铁杉、香柏木等。

桑拿板详情速览

图片	用途	特点	价格
	可用于桑拿房、护墙板，卫生间、阳台中可用作墙面及吊顶等	以插接式连接，易于安装。经过高温脱脂处理，能耐高温，不易变形	35~55 元 / 平方米起

注：表内价格仅供参考，请以市场价为准。

用于卫浴间需油漆防水

桑拿板除了用来安装桑拿房外，也可用于卫生间吊顶，安装好后需要油漆才能防水、防腐。

常见规格为尺寸为（毫米）：国产板 85×1980×10；进口板 95×2100×12。市场上比较好的桑拿板价格为 35~55 元 / 平方米，安装费为 45~55 元 / 平方米。

防腐防水、易于安装

桑拿板具有易于安装、拥有天然木材的优良特性、纹理清晰、环保性好、不变形等优点，而且优质的进口桑拿板材经过防腐、防水处理后能够耐高温，易于清洗。

桑拿板材质分类

桑拿板主要从材质的美观性、尺寸以

▲ 桑拿板除了用于桑拿房外还可用于浴室的顶面、墙面

及加工水平等方面挑选。

材质主要有芬兰云杉、樟子松、红雪松，还有铁杉、花旗松等。红雪松桑拿板无节疤，纹理清晰，色泽光亮，质感好，做工精细，尺寸稳定，不易变形，加之有天然的芳香，最适合建造桑拿房；樟子松桑拿板是市场最流行的产品，价格低，质感不错。

另外，桑拿板还可分有节疤和无节疤两种，无节疤材质的桑拿板价格要高很多。

桑拿吊顶施工工艺

完全用桑拿板做吊顶，需要用木龙骨做基层，木龙骨可用杉木或防腐木，采用H形分布方式施工。

刷木蜡油及聚酯漆都能起到防水作用。聚酯漆分为酸性和碱性两种，会使桑拿板产生色变，会令板的原色加深，要保持桑拿板美丽天然的本色，还是用木蜡油最为合适。

松木刷油无法替代桑拿板

用于桑拿房以及浴室中的桑拿板经过一定的防腐处理，一般不建议用普通松木板刷油漆替代使用，油漆经过长时间潮湿水浸，易起皮。另外油漆难以像防腐液那样深入渗透到木材内部而达到完全防腐目的。

墙地通用材料·瓷质砖

吸水率低、耐磨

瓷质砖具有天然石材的质感，而且更具有高光性、高硬度、高耐磨、高抗污性、吸水率低、色差少以及规格多样化和色彩丰富的优点，是卫浴间最常用的墙面、地面材料。

瓷质砖详情速览

图片	特点	价格
	由天然石料破碎后添加化学黏合剂压合，经高温烧结而成。烧结温度高，瓷化程度好。花色多、吸水率低、抗折强度高、耐磨损、耐酸碱、不变色、寿命长	260 元 / 平方米起

注：表内价格仅供参考，请以市场价为准。

强度高、吸水率低

砖体轻便、质地均匀致密、强度高、化学性能稳定。瓷质砖是多晶材料，主要由无数微粒级的石英晶粒和莫来石晶粒构成网架结构，这些晶体和玻璃体都有很高的强度和硬度，并且晶体和玻璃体之间具有相当高的结合强度。它的烧结温度可达到 1000 摄氏度以上，吸水率低，材质耐磨、不易变形，是卫浴间的最佳选择。

瓷质砖与陶质砖的区别

瓷质砖坚硬耐磨，适合在除洗手间、厨房和室内环境以外的多数室内空间中使用。在运用渗花技术的基础上，可以做出各种仿石、仿木效果。

陶质砖的结烧温度为 600~800 摄氏度，低透光度，质感温润、质朴，色彩图案丰富，而且防污能力强，但是在忽冷忽热的环境下易龟裂、易渗透，不适合卫浴间。

注意瓷砖的吸水率

“吸水率”是指陶瓷砖吸饱水后的质量与完全没有吸水前的质量之差，与吸水前砖质量的比值。

瓷砖的吸水性能是通过“吸水率”来反映的。吸水率越大，说明胎体越疏松；相反，说明胎体越致密。

墙地通用材料·防滑砖

摩擦系数高、防滑

防滑砖是一种陶瓷地板砖，正面有褶皱条纹或凹凸点，以增加地板砖面与脚底或鞋底的摩擦力，防止打滑摔倒。最常用于时常用水的空间，例如卫浴间和厨房，可以提高安全性，特别适合有老人和小孩的家庭。

防滑砖详情速览

图片	特点	规格	价格
	不但具有防滑的特点，同时又具有无异味、无毒、无辐射的环保特性，广泛应用于公共空间及家庭中的地面装饰	300 毫米 ×300 毫米，400 毫米 ×400 毫米，600 毫米 ×600 毫米，800 毫米 ×800 毫米等	110 元 / 平方米起

注：表内价格仅供参考，请以市场价为准。

选防滑系数高的产品

防滑砖的防滑系数设定规范，分为五个等级：0.3 以下为极度危险，0.35~0.39 为非常危险，0.4~0.49 为危险，防滑系数达到 0.5 才符合安全等级，0.6 以上才是非常安全。

防滑砖的挑选

1. 检查吸水率。将防滑砖背面滴数滴茶叶汁或清水，待数分钟后，视其水滴吸入扩散的程度，不吸水或吸水率低则品质佳。

2. 看颜色。颜色、色度清晰、自然的砖，瓷化度高，色度不清晰的瓷化度低。

3. 看表面有无针孔。在一米内以肉眼观察表面有无针孔，若有，表示防滑砖表面没有经过打蜡，易堆积污物。

正确保养保证使用寿命

每天用半湿墩布擦拭或使用清洗机器清洗，顽垢可用橡皮擦掉。一旦油渍、墨水弄脏了地面，应立即用皂液进行清洗擦洗。建议三个月打一次蜡，不但有利于防滑砖的保养，而且能增强使用效果。局部如受到损坏，应及时调换。

洁具及五金·面盆

根据面积和预算挑选

面盆的种类、款式、造型非常丰富，按造型可分为台上盆、台下盆、挂盆、立柱盆和碗盆；按材质可分为玻璃盆、不锈钢盆和陶瓷盆。面盆价格相差悬殊，档次分明，从一二百元到过万元的台盆都有，影响面盆价格的主要因素有品牌、材质与造型。

面盆详情速览

种类		作用	价格
台上盆		安装方便，便于在台面上放置物品	200 元 / 个起
台下盆		易清洁，可在台面上放置物品。对安装要求较高，台面预留位置尺寸大小一定要与盆的大小相吻合，否则会影响美观	200 元 / 个起
立柱盆		非常适合空间不足的卫生间安装使用，立柱具有较好的承托力，一般不会出现盆身下坠变形的情况，造型优美，可以起到很好的装饰效果，且容易清洗，通风性好	260 元 / 个起
挂盆		壁挂式洗面盆也是一种非常节省空间的洗面盆类型，其特点与立柱盆相似，入墙式排水系统一般可考虑选择挂盆	170 元 / 个起
碗盆		与台上盆相似，但颜色和图案更具艺术性，更个性化	170 元 / 个起

注：表内价格仅供参考，请以市场价为准。

款式多、价格差大

面盆的种类、款式、造型非常丰富，按照造型可分为台盆、挂盆和柱盆，台盆又可分为台上盆、台下盆几种，而材质又多种多样，有玻璃、陶瓷、不锈钢、石材等，各有优劣，可以结合浴室的面积以及预算来具体选择。

面盆价格相差悬殊，档次分明，从一二百元到过万元的都有。影响面盆价格的主要因素有品牌、材质与造型。普通陶瓷的面盆价格较低，而用不锈钢、钢化玻璃等材料制作的面盆价格比较高。

陶瓷面盆经济实惠，易清洁

从习惯和款式上来看，市面上陶瓷面盆依然是首选。用陶瓷面盆的习惯性深入人心；陶瓷面盆经济实惠，易清洁。

造型和色彩最多，圆形、半圆形、方形、三角形、菱形、不规则形状的面盆已随处可见；现在的陶瓷面盆已不再是千篇一律的白色，由于陶瓷技术的发展以及彩绘的流行，色彩缤纷的艺术面盆纷纷出现。

在挑选陶瓷面盆的时候，要注意釉面的质量，釉面是否润滑，是否易结垢，结垢后是否易清洗，都是关键的问题。优质的釉面“蜂窝”极细小，润滑致密，不易脏。

陶瓷面盆不用经常使用强力去污产品，清水加抹布就可擦拭干净。若有不易擦拭的污垢，可购买瓶装的安全漂白水，倒进面盆有污渍的地方，浸泡约 20 分钟，然后用毛巾或海绵清洗，再用清水洗擦便可，不要用百洁布或砂粉擦表面，这样会磨花

▲ 面盆的颜色、材质也要与卫浴整体搭配

脸盆表层，失去光泽，更容易藏污纳垢。

不锈钢盆具有现代感

不锈钢面盆与卫生间内其他钢质浴室配件一起，能够烘托出一种工业社会特有的现代感。

相比较其他材料的面盆来说，不锈钢面盆价格偏贵，在千元以上，且产量少，多为外国进口。

不锈钢面盆都是以实体厚材质的不锈钢为原材料制造而成的，表面还采用了磨砂或镜面的镀层工艺处理，其突出优点就是容易清洁，无论是多脏的肥皂泡沫，只要用水一冲，就光亮如新。

玻璃面盆时尚、新潮

玻璃面盆具有其他材质无可比拟的剔透感，非常时尚、现代，现代风格的住宅若追求新潮且不喜欢不锈钢的质感可以选用玻璃面盆。

现在市场上出售的玻璃面盆壁厚有 19 毫米、15 毫米和 12 毫米等几种，价格相差非常多。专家建议如果经济条件允许，最好选择 19 毫米壁厚的产品，它可以耐到 80 摄氏度的相对高温，耐冲撞性和耐破损性也较好。

除了厚度，玻璃面盆还有普通玻璃和钢化玻璃之分，从安全角度考虑建议选择钢化玻璃，玻璃面盆的一个致命缺点就是撞击后容易碎裂，钢化玻璃做了安全处理，即使自爆也不会对人造成伤害。

玻璃面盆给人的影响就是清洁起来很麻烦，其实高质量的玻璃面盆都经过特殊工艺处理，表面光洁度极高，并不易挂脏。

▲ 家里如果人口多、浴室面积够大，可以安装两个面盆，提高使用效率

而日常清洁保养与普通陶瓷面盆没有太大的区别，只需注意不要用利器刻划表面、不要用重物撞击即可。

由于玻璃面盆从工艺到设计成本都较高，所以价格也相对贵一些，在选择同样的产品时建议货比三家。

选面盆前先测量浴室面积

在选购面盆之前，特别是计划选择带有柜体的款式，一定要记得先测量浴室的面积，预计将面盆放在哪个方向，测量一下宽度、长度，再去市场里挑选合适长度的产品，之后再选择款式和材质。

除此之外，在安装面盆时，要注意使用的高度，依照国人的习惯，面盆以安装在 75~85 厘米为佳，约在腰身的高度使用起来会舒适。

台面与坐便器一样，都是使用非常频繁的浴室洁具，合理的预算是占整个浴室配件预算的 1/3，这样能够保证面盆的质量，特别是带柜体的款式，更应注重质量，否则柜体发霉、抽屉掉落等，会有无穷的麻烦。

选购款式宜综合性考虑

在选购面盆时应有所侧重，面盆太浅，会水花四溅；面盆太深，使用不便；只考虑实用性而忽略设计则没有好的装饰效果；选择设计太过花哨的款式，如果与整体空间风格不搭则看着难受，建议从性能、浴室面积、浴室风格、性价比等多方面综合考虑。

如果卫生间面积较小，建议选购柱盆；如果卫生间面积足够大，建议选购台盆并自制台面配套，工艺精良的台面或浴室柜配套，省心省力。目前市面上大多数的配套台面都是直接在卫浴厂家定做的，需要 15~30 天才能到货，因此要计算好时间提前购买，以免耽误使用。

厂家设计的浴室柜或台面一般采用墙排水的方式，以提高产品的品位和价值感，最好在卫生间墙面处理前购买，以便改装下水，预留好管道，为产品安装做好准备，避免返工或喜欢的产品无法安装。

台盆购买的尺寸参考

台盆的台面长度须大于 75 厘米，宽度须大于 50 厘米，无论从安全及视觉考虑，效果更好。

台下盆价格便宜、清洗方便，但在安装及维修不方便，底部必须安装支撑架并固定于墙上，且拆装复杂。

安装挂盆的墙体必须是承重墙，否则墙体厚度必须在 10 厘米以上。

面盆有裂痕要马上更换

质量再好的面盆也是有建议的使用期限的，如果不小心超出了使用期限或者购买了不合格的产品，很容易发生爆裂的情况。购买时一定要咨询所购买款式的使用期限，一旦发现裂痕，要马上更换，避免造成危险。

洁具及五金·坐便器

结合功能综合选择

坐便器，俗称马桶，可以说是所有洁具中使用频率最高的一个，家里的每个人都会使用它，它的质量好坏直接关系到生活品质，试想家里的坐便器总是出问题，直接会影响心情。坐便器的价位跨度非常大，从百元到数万元不等，主要是由设计、品牌和做工精细度决定的。

坐便器详情速览

种类		特点	价格
连体式		连体式坐便器是指水箱与座体合二为一设计，较为现代高档，体形美观、安装简单、选择丰富，一体成型，但价格相对贵一些	400 元 / 个起
分体式		分体式坐便器是指水箱与座体分开设计，分开安装的坐便器，较为传统，工艺上由于是用螺栓和密封圈连接底座及水箱，所占空间较大，导致连接缝处容易藏污垢	250 元 / 个起

注：表内价格仅供参考，请以市场价为准。

直冲式省水、声音大

现在市面上的坐便器按照冲水原理可分为直冲式和虹吸式两种，其中虹吸式中又分漩涡式虹吸和喷射式虹吸。

直冲式坐便器是利用水流的冲力来排出脏污，池壁较陡，存水面积较小，冲污效率高。

直冲式坐便器冲水管路简单，路径短、管径粗，利用水的重力加速度就可以把污物冲干净，冲水的过程短，与虹吸式相比没有返水弯，采取直冲，容易冲下较大的污物，在冲刷过程中不容易造成堵塞，卫生间里不用备置纸篓，比虹吸式省水。

直冲式坐便器最大的缺陷就是冲水声

音大，由于存水面较小，易出现结垢现象，防臭功能也不如虹吸式坐便器，款式比较少，选择面不如虹吸式坐便器大。

虹吸式吸力大、静音但费水

虹吸式坐便器的结构是排水管道呈"∽"形，在排水管道充满水后会产生水位差，借水在坐便器排污管内产生的吸力将脏污排走，池内存水面较大，冲水噪声小。

虹吸式坐便器还分为旋涡式虹吸、喷射式虹吸两种。

旋涡式虹吸，冲水口设于坐便器底部的一侧，冲水时水流沿池壁形成旋涡，加大了虹吸作用的吸力，更利于将坐便器内的脏污排出。

喷射式虹吸，在虹吸式坐便器上做了进一步改进，内底部增加一个喷射副道，对准排污口的中心，冲水时，水一部分从便圈周围的布水孔流出，一部分由喷射口喷出，在虹吸式的基础上借助较大的水流冲力，将污物快速冲走。

虹吸式坐便器的最大优点就是冲水噪声小（静音坐便器就是虹吸式），虹吸式容易冲掉黏附在坐便器表面的污物，防臭效果优于直冲式，品种繁多，选择多。但是每次使用至少需要 8~9 升水，比直冲式要费水；排水管直径细，容易堵塞。

购买前要确定坑距

落地式坐便器施工最重要的是确定坑距，即坐便器排污管中心和墙的距离，市面上大量产品是针对 300 毫米和 400 毫米坑距的，在购买坐便器时需要把这个数据提供给商家，坑距误差不能超过 1 厘米，否则坐便器便无法安装。可自行测量，以坐便器靠墙一面至下水管中心水平纵向为测量依据，就可以知道具体的数据。

壁挂式坐便器隐藏水箱

壁挂式坐便器是最近几年新出现的款式，比起传统的落地式款式，这种坐便器不容易藏污，地面没有死角，清洁浴室更容易。看得到坐便器，看不到水箱，是这种坐便器的最大特点，外形都比较简洁。目前市面上的壁挂式坐便器大部分是进口品种，价位约 2000 元起。

▲ 壁挂式坐便器的水箱隐藏在墙中

智能化的坐便器

坐便器的设计在不断地跟随逐渐提高的生活质量而变化，例如妇洗器、带有冲洗及烘干功能的智能坐便器等。如果家中的坐便器想升级为智能型，只需要安装符合型号的智能坐便器盖和电源插座即可。智能化的坐便器盖具有自动清洗、暖风、温风、温水等功能，可以提高生活质量。

坐便器的挑选

1. 根据室内风格确定。坐便器除了实用功能外，还起到装饰卫浴间的作用，因此它的色彩与洗脸盆及卫生间的整体色调一致较好。市场上坐便器的款式和颜色非常多样化，可以根据自己家卫生间的大致风格和色彩进行选择。坐便器的颜色不宜深过地砖，色调要和墙瓷砖相协调比较好。

2. 观察光泽度。致密性越高的产品光泽度越高，就越容易清洁卫生。瓷质的好坏和坐便器的寿命有直接的关系，烧成温度越高、越均匀，瓷质越好。可以用钥匙或者圆珠笔划釉面，用布擦看能不能擦掉，能擦掉的釉面是质量好的。

3. 看釉面是否均匀。为了节约成本，不少坐便器的返水弯里没有釉面，有的则使用了封垫，这样的坐便器容易堵塞、漏水。

购买时可以询问卖家排污口是否施釉，或者自己检查，把手伸进排污口，摸返水弯是否有釉面。釉面差的容易挂污，合格的釉面一定是手感细腻的。可重点摸釉面转角的地方，若釉面薄，在转角的地方就会不均匀，摸起来就会很粗糙。

4. 选冲洗方式。坐便器冲洗的程度与它的冲水方式有直接关系。直冲式排污能力强，虹吸式的优点是冲水的时候能够避免溅水，缸体冲洗效果更干净。蹲便改坐便或是家有经常便秘者可以选择直冲式，不会容易堵厕所，其他都可以选择虹吸式。需要注意的是市面上现在没有直冲虹吸式坐便器，购买时谨防上当。

5. 选用水量。坐便器节水方法有两种：一种是节省用水量；另一种是通过废水再利用达到节水目的。节水坐便器与普通坐便器功能一样，只是兼具省水功能。很多打着节水口号的产品，其技术与实际效果并不如意，选购时需注意。

坐便器的清洁

为保持坐便器的表面整洁，应用尼龙刷和专用清洁剂来清洗坐便器，严禁用钢刷和强腐蚀性有机溶液，以免破坏产品釉面。

很多细菌都存在坐便器圈上，不少人冬天喜欢在坐便器上套一个绒布垫圈，这样更容易吸附、滞留排泄污染物，传播疾病的可能性更大。要重点清洁坐便器圈，每隔一两天应用稀释的家用消毒液擦拭。最好不用垫圈，如果一定要使用，应经常清洗消毒。

坐便器容易残留尿渍、粪便等污物，冲水后如果发现有残迹，一定要及时用坐便器刷清除干净，否则容易形成黄斑污渍，也会滋生霉菌和细菌。除了管道口附近，坐便器内缘出水口处和底座外侧都是藏污纳垢的地方，清洗时先把坐便器圈掀起，并用洁厕剂喷淋内部，数分钟后，再用坐便器刷彻底刷洗一遍，最好用细头的刷子，这样能更好地清洁坐便器内缘和管道口深处。

坐便器刷如果不注意清洁和干燥，也会成为污染源。每次刷完污垢，刷子上难免会沾上脏物，可再冲一次水，将其冲洗干净，把水沥干，喷洒消毒液，或定期用

▲ 坐便器也是浴室中十分重要的装饰配件

消毒液浸泡，并放在合适的地方。最好把坐便器刷挂起来，不要随便放在角落里，也不要放在不透风的容器里。

现在市面上出售很多种洁厕宝，将其放到水箱中，通过每次冲水就可达到清洁和除菌的功效。需要注意的是，有的人会将洁厕剂倒入水箱中作为洁厕宝使用，这样做会损坏水箱中的零件。

尽量避免移动坐便器的位置

如果将坐便器买回来后发现坑距不对，师傅会垫高一块地面再做导水槽，做防水；或买个排水转换器配件连接。但非正常安装的任何改变，都会破坏坐便器的真空吸力，影响原有排污速度和隔臭效果，如果不能使用，最好还是调换新的。尽量不要移动坐便器的位置，否则容易造成堵塞。

如果需要修改坐便器的排水，或者要把现有的坐便器移动一下位置，必须把地面垫高，使横向的走管有一个坡度，这样可以使污物更容易冲走。

洁具及五金·浴缸

让生活变得更有乐趣

当劳累了一天以后，回到家中用浴缸泡个澡，可以缓解疲劳，让生活变得更有乐趣。浴缸并不是必备的洁具，适合摆放在面积比较宽敞的卫浴间中。现在市面上的浴缸可以分为亚克力浴缸、铸铁浴缸、实木浴缸、钢板浴缸和按摩浴缸几种，可以根据各种材料的特点进行选择。

浴缸详情速览

种类		特点	价格
亚克力		采用人造有机材料制造，特点是造型丰富，重量轻，表面光洁度好，而且价格低廉，但由于人造有机材料存在耐高温能力差、耐压能力差、不耐磨、表面易老化的缺点	1500 元 / 个起
铸铁		采用铸铁制造，表面覆搪瓷，重量非常大，使用时不易产生噪声。经久耐用，注水噪声小，便于清洁。但是价格过高，分量沉重，安装与运输难	4000 元 / 个起
实木		选用木质硬、密度大、防腐性能佳的材质，如云杉、橡木、松木、香柏木等，以香柏木的最为常见。保温性强，缸体较深，可充分浸润身体。价格较高，需保养维护，否则会变形漏水	4000 元 / 个起
按摩浴缸		主要通过电机运动，使浴缸内壁喷头喷射出混入空气的水流，造成水流的循环，从而对人体产生按摩作用。具有健身治疗、缓解压力的效果	10000 元 / 个起
钢板		比较传统的浴缸，具有耐磨、耐热、耐压等特点，重量介于铸铁浴缸与亚克力浴缸之间，保温效果低于铸铁缸，但使用寿命长，整体性价比较高	3000 元 / 个起

注：表内价格仅供参考，请以市场价为准。

亚克力浴缸保温好、清洗方便

亚克力浴缸的正式名称是玻璃纤维增强塑料浴缸，其表层材料是甲基丙烯酸甲酯，反面覆上玻璃纤维，涂上专用树脂增强。亚克力浴缸的色泽均匀、表面光滑，无分层和气泡现象。

此类材料热传递很慢，因此保温效果良好，即使是在寒冷的冬天，接触皮肤也不会有冰冷的感觉。

若表面有划痕，浴缸本身会有一定程度的自我修复功能，且表面光滑洁白，清洗方便。

亚克力浴缸耐压能力差、寿命短

亚克力浴缸的耐压能力比较差，表面很容易被一些小硬物弄花，使用时间长后也很容易发黄老化。就使用寿命而言，亚克力浴缸是远远比不上铸铁或者钢浴缸的。如果平时对浴缸的使用频率比较低，或者房子几年之内还要再装修，那么可以选择具有良好的性价比的亚克力浴缸。

亚克力浴缸的厚度通常是 3~5 毫米，建议挑选时选择材质厚的，材质越厚越结实，光泽度也越好。

亚克力浴缸的保养

使用亚克力浴缸时不要用硬物敲打、撞击表面，以免造成碰伤或刮花。如需修复黯淡或划伤部分，可用干净抹布混合无色自动打磨溶液用力擦拭，然后涂上一层无色保护蜡。如果划痕较轻，还可用牙膏和牙刷轻刷；如果划痕较深，建议请专业维修人员处理。

亚克力浴缸容易变色，因此建议每周清洗一次。表面容易划伤，建议用海绵或绒布，不要使用粗布、百洁布，不要使用任何含有颗粒状物体的清洗剂，可用温和清洗剂，勿用研磨清洗剂，可以用玻璃水清洁。

铸铁浴缸坚固耐用、保温好

铸铁浴缸最突出的优点是坚固，使用寿命长，另一个显著的优点是保温性能好，且易清洗，耐酸碱性、耐磨性也高于其他材质浴缸，降噪性能最强。

缺点是款式比价单一，重量非常大，搬运及安装都有一定的难度，且安装后难以移动和维修。

清洁铸铁浴缸用软布擦拭

铸铁浴缸每次使用完毕都要用清水充分冲洗，并用软布擦干。如遇到顽固污渍，可使用少量研磨清洗剂进行清洗，用软尼龙刷清洁底部防滑面，勿用钢丝球、钢丝刷或研磨海绵刷洗。

遇到难擦的污渍，可以用半个柠檬蘸盐擦，也可以用软毛牙刷涂上有美白功能的牙膏擦洗。如果有水垢，可以用洁厕剂或者柠檬加白醋清洗。对于霉菌和引发真菌病的细菌，用漂白粉水和过氧水冲洗后马上擦干。

钢板浴缸好清洁但容易脱瓷

钢板浴缸是用一定厚度的钢板成形后，再在表面镀搪瓷，目前市场上的这种产品已越来越少，在国际上比较流行的是德国产 3.5 毫米厚钢板浴缸。

此种材质的浴缸易成形，其表面为搪

瓷，不易挂脏，好清洁，不易褪色，光泽持久，降噪性能稍强于亚克力浴缸。还具有耐热、耐压等特点，重量介于铸铁浴缸与亚克力浴缸之间，保温效果低于铸铁浴缸。这种浴缸不易黏附污物，耐磨损，容易清洁，但是坚固度不够，噪声大，表面容易脱瓷。

香柏木实木浴缸最常见

实木类浴缸常选用木质硬、密度大、防腐性能佳的材质，如云杉、橡木、松木、香柏木等，市场上实木浴桶的材质以香柏木的最为常见。

实木浴缸有容易清洗、不带静电、环保天然等优点，洗浴过后用清水就可以洗刷干净。

实木浴缸有益于健康

实木浴缸自然水力的冲击按摩，不仅能增强心肺功能，还有能迅速缓解疲劳之功效。在木桶中放一些药粉来泡澡、泡脚，木桶的过热效应可以让人加快血液循环，使药粉渗入穴位，被皮肤吸收，从而达到治病、防病、美肤、减肥的功效，对皮肤病、关节炎效果显著。

在很多人的印象中实木浴缸泡澡很浪费水，其实是错误的，木桶的保温性能极佳，基本可以保温一个小时左右，在泡澡过程中几乎不需要换水。而浴缸则需要不断添加热水，才能保持水温均衡；淋浴如果超过 10 分钟，用水也比实木浴缸多。

实木浴缸容易开裂、需精心养护

实木浴缸虽然有诸多好处，但因为其材料为实木，所以容易开裂，需要精心保养。

北方用户在购买实木浴缸三日内需蓄满 2/3 的水浸泡浴缸 8 小时，使其恢复正常含水率，延长使用寿命。

正常温度下需保证每周使用一次。而北方的冬季暖气温度较高，每周至少要使用两次或蓄满 2/3 的水浸泡浴缸 8 小时，水位一定要达到才有效果。如果使用时间间隔较长，建议将浴缸蓄 2/3 的水浸泡一天，即可正常使用。

如果 10 天以上不计划使用，应蓄半桶水浸泡一天后，用浸水的海绵放在桶内，并用桶袋将其包装密封，以保持湿度。

请不要把木桶放在太阳下暴晒或者被强风吹袭。平时最好放少许清水，使其吸收水分，保持木质的饱和与湿润，但水不要过多，因为浴室本身就有一定湿度。

实木浴缸的挑选

1. 看重量。一般同样形状的实木浴缸重量越沉的木质越好，表面应该光滑，用手摸没有扎手现象，木板与板之间以及桶箍与板之间都该结合紧密，没有缝隙，尽量选择桶箍多的款式，另外用不锈钢做桶箍较好。

2. 看胶。把浴缸底部翻过来，看看底部木板之间，有胶的款式不要购买，这些胶使用一段时间后会发霉，而好的木桶应该是不用胶粘的。传统工艺是用一种竹钉连接。

3. 看厚度。厚度也很重要，要达到较好的保温性和耐用性，2~3 厘米的厚度是比较好的。

按摩浴缸属于电器，要注重电机质量

按摩浴缸起到按摩作用的是喷头，缸

底的喷头主要是为了按摩背部，缸壁的喷头主要按摩脚底、身体两侧与肩部。根据喷头的配置，一般分单系统与混合系统两类，单系统的，有单喷水的与单喷气的，组合系统是喷水与喷气结合的。

除了喷头，电机好坏也非常重要，电机是按摩浴缸的“心脏”，但它装在隐蔽处，可以通过听声音来判断质量。

好的电机没有声音，而差的电机则能听见噪声，甚至能听见明显的噪声。

为了避免漏电，还要仔细查看喷嘴、管道的接口是否严密。

按摩浴缸的使用安全很重要

作为用水的电器，按摩浴缸的使用安全性非常重要。购买时，一定要查看作为电器的安全证书、电机设备安全证书。如是否具备如 CE 认证等电器安全证书。还要问清楚保用与保修等售后服务，一般按摩浴缸保修期为 1 年，但大品牌保修期可达 4 年，缸体保用期可达 30 年。

按摩浴缸的清洁、保养

按摩浴缸日常清洁可用一般液体洗涤剂和软布，不可用含酮或氯成分的洗涤剂清洗。消毒时，禁用含甲酸和甲醛的消毒剂。

建议使用可与水混合的粒状清洁剂来清洁，避免使用用于瓷砖或搪瓷表面的清洁剂，以及使用喷剂或浓缩剂或其他类似的清洁用品。

切勿让带有腐蚀性的清洁剂接触浴缸表面，会对表面造成损害。在每次使用后彻底清理表面，勿让清洁剂进入循环系统。

用 40 摄氏度热水加满浴缸，每升 2 克剂量加入清洁剂，启动水力按摩约 5 分钟，停泵排水，然后加满冷水，启动水力按摩约 3 分钟，可用这样的方式来清洁水力摩擦装置。浴缸使用完毕后，应排尽水并断开电源。回水器及喷嘴如有头发等杂物堵塞时，可拧下清洁。

浴缸的选购技巧

看光泽度。通过看表面光泽了解材质优劣，适合于任何一种材质的浴缸。

看表面光滑平滑度。适用于钢板和铸铁浴缸，因为这两种浴缸都需镀搪瓷，镀的工艺不好会出现细微的波纹。

手按、敲打、脚踩判断浴缸厚度和坚固度。浴缸的坚固度关系到材料的质量和厚度，目测是看不出来的，需要亲自试一试，可以站进去，感觉是否下沉。

购买高档浴缸，最好能在购买时“试水”，听声音，试温度。选按摩浴缸，最好选带裙边的，如果电机有问题，便于拆卸维修。

看支撑部件。品牌浴缸的支撑部件连接细致，外部有涂漆，看不到焊接的痕迹。而杂牌浴缸外观粗糙，不仅内部连接处有焊接的痕迹，有的甚至连外部的水件与缸体的连接处也不够贴合。

洁具及五金·淋浴房

使干湿分区、更整洁

在淋浴区与洗漱区中间安装一组玻璃拉门形成淋浴房，可以使浴室做到干湿分区，清洁起来更省力，避免洗澡时脏水喷溅污染其他空间，使后期的清扫工作更简单、省力。安装淋浴房并不需要太大的空间，很多人都会忽略，无论从健康角度还是安全角度都建议使用。

淋浴房详情速览

种类		特点	价格
一字形		适合大部分空间使用，不占面积，造型比较单调、变化少	1500 元 / 平方米起
直角形		适合用在角落，淋浴区可使用的空间最大，适合面积宽敞一些的卫浴间	1500 元 / 平方米起
五角形		外观漂亮，比起直角形更节省空间，同样适合安装在角落中，小面积卧室也可使用，淋浴间中可使用面积较小	1500 元 / 平方米起
圆弧形		外观为流线型，适合喜欢曲线的人，同样适合安装在角落中，门扇需要热弯，价格比较贵	2000 元 / 平方米起

注：表内价格仅供参考，请以市场价为准。

用淋浴房进行干湿分区

干湿分区就是把卫生间的盥洗、如厕和淋浴功能分开，克服以往交叉用水而造成的使用缺陷，减少卫生间墙面、地面溢水。如果不分开，洗浴完毕后水汽很重，需要经常擦抹打扫以避免因潮湿而滋生细菌。

用淋浴房进行分区，可以使浴室更整洁，是非常必要的设施。现在的技术创造干湿分离的浴室非常简单，不受面积和室内形状的限制，只要选择合适形状的淋浴房就能做到。

划分空间、保温作用

淋浴房有很多的优点，首先它可以划分出独立的洗浴空间。同时节省空间，有些家庭卫生间的空间小，安不下浴缸，而淋浴房则能节省不少空间。

在淋浴房中使用喷头淋浴水不会喷溅到整个卫生间中，更加整洁。

冬天淋浴时可以起到保温的作用，使水汽聚在一个狭小的空间里，热量不至于很快散失，让人感到很暖和。而如果卫生间较大，又没有淋浴房，即使有暖气，也往往感觉很冷。

造型丰富，满足不同装饰需求

淋浴房造型丰富，除了具有洗浴的功能外，还能起到装饰作用。

市面上的淋浴房按照造型可以分为一字形、直角形、五角形及圆弧形等几种，根据门框边的有无又可以分为有框和无框，可选择性非常多，可以根据卫浴间的面积以及喜好挑选合适的款式。

新型节能淋浴房

新型自动蓄水淋浴房是将淋浴后的水储存起来，供坐便器使用。做法是在淋浴房下面加一个下水箱，用水泵和浮子控制，根据水箱水位的变化，自动接通或断开水泵电源，完成水箱自动蓄水，再利用高度落差，为坐便器自动提供水源。

淋浴房的挑选

1. 看板材。淋浴房所使用的板材主要是亚克力板，一些复合亚克力板中使用的玻璃丝含有甲醛，是卫生间污染的来源之一。分辨亚克力可以查看淋浴房内部，如果亚克力板的背面与正面不同，比较粗糙的则是复合亚克力，使用时间过长会发生变色，有些则出现细小裂纹。在灯光直射下，好的压克力板材避光效果好，透光均匀，用手感觉，好的材料质感厚实，不易变形。

2. 看五金。淋浴房的拉手、拉杆、合页等配件不可忽视，钢化玻璃如果有一个小角损坏，整块玻璃就会自动爆裂。除此之外，滑轮及铰链的好坏也会影响淋浴房的正常使用，好的滑轮及铰链，滑动及开关顺畅，噪声小，铜材质为佳。

3. 看玻璃。看玻璃是否通透，有无杂点、气泡等缺陷。淋浴房的玻璃可分为普通玻璃和钢化玻璃，大多数的淋浴房都使用钢化玻璃，其厚度至少要达到 5 毫米，才能具有较强的抗冲击能力，不易破碎，安全性强的玻璃上一般有钢化识别标记“CCC”。要求看钢化玻璃碎片样板，根据国家标准钢化玻璃每 50 毫米 ×50 毫米的面积安全碎量要达到 40 粒以上。

▲ 淋浴房可以使卫浴间干湿分区，清洁更容易、更加美观

4. 检查防火性。淋浴房的使用是为了干湿分区，因此防水性必须要好，密封胶条密封性要好，防止渗水。

5. 看铝材。淋浴房铝材如果硬度和厚度不行，淋浴使用寿命将很短。合格的淋浴房铝材厚度均在 1.2 毫米以上，走上轨吊玻璃铝材需在 1.5 毫米以上。铝材的硬度可以通过手压铝框测试，硬度在 13 度以上的铝材，成人很难用手压使其变形。还要注意其表面是否光滑，有无色差和砂眼，以及剖面光洁度情况，在处理二手的废旧铝材时，表面的处理光滑度不够，会有明显色差和砂眼，特别是剖面的光洁度偏暗。

6. 看拉杆的稳定性。淋浴房的拉杆是保证无框淋浴房稳定性的重要支撑，拉杆的硬度和强度是淋浴房抗冲击性的重要保证。建议不要使用可伸缩性的拉杆，它的强度偏弱。

淋浴房安装注意事项

淋浴房尺寸的预埋孔位应在卫生间未装修前就先设计好，已安装好供水系统和瓷砖的最好定做淋浴房。

布线漏电保护开关装置等应该在淋浴房安装前考虑好，以免返工。淋浴房的样式宜根据卫生间布局而定，安装淋浴房时应严格按组装工艺安装。

淋浴房必须与建筑结构牢固连接，不能晃动。

敞开型淋浴房必须用膨胀螺栓，与非空心墙固定、排水后，底盆内存水量不大于 500 克。

淋浴房安装后外观需整洁明亮，拉门和移门相互平行或垂直，左右对称、移门要开闭流畅，无缝隙、不渗水，淋浴房和底盆间用硅胶密封。

淋浴房的日常保养

常规清洗宜用清水冲洗玻璃，而后定期用玻璃水清洗，以保持玻璃的光洁度，有污垢时用中性清洁剂配合软布擦除，顽固污渍可用少量酒精去除。

请勿使用酸性、碱性、丙酮稀释剂等溶剂以及去污粉等，否则会对人体产生不良影响。

注意滑轮的保养：

1. 避免下面用力冲撞活动门，以免造成活动门脱落；

2. 注意定期在滑轨上加注润滑剂；

3. 定期调整，保证滑轮对活动门的有效承载及顺畅滑动。

钢化玻璃、铝合金、人造石底盆的保养：

1. 不要用硬物打击或冲击玻璃表面，特别是边角地方；

2. 不要用金属丝擦拭玻璃表面，以避免出现划痕；

3. 防止阳光的直射与暴晒。

洁具及五金·花洒

水压足才能够畅快使用

花洒的质量直接关系到洗澡的畅快程度，如果购买的花洒出水时断时续且喷水不全，洗澡就会变成郁闷的事情。花洒的面积与水压有直接关系，一般来说，大的花洒需要的水压也大。

花洒详情速览

图片	种类	价格
	手提式花洒，可以将花洒握在手中随意冲淋，靠支架固定；头顶花洒，花洒头固定在头顶位置，支架入墙，不具备升降功能；体位花洒，暗藏在墙中，对身体进行侧喷，有多种安装位置和喷水角度，起清洁、按摩作用	150 元 / 个起

注：表内价格仅供参考，请以市场价为准。

花洒的挑选

1. 看出水量。出水方式直接影响着洗浴的感觉，设计良好的花洒能保证每个喷孔分配的水量都基本相同，所以选择花洒时首先要看出水量。节水功能是选购花洒时要考虑的重点，采用钢球阀芯并配以调节热水控制器的花洒比普通花洒节水50%。让花洒倾斜出水，如果最顶部的喷孔出水明显小或干脆没有，则说明花洒的内部设计有问题。

2. 看镀层。一般来说，花洒表面越光亮细腻，镀层的工艺处理就越好。

3. 看阀芯。好的阀芯用硬度极高的陶瓷制成，顺滑、耐磨，杜绝“跑、冒、滴、漏”。

安装花洒的注意事项

要请有经验的专业人员进行施工安装。安装时，花洒应尽量不要与硬物磕碰，不要将水泥、胶水等残留在表面。特别要注意将管道内杂物清除后再进行安装，否则将会导致花洒被杂物堵塞，从而影响使用。

洁具及五金·龙头

质量与重量有关系

越小的五金件发挥的作用往往越大，龙头虽然使用的部位不多，却是使用率很高的五金件，很多人都是随意购买而不像其他大的配件那样讲究，这是一个错误的观念。不合格的龙头很容易出现问题，需要频繁更换，非常影响使用。

龙头详情速览

图片	种类	价格
	龙头按结构来分，可分为单联式、双联式和三联式等。单联式可接冷水管或热水管；双联式可同时接冷热两根管道，多用于面盆；三联式除接冷热水两根管道外，还可以接淋浴喷头，主要用于浴缸的水龙头	200 元 / 个起

注：表内价格仅供参考，请以市场价为准。

重量决定龙头的质量

不能购买太轻的龙头，重量轻是因为厂家为了降低成本，掏空内部的铜，龙头看起来很大，拿起来却不重，容易经受不住水压而爆裂。

选龙头看手感、看材质

选购龙头的关键是要看手感，扳动开关要感觉轻柔、不费力，如手感发涩费力或过于轻飘，说明装配结构不好，这样的龙头在使用时容易出问题。

不同价格的龙头在电镀质量上也有差异。一般来说，龙头的主体原材料分为杂铜和纯铜，更高级的是铜镍混合材料。纯铜由于不容易腐蚀氧化，经过多次抛光后，有利于电镀，电镀质量也相对杂铜来说更好。

除此之外，应选择出水量大、止水快的龙头，使用起来更为舒适。

选款式先确定入水孔

市面上的龙头按照入水孔的数量可分为单孔和双孔，在购买前要先查看一下家里的入水孔水量，再去挑选合适的款式，避免选回来以后安装不了，还要再去调换一次。如果有一定的经验，可以自行安装龙头，节省这部分的工费。

洁具及五金·水管

质量决定水质的健康

水管属于墙内隐蔽工程，如果水管渗漏和爆裂将带来难以弥补的后果，因此挑选水管时，要特别精心。水管按照材质可分为金属管、塑复金属管和塑料管三种，各有不同特点，可根据不同需求进行选择。

水管详情速览

图片	种类	价格
	金属管，如内搪塑料的热镀铸铁管、铜管、不锈钢管等；塑复金属管，如塑复钢管、铝塑复合管等；塑料管，如 PB、PP-R 等	60 元 / 米起

注：表内价格仅供参考，请以市场价为准。

水管的挑选

根据需要到正规的建材市场去购买，这样水管的质量比较有保证。

1. 看外观。检查水管表面，看其外观是否光滑均匀，可以用手摸一下，看手感是否细腻；同时要看水管上面是否标着厂家的防伪标识，如果没有，最好不要购买。

2. 看水管的颜色。优质的不锈钢水管一般都是银白色，偏黑的一般都是未经过酸碱钝化处理的，容易结垢。优质的 PP-R 管一般是亚光的乳白色，里面不会有杂色的颗粒，如果水管的颜色中混有一些杂色，则说明水管质量不好。

3. 闻味道。塑料管，要闻其气味，如果有刺激的气味，就说明水管质量不好，优质的水管是不会有刺激气味的。

4. 看连接方式。金属管道要注意连接方式，家用一般选用简单的自锁卡簧式连接。

安装水管的注意事项

请正规安装工人，并按施工规范进行施工，尽量做到横平竖直。

严把材料关，每道工序逐一验收，以防偷工减料。

进行试压试验，切记不要图省事，试水不试压，会留下漏水隐患。

洁具及五金·地漏

质量尤为重要

地漏是每家每户必备的东西，由于地漏埋在地面以下，且要求密封好，所以不能经常更换。若购买了次品，则会严重影响使用效果，因此选购一款质量好的地漏尤其重要。

地漏详情速览

图片	种类	价格
	一般有黄铜、不锈钢、锌合金等。锌合金地漏耐腐蚀性不强，不锈钢地漏使用寿命较长，全铜地漏性能优秀，但价格高	15~300 元 / 个

注：表内价格仅供参考，请以市场价为准。

选结构合理、便于清理的款式

结构合理包括水封的深度必须达到 5 厘米以上；便于清理是因为地漏排除的是地面水，常会卷入一些头发、污泥、砂粒等污物。

目前，地漏的尺寸没有国家标准，所以选购地漏的工作一定要在装修的设计阶段完成，然后才能根据地漏的尺寸去施工排水口。

很多人认为地漏越贵越好，其实不然，只要选购时把握好以上原则，十几元的地漏一样也能耐久好用。目前市场上有一种价格较贵的新型防溢地漏，具有回弹装置，但它易造成污物堵塞，下水不畅。

材料小知识 **地漏施工须知**

房地产商在交房时排水的预留孔都比较大，因此需要修整排水预留孔，使其与买回的地漏完全吻合。其中，地漏箅子的开孔孔径应控制在 6~8 毫米之间，可防止头发、污泥、砂粒等污物进入。若为多通道地漏，进水口则不宜过多，两个完全可以满足需要（地面和浴缸或地面和洗衣机）。

第六章

门窗材料汇总

门　门配件

窗　装饰窗

门窗是连接每个空间的必备出口，

关系着家居的安全，

入户门的质量不好，会有被盗的危险；

室内门质量不好，会有变形的困扰；

窗户材料不好，会有噪声、保温困扰。

因此，本章着重讲解常用的门窗材料，

帮助读者了解它们的特性和用法。

门·防盗门

防盗、隔音性能要好

防盗门即为入户门，是守护家居安全的一道屏障，因此首先应注重防盗性能，除此之外，还应该具备比较好的隔音性能，隔绝室外的声音。防盗门的安全性与其材质、厚度及锁的做工有关，隔音性则取决于密封程度。

防盗门详情速览

图片	构成	特点	价格
	防盗门由门板、把手、锁、框架、气密封条组成	防盗门具有防火、隔音、防盗、防风、美观等特点	连门加锁 1000 元 / 扇起

注：表内价格仅供参考，请以市场价为准。

根据需求挑选门的款式

防盗门可分为栅栏式防盗门、实体门和复合门三种。

栅栏式防盗门较为常见，上半部为栅栏式钢管或钢盘，下半部为冷轧钢板。它的最大优点是通风、轻便、造型美观，且价格相对较低，采用多锁点锁定，保证了防盗门的防撬能力。但在防盗效果上不如封闭式防盗门。

实体门采用冷轧钢板挤压而成，门板为双层钢板，钢板的厚度多为 12 毫米和 15 毫米，耐冲击力强。钢板夹层内填充岩棉保温防火材料，具有防盗、防火、绝热、隔音等功能，猫眼等配备设施全。

复合式防盗门由实体门与栅栏式防盗门组合而成，具有防盗和夏季防蝇蚊、通风纳凉及冬季保暖隔音的特点。

防盗门的安全级别

防盗门的安全级别依据国家标准可分为甲、乙、丙、丁四级。甲级要求门扇材质厚度为 1 毫米，锁闭点为 12 个；乙级厚度为 1 毫米，锁闭点为 10 个；丙级厚度为 0.8 毫米，锁闭点为 8 个；丁级厚度为 0.8 毫米，锁闭点为6个。可见门扇材料的厚度越厚，门的闭锁点越多，门就越安全。

铜质的最好，但价格最高

防盗门从材质上主要分为钢质、钢木结构、铝合金、不锈钢和铜质五种。

钢质防盗门是销售及购买量最多的一种，最被人们熟知。此类门性价比高，但外形线条坚硬，很难与室内装饰相融合。

钢木门是可与室内装修配套的一种门，防盗性能由中间的钢板来达到，外层做装饰，图案和颜色可定制，不再像钢质门那样冰冷，价格比钢质防盗门要贵。

铝合金防盗门的铝合金材料硬度较高，且色泽亮丽，搭配花纹有金碧辉煌之感，属中档门，不易褪色。

不锈钢防盗门坚固耐用，安全性更高，但色彩较单调，且表面如有碰撞和焊接痕迹则会很明显，价位也比较高。

铜制防盗门款式相对漂亮，且防火、防腐、防撬、防尘性能够比较好，从材质上讲，铜制防盗门是最好的，但价格也是最贵的，价格为5千元起到万元都有，主要用于银行以及别墅。

选择合格产品才能安全守护

防破坏功能是防盗门最重要的功能，质量应符合国家标准《防盗安全门通用技术条件》(GB 17565—2007)的技术要求。

合格的防盗安全门门框的钢板厚度应在2毫米以上，门体厚度一般在20毫米以上，门体质量一般应在40千克以上，门扇钢板厚度应在1.0毫米以上，内部应有数根加强钢筋，以及石棉等具有防火、保温、隔音功能的材料作为填充物，用手敲击门体发出“咚咚”的响声，开启和关闭灵活。

应特别注意检查有无开焊、未焊、漏焊等现象，门扇与门框闭合是否密实，间隙是否均匀一致，所有接头是否密实，门板表面是否进行了防腐处理。表层漆应无气泡、色泽均匀，门框上应嵌有橡胶密封条，关闭门时不会发出刺耳的金属碰撞声。

合格的防盗门一般采用经公安部门检测合格的防盗专用锁，同时在锁具处应有3.0毫米以上厚度的钢板进行保护。

购买防盗门时，还应该注意防盗门的“FAM”标志、企业名称、执行标准等内容，符合标准的门才能既安全又可靠。

▲ 右侧的锁具比左侧的更安全

材料小知识 **别忘记保留维权凭证**

订货时必须在发票上注明“防盗门”字样，以防假冒；安装时要仔细检查防盗门的外观情况，必要时撕下保护膜，并索要保修卡、发票等单据，以便日后出现问题及时维权。

门·玻璃推拉门

透光性好、不占空间

玻璃推拉门既能够分隔空间，也能够保障光线的充足，还能隔绝一定的音量，而拉开后两个空间便合二为一，且不占空间。玻璃推拉门最应注意的是玻璃的使用安全，特别是有孩子的家庭更不能留下安全隐患。

玻璃推拉门详情速览

图片	种类	作用	价格
	根据固定的方式可分为悬吊式和落地式两种	根据使用玻璃品种的不同，可以起到分隔空间、遮挡视线、适当隔音、增加私密性、增加空间使用弹性等作用	200 元 / 平方米起，材料越好、越复杂的越贵

注：表内价格仅供参考，请以市场价为准。

固定方式为悬吊式和落地式

玻璃推拉门常用于阳台、厨房、卫浴间、壁橱等地方中，在现代空间中非常常见，市面上的玻璃推拉门框架有铝合金的，也有木制的，可根据室内风格搭配选择。

而按照固定方式来说，玻璃推拉门分为悬吊式固定以及落地式固定两种。悬吊式是轴心固定在天花板上，地面无需安装轨道，比较美观，但是不稳定；而落地式则是上下均有轴心，结构稳定，但是地面有轨道，不美观。

悬吊式又分为嵌入墙面以及外露两种，嵌入式是将轨道隐藏在天花板内，需要做吊顶的时候就预留轨道，需要提前规划。悬吊式推拉门轴心要固定在天花板上，因此要求天花板具有一定的承重能力，如果硬度不够则不能安装此类推拉门，例如硅酸钙板、水泥板都不可以。

落地式对施工要求没有那么多，但是安装前要留意地面的平整度，如果不平整则需要找平地面。

不同玻璃具有不同装饰效果

以玻璃的档次和工艺分，可分为艺术玻璃推拉门、烤漆玻璃推拉门和普通玻璃推拉门三种。

艺术玻璃推拉门指的是，以区别于普通玻璃的再加工玻璃为主材的门类，例如经过磨边、喷砂、彩绘、镶嵌、雕刻等工艺的玻璃。艺术玻璃推拉门的市场价格为280~600元/平方米。

烤漆玻璃推拉门是指玻璃经过烤漆工艺的再加工，形成的色彩丰富，图案简约的玻璃制作的推拉门。烤漆玻璃推拉门价格为240~400元/平方米。

普通玻璃推拉门，就是用最常用的无需再加工的玻璃制作的推拉门。普通玻璃一般以透明、磨砂、钢化、凹蒙系列、布纹系列及其他具有一定图案的成品玻璃为主。普通玻璃推拉门价格为160~300元/平方米。

挑选玻璃种类的时候可以结合室内的风格、颜色搭配以及使用部位的需求来选择。

铝合金框和木框各适合不同风格

铝合金框体的门具有框硬、轻、薄且伸缩性好的特点，可以用在小且薄的空间里，如衣帽间、储物间以及淋浴房内。此类推拉门的装饰效果不如木结构推拉门，色彩和款式都比较单一，多用在相对隐形的空间里，如一面墙之间，借助颜色与原墙体形成微妙的变化。

现场制作的木结构推拉门可以融入大量的纹样，如中式、欧式元素，还可辅以雕刻、雕花等设计造型，在室内起着很强的装饰性效果，如室内作为隔间的推拉式的屏风等。

底轮质量很重要

只有具备超大承重能力的底轮才能保证良好的滑动效果和超常的使用寿命。承重能力较小的底轮一般只适合做一些尺寸较小且门板较薄的推拉门，进口优质品牌的底轮，具有180千克承重能力及内置的轴承，适合制作任何尺寸的滑动门，同时具备底轮的特别防震装置，可使底轮能够应对各种状况的地面。

推拉门的清洁与保养

推拉门在日常清洁时用干的纯棉抹布擦拭即可。若用水清洁，应该尽量拧干抹布，以免表面损坏，影响美观。

推拉门门板多为玻璃板。玻璃门板平日经常用干抹布擦拭即可，每隔一段时间，用稀释过的中性洗涤剂或玻璃专用洗涤剂清洗，然后用干的纯棉、不掉毛的抹布擦干。

推拉门的宽度有讲究

正常门的黄金尺寸在80厘米×200厘米左右，在这种结构下，门是相对稳定的。如果有高于200厘米的高度，甚至更高的情况下做推拉门，最好在面积保持不变的前提下，将门的宽度缩窄或多做几扇推拉门，保持门的稳定和使用安全性。

门·铝合金门

面层制作花样多

传统的铝合金门比较软，很容易变形，近年来市面上出现了与其他合金合成的铝合金门，门的强度有所提升，加上多种加工技术，使得款式更加多样化。

铝合金门详情速览

图片	特点	材质	价格
	表面烤漆可细致雾化，花样品种多，硬度比传统款提高	主材为铝合金	2000 元 / 扇起

注：表内价格仅供参考，请以市场价为准。

技术有所提升、不再易变形

传统的铝合金门非常软，容易变形，但是因其轻便的特性而非常广泛地被用于制作推拉门的框架。近年来厂家在铝合金中加入其他合金，提升了它的硬度，并扩展到入户门、室内门等款式。铝合金门面层能够经过烤漆、雾化等处理，较美观。

颜色有所增多

新型铝合金门可以利用烤漆技术，将门喷涂成不同的颜色，虽然只有细致砂纹的咖啡色、墨绿色、银灰色以及象牙白和枣红色五种，但比起其他款式的入户门来说已经相当广泛，而且烤漆后的价格比不锈钢烤漆门的价格要低。

做工复杂的价格高

铝合金比钢、铜更容易造型，可以创造出线条、格子等形式。普通铝合金入户门的价位为千元左右，而做工复杂的双玄关门、门中门等价格较高，有的会到万元左右。

材料小知识 **避免利器划伤**

新型铝合金门表面经过烤漆处理，应该避免尖锐的物品将其划伤，如钥匙等，划伤后将造成无法修补的伤痕，影响装饰效果。如果觉得价位过高，家里没办法都使用，可以仅在卫浴间使用，还能防腐。

门·折叠门

隔温、防尘、降噪

折叠门为多扇折叠，可推移到侧边，占空间较少。适用于各种大小洞口，尤其是宽度很大的洞口，例如阳台，五金配件复杂，安装要求高。

折叠门详情速览

图片	特点	结构	价格
	折叠门可完全开启，折叠后只占用一扇门的空间，使用方便、省力	铝合金框架、锌合金把手、不锈钢五金配件、PVC 气密压条	1000~3500 元 / 平方米

注：表内价格仅供参考，请以市场价为准。

能灵活切割空间

折叠门采用铝合金做框架，推拉方便，安装折叠门可打通两部分空间，门可完全折叠起来，有需要时，又可保持单个空间的独立，能够有效地节省空间使用面积。但价格比推拉门的造价要高一些，进口产品的价格为国产产品的 1.5~2 倍。

折叠门可搭配 0.5~1.2 厘米厚的玻璃，最常用的是 0.8 厘米的玻璃，当折叠门关闭时，可以阻隔 35 分贝的噪声。

根据室内风格确定款式

选择折叠门时首先要考虑的是款式和色彩与居室风格的谐调。

选定款式后，可进行检验质量。简单的方式是用手触摸，并侧光观察来检验木框的质量。

抚摸门的边框、面板、拐角处，品质佳的产品没有刮擦感，手感柔和细腻，站在门的侧面迎光看门板的时候，面层没有明显的凹凸波浪。

折叠门的高度有限制

在目前的装修设计中，常规的折叠门尺寸为：宽度 450~600 毫米，高度 199~2400 毫米。有一些空间可能会需要超出这个高度的设计，就需要定制，但是最高也不建议超过 3 米，宽度则没有上限，只是增加折数即可。

门·实木门

耐腐蚀、保温隔热

实木门是指制作木门的材料为天然原木或者实木集成材，经加工后的成品门具有不变形、耐腐蚀、无裂纹及隔热保温等特点。所选用的多是名贵木材，如樱桃木、胡桃木、柚木等，经加工后的成品门具有不变形、耐腐蚀、无裂纹及隔热保温等特点。

实木门详情速览

图片	材质	特点	价格
	材料为实木，例如沙比利、红橡、花梨木、樱桃木、胡桃木、黑胡桃木、柚木等	经实木加工后的成品实木门具有不变形、耐腐蚀、隔热保温、无裂纹等特点，此外，实木具有声学性能和调温调湿的性能，从而有很好的吸音隔音作用	2500 元 / 樘起

注：表内价格仅供参考，请以市场价为准。

加工工序复杂、不变形、耐腐蚀

实木门采用天然木材，经过烘干、下料、刨光、开榫、打眼、高速铣形、组装、打磨、上油漆等工序科学加工而成。经加工后的成品门具有不变形、耐腐蚀、无裂纹及隔热保温等特点，实木门基本没有带玻璃的款式，都是门扇。

硬度高、无毒环保

实木门硬度高、光泽好、不变形、抗老化，属高档豪华产品。同时能够防蛀、防潮、防污、耐热、抗裂，且坚固不变形，隔声和隔热效果好，属经久耐用产品。

因为原料天然，所以无毒、无味，不含甲醛、甲苯，无辐射污染，环保健康，属绿色环保产品。富有艺术感，显得高贵典雅，能起到点缀居室的作用。

颜色宜与室内色彩相协调

实木的原料是天然树种，因此色彩和种类很多，在选择颜色时，宜与居室相和谐。当室内主色调为浅色系时，可挑选如白橡、桦木、混油等冷色系木门；当室内主色调为深色系时，可选择如柚木、沙比利、胡桃木等暖色系的木门。

木门色彩的选择还应注意与家具、地面的色调要相近，与墙面的色彩产生反差有利于营造出有空间层次感的氛围。

除了颜色外，木门的造型也宜与居室装饰风格相一致。现在的装饰风格主要分为欧式、中式、简约、古典等，如室内设计是以曲线为主流元素，木门选曲线的搭配比较舒适；反之亦然。

好门更需要好的施工

购买的实木门都是需要定制的，就是到厂家去加工，运回来再安装，属于半成品。安装是关系到门使用情况的关键环节。好的安装流程、经验丰富的安装技师是安装成败的关键。如果自己找不到熟练工人，可以请厂家提供，这样一旦出了问题，也比较好解决，不容易牵扯不清。

实木门的挑选

1. 检验油漆。触摸感受漆膜的丰满度，漆膜丰满说明油漆的质量好，对木材的封闭好；站到门斜侧方的反光角度，看表面的漆膜是否平整，有无橘皮现象，有无突起的细小颗粒。如果橘皮现象明显，则说明漆膜烘烤工艺不过关；花式造型门，要看产生造型的线条的边缘，尤其是阴角有没有漆膜开裂的现象；实木门的面漆可分为 PU 漆和 PE 漆两种，现在多为 PU 漆，它的漆膜软，轻微磕碰极易产生白影凹痕。PE 漆的优点是漆膜硬，遮盖力强，透明度好；缺点是难以打磨，加工过程费时费力。

2. 看表面的平整度。木门表面平整度不够，说明板材选用比较廉价，环保性能也很难达标。

3. 看五金。建议消费者尽量不要自己另购五金配件，如果厂家实在不能提供合意的五金配件，自己选择时一定要选名牌大厂的五金配件，这样的产品一般都是终身保用的。

实木门的安装验收

1. 门套：与门框的连接处，应严密、平整、无黑缝；门套对角线应准确，2 米以内允许公差≤ 1 毫米，2 米以上允许≤ 1.5 毫米；门套装好后，应三维水平垂直，垂直度允许公差 2 毫米，水平平自度公差允许 1 毫米；门套与墙体间结合应有固定螺钉，每米不少于 3 个；门套宽度在 200 毫米以上应加装固定铁片；门套与墙之间缝隙用发泡胶双面密封，发泡胶应涂匀，干后切割平整。

2. 门扇：安装后应平整、垂直，门扇与门套外露面相平；门扇开启无异响，开关灵活自如。门套与门扇间缝隙，下缝为 6 毫米，其余三边为 2 毫米；所有缝隙允许公差为 0.5 毫米。套、门线与地面结合缝隙应小于 3 毫米，并用防水密封胶封合缝隙。

3. 整樘门装毕，应平整划一，开启自如灵活，整体效果良好，无划痕。

门·实木复合门

有实木门的质感但价格低

实木复合门的门芯多以松木、杉木或进口填充材料等黏合而成，外贴密度板和实木木皮，经高温热压后制成，并用实木线条封边。实木复合门还具有保温、耐冲击、阻燃等特性，而且隔音效果与实木门基本相同。

实木复合门详情速览

图片	材质	特点	价格
	以木材、胶合材等为主材复合制成的实心体或接近实心体，面层为木质单板贴面或其他覆面材料	充分利用了各种材质的优良特性，避免了采用成本较高的珍贵木材，有效降低了生产成本。除了良好的视觉效果外，还具有隔音、隔热、强度高、耐久性好等特点	1800 元 / 樘起

注：表内价格仅供参考，请以市场价为准。

实木复合门的构成

实木复合门可以说充分利用了各种实木复合材质的优良特性。木纹种类主要有胡桃木、樱桃木、沙比利、影木、枫木、柚木、水曲柳、黑檀、花梨、紫薇、斑马木、科技木、松木、杉木等。

重量轻、不易变形

实木复合门重量较轻，不易变形、开裂。此外还具有保温、耐冲击、阻燃等特性，隔音效果与实木门基本相同。高档的实木复合门不仅具有手感光滑、色泽柔和的特点，还非常环保，坚固耐用。缺点是较容易破损，且怕水。

▲ 实木复合门的结构

门芯和面板的材质很重要

门芯和面板的材质对实木复合门的整体品质有着很大的影响，不同的门芯其隔音效果不同，应该根据具体的功用及要求选择。实木复合门的面板的品种有几十种，如橡木、胡桃木、枫木、花梨木等，可根据实际的装修风格和喜好来选择不同类型的面板。

结构不同特征不用

实木复合门从内部结构上可分为平板结构和实木结构，其中实木结构可分为拼板结构和嵌板结构两大类。

拼板门和嵌板门线条的立体感强、造型突出、厚重，属于传统工艺生产，做工精良，结构稳定，但是造价偏高，适合欧式、新古典、新中式、乡村等多种经过时间沉淀后的经典风格装修中。

平板门外形简洁、现代感强、材质选择范围广、色彩丰富、可塑性强、易清洁、价格适宜，但视觉冲击力偏弱。适合现代简约、前卫等自由、现代的风格，可为空间增加活力。平板门也可以通过镂铣塑造多变的古典式样，但线条的立体感较差，缺乏厚重感。

实木复合门的日常保养

尽量不要在门扇上悬挂过重的物品；避免锐器物磕碰、划伤；开启或关闭门扇时，不要用力过猛，不要撞击木门。

不要将腐蚀性溶剂溅到实木复合门及门锁上；合页、门锁等经常活动的五金配件，发生松动时要立即拧紧；门锁开启不灵时，可以往钥匙孔中加入适量的铅笔芯沫等润滑物进行润滑。

春、冬季应保持室内通风良好，防止实木复合门因湿度、温差过大而变形，金属配件出现锈蚀，封边、饰面材料出现脱落现象。冬季使用取暖设备时，要远离实木复合门，以免使其受热变形。

实木复合门的清洁

清除实木复合门表面污迹时，可哈气打湿后，用软布擦拭，硬布很容易划伤表面。

污迹太重时可使用中性清洗剂、牙膏或家具专用清洗剂，去污后，立即擦拭干净。

在清除木门上的灰尘时，除了用软布外，还可采用吸尘器进行清除。为保持木门表面光泽和使用寿命，可使用木制装修产品专用的养护液对其表面进行养护。

若为镶嵌玻璃的款式，擦拭玻璃时，不要使清洗剂或水渗入玻璃压条缝隙内，以免压条变形。擦玻璃不要用力过猛，以免玻璃损坏伤及人身，玻璃一旦破损，务必请专业人员进行维修。

门的保修期并不是炒作

实木复合门的保修期大多数都是一年，保修期长并不是一种炒作行为，而是产品高品质的体现。

只有大厂才能采用非常先进的门加工设备和加工工艺，国际知名的材料商提供的材料，使门有工业标准化产品的特性，这些都能有效保证实木复合门更长的使用时间。

门·模压门

一次性成型、非常环保

模压门采用人造林的木材，经去皮、切片、筛选、研磨成干纤维，拌入酚醛胶（作为黏合剂）和石蜡后，在高温、高压下一次模压成型。模压门板带有凹凸图案，实际上就是一种带凹凸图案的高密度纤维板。

模压门详情速览

图片	材质	特点	价格
	模压门是以模压板为主材制作的门	模机械化生产，价格低，还具有防潮、膨胀系数小、抗变形的特性，使用一段时间后，不会出现表面龟裂和氧化变色等现象	500 元/樘起

注：表内价格仅供参考，请以市场价为准。

一次性压制成型的门

模压门是采用模压门面板制作的带有凹凸造型的或有木纹或无木纹的一种木质室内门。模压门面板采用的是木材纤维，经高温、高压一次模压成型。价格较实木门更经济实惠，且安全方便，受到中等收入家庭的青睐。

模压门是由两片带造型和仿真木纹的高密度纤维模压门皮板经机械压制而成的。由于门板内是空心的，自然隔音效果相对实木门来说要差些，并且不能湿水和磕碰。模压木门以木皮贴面，保持了木材天然纹理的装饰效果，同时也可进行面板拼花，既美观活泼又经济实用。同时还具有防潮、膨胀系数小、抗变形的特性，使用一段时间后，不会出现表面龟裂和氧化变色等现象。

一般的模压木门在交货时都带中性的

白色底漆，可以回家后在白色中性底漆上根据个人喜好再上色，满足个性化的需求。模压板的膜层可分为单色膜和花色膜，花色膜表面有花纹或者图案，如木纹。

按贴膜的材质可分为三类

除了按照视觉效果外，还可以根据模压门的贴膜类型，将模压门分为三大类，分别是实木贴皮模压门、三聚氰胺模压门、塑钢模压门。

实木贴皮模压门表面采用天然木皮，目前最常见的实木贴皮有水曲柳、花梨、黑胡桃等各种珍贵的木材。这种模压门也是现在最受消费者欢迎的一种。

三聚氰胺模压门非常环保，且造价便宜，适合收入比较低的消费者。

塑钢模压门是使用比较多的，是以钢板为基本材料，再通过吸塑工艺做成钢木门板。这类门看起来十分的坚固，因此在市场上占有一定的比例。

目前受欢迎的实木贴皮模压门一般价格为 1200 元左右，三聚氰胺模压门的价格为 500~800 元，塑钢模压门的价格为 1000 元左右。

模压门的挑选

1. 看连接处。选购模压门应注意，贴面板与框体连接应牢固，无翘边、无裂缝。内框横、竖龙骨排列符合设计要求，安装合页处应有横向龙骨。

2. 看板面。板面平整、洁净，无节疤、虫眼、裂纹及腐斑，木纹清晰、纹理美观。贴面板厚度不得低于 3 毫米。

根据使用空间选择款式

模压门根据使用空间的不同，可以选择不同的款式：卧室门最重要的是考虑私密性和营造一种温馨的氛围，因而多采用透光性弱且坚实的门型，如镶有磨砂玻璃的、大方格式的、造型优雅的模压门。

书房门则应选择隔音效果好、透光性好、设计感强的门型，如配有甲骨文饰的磨砂玻璃或古式窗棂图案的模压门，则能产生古朴典雅的书香韵致。

厨房门则应选择防水性、密封性好的门型，以便有效阻隔做饭时产生的油烟，如带喷砂图案，或半透光的半玻璃门。

卫生间的门主要注重私密性和防水性等因素，除需选用材料独特的全实模压门外，还可选择设计时尚的全磨砂处理半玻璃门型。

模压门的清洁、保养

模压门的门板内是空心的，隔音效果相对实木门来说要差些，并且不能湿水和磕碰。

模压门板的防水性和耐磨性优越于其他门板，但不耐高温，应尽量远离高温，如北方冬天使用电暖气等，应远离门的位置。

日常清洗时用质地细致的绒毛布擦拭清洁，明显的污渍可用中性清洁剂或肥皂水轻轻涂抹，用干布擦拭干净即可；消除较顽固的污渍，可用去污粉和百洁布擦拭。

门配件·推拉门轨道

影响推拉门的使用年限

推拉门的重量都非常大，就要求五金配件的质量要好，特别是轨道，如果购买了质量差的产品，很可能会发生危险。

推拉门轨道详情速览

图片	分类	作用	价格
	可分为双推拉轨道、单推拉轨道以及向轴心方向旋转的折叠推拉	固定推拉门扇，使其可以顺利推拉	50 元 / 米起

注：表内价格仅供参考，请以市场价为准。

轨道的种类及使用

双推拉轨道，适用于三扇门或以上的推拉门，适合用在玄关、阳台、书房、花园等落地门场所，特别是室外空间较小的阳台。

单推拉轨道，具有第一内侧边框和第一外侧边框，该第一内侧边框和第一外侧边框的上端部设置有钩体；其中靠近第一内侧边框的一侧设置有以供安装活动门扇的单轨道，而靠近第一外侧边框的一侧设置有可供容置压线的安装槽；单轨道和安装槽之间设置有内腔。

选脚感好、硬度高的轨道

推拉门轨道设计的合理性直接影响产品的使用舒适度和使用年限，选购时宜选择脚感好且利于清洁卫生的款式，同时为了家中老人和小孩的安全，地轨高度以不超过 5 毫米为宜。

还应注意轨道的硬度，特别是地轨经常被踩踏，如果硬度不够，就会变形，而导致推拉门无法正常开合。

推拉门轨道的安装

推拉门上部的轨道盒尺寸要保证高 12 厘米，宽 9 厘米。像窗帘盒一样，轨道盒内安装轨道，可以将推拉门悬挂在轨道上。

门配件·门吸

固定门扇、保护墙面

门吸分为永磁门吸和电磁门吸两种，永磁门吸一般用在普通门中，只能手动控制；电磁门吸用在防火门等电控门窗设备，兼有手动控制和自动控制功能。

门吸详情速览

图片	作用	材质	价格
	使用门吸可以在开门时将门吸住，固定门避免风吹，也可避免开门时与墙碰撞	金属、塑料	5元/个起

注：表内价格仅供参考，请以市场价为准。

门吸的挑选

1. 选择品牌产品。品牌产品从选材、设计到加工、质检都足够严格，生产的产品能够保证质量且有完善的售后服务，是十分必要的。

2. 不锈钢材质门吸具有坚固耐用、不易变形等特点。在选购门吸产品时，尽量购买造型敦实、工艺精细、减震韧性较好的产品。

3. 考虑适用度。比如计划安在墙上，就要考虑门吸上方有无暖气、储物柜等有一定厚度的物品，若有则装在地上。

金属门吸不宜弄湿

清洁时，尽量不要弄湿金属镀件，先用软布或干棉纱除灰尘，再用干布擦拭，保持干燥。不可以使用有颜色的清洁剂，或用力破坏表面层。

门吸 DIY 安装

把吸座底盖以自攻螺钉（两个）装于门体上的适当位置；把吸座帽及弹簧装进吸座外壳；把吸座外壳旋进吸座底盖；确定吸头位置，使吸头与吸座准确性确定位；在墙体上钻膨胀螺栓孔及自攻螺钉孔；把膨胀螺栓及螺钉胶套打进相应的孔中；装吸头底盖；把吸头体旋进吸头底盖。

门配件·门把手

体现装饰的细节品位

门把手看上去不起眼，但是却兼具实用功能与装饰作用，同一个门，配上不同的门把手则会具有不同的效果，十分神奇，是不可忽视的门配件，能够从细节上体现品位。

门把手详情速览

种类		特点	价格
圆头门把手		旋转式开门，价格最便宜，容易坏，不适合用在大门	60 元 / 个起
水平门把手		下压式开门，此类门把手的造型比较多，价格因造型的复杂程度而变化	260 元 / 个起
推拉型门把手		向外平拉开门，带有内嵌式铰链，国内生产的价格较低，进口的较贵	100 元 / 个起

注：表内价格仅供参考，请以市场价为准。

款式多样，结合风格、作用选择

门把手按照造型可以分为圆头把手、水平把手和推拉型门把手三种，按材质可分为锌合金把手、铜把手、铁把手、铝把手、胶木把手、原木把手、陶瓷把手、塑胶把手、水晶把手、不锈钢把手、亚克力把手、大理石把手等。大多数人们使用的还是不锈钢、锌合金、铁及铝合金这几种，工业用拉手材料主要是不锈钢及锌合金、铝合金及尼龙等几种材质。可以结合门的风格和功能以及个人喜好来具体选择。

品牌和造型决定价格差

门把手的价格的差距主要体现在品牌和造型的差别上。

知名品牌为了维护其品牌形象，质量相对是好的，因此价位就比劣质的高。

现在的市面上，高档门把手大都是进口的，尤以德国进口为主，根据型号和款式等的不同，价格大都在 600~3000 元之间，也有 6000~8000 元甚至上万元的豪华型；中档的门把手以合资或中国台湾地区及广东地区生产的为主，价格在 300~600 元之间；低档的门把手价格在 100 元以下，一般在 60~90 元之间，以浙江产的为主。也有很便宜的二三十元的门把手，用料及做工则很粗糙。

质量相同或相近的门把手，也因造型的不同，价格各异。一般来讲，条形的门把手比球形的贵；且手感越好，光洁度越高，价格也就越高。

还有种造型很讲究的“异形”门把手，形状非常创新，例如鲤鱼形状等，还可以根据需要定制，一般是几千元至上万元。

根据使用空间选门把手

在具体选择门把手时，可以从所使用部位的功能进行选择，例如入户门一定要结实、保险，有公安部的认证最好，而室内门则更注重美观、方便。

卧室门、起居室门不常关，也不常上锁，可买开关次数保证少一些的门把手。而卫生间的门锁，开关和上锁的频率较高，要买质量好一点、开关次数保证高一些的门把手。

除此之外，选购门把手时还不能忽视健康因素。比如卫生间适合装黄铜门把手，不锈钢门把手看起来虽然干净，但实际上会滋生成千上万的病菌，黄铜门把手上的细菌比不锈钢门把手上的要少得多，因为铜有消灭细菌的作用。

避免购买陷阱

高档进口门把手有全套进口和进口配件国内组装之分，价格不同，购买时应注意区分。若为进口的，应能出具进关单，没有则多数为组装。纯铜门把手不一定比不锈钢的贵，要看工艺的复杂程度。塑料门把手再漂亮也最好不买，它的强度不够，断裂后则无法开门。

另外，还要注意有没有质量保证书，一般的应有五年保修期。

安装门把手需留意安装方法

当选好了门把手之后，还要注意该款门把手的安装方式是否和一般的相同，如果不同，商家一般会在您购买时特别说明。若安装时因程序出错而导致锁的损坏，这不属于锁的质量问题，不在保修范围之内，商家是不会包退换的。

窗·百叶窗

透光又能保证隐私性

百叶窗区别于百叶帘，相对较宽，一般用于室内室外遮阳、通风，越来越多人认同的百叶幕墙也是从百叶窗进化而来的。以叶片的凹凸方向来阻挡外界视线，采光的同时，阻挡了由上至下的外界视线。叶片的凸面向室内的话，室内人体的影子不会映显到室外，这样进一步保证了隐私性。

百叶窗详情速览

图片	特点	价格
	美观节能，简洁利落。百叶窗可完全收起，使窗外景色一览无余。既能够透光又能够保证室内的隐私性，开合方便，很适合大面积的窗户	1000~4000 元 / 平方米

注：表内价格仅供参考，请以市场价为准。

百叶窗的发展

百叶窗是窗子的一种式样，起源于中国。中国古代建筑中，直条的被称为直棂窗，还有横条的，叫卧棂窗。一直到唐代，民间都以直棂窗为代表。到了明朝，卧棂窗有很大发展，那便是百叶窗的前身。

严格来说，卧棂窗与百叶窗有一点不同，卧棂窗平列而空隙透明。百叶窗窗棂做斜棂，水平方向内外看不见，只有斜面看才可看到。百叶窗经过种种改良，已经集众多功能于一身，适用于各种建筑。

保护隐私、易清洁

独特的造型设计方式，节省了空间且重量更轻，制作方便，成本低。

清洁简单，平时只需以抹布擦拭即可，清洗时请用中性洗剂。不必担心褪色和变色。防水型百叶窗还可以完全水洗。

百叶窗的挑选

1. 看质量。选购百叶窗时，最好先触摸一下百叶窗窗棂片是否平滑平均，看看每一个叶片是否会起毛边。一般来说，质

▲ 百叶窗比起普通的窗户能够阻隔一定的视线，起到保护隐私的作用

量优良的百叶窗在叶片细节方面的处理较好，若质感较好，那么它的使用寿命也会较长。

2. 看叶片。看百叶窗的平整度与均匀度，看各个叶片之间的缝隙是否一致，叶片是否存在掉色、脱色或明显的色差（两面都要仔细查看）。

3. 看外观。选择百叶窗需要结合室内环境，选择搭配协调的款式和颜色。同时，结合使用空间的面积进行选择。如果百叶窗用来作为落地窗或者隔断，一般建议使用折叠百叶窗；如果作为分隔厨房与客厅空间的小窗户，建议使用平开式；如果是在卫生间用来遮光的，可选择推拉式百叶窗。

4. 选安装方式。百叶窗有暗装和明装两种安装方式。暗装在窗棂格中的百叶窗，它的长度应与窗户高度相同，宽度却要比窗户左右各缩小 1~2 厘米。若明装，长度应比窗户高度长约 10 厘米，宽度比窗户两边各宽 5 厘米左右，以保证其具有良好的遮光效果。

5. 看材料。塑料百叶窗韧性较好，但是光泽度和亮度都比较差；塑铝百叶窗则易变色，但是却不褪色、不变形、隔热效果好、隐蔽性高。在挑选百叶窗时可以根据环境考虑材质，如在厨房、厕所等较阴暗和潮湿的小房间就比较适合塑料百叶窗，而客厅、卧室等大房间则比较适合塑铝百叶窗。

窗·折叠纱窗

改变传统纱窗的缺点

折叠纱窗是通过纱网的褶皱（像手风琴一样）收藏纱网的纱窗。开启方式多为手动，开启方向垂直、水平均可。改善了传统纱窗的缺点，不占空间，还可调整开创方式，并保证室内的空气流通。

折叠纱窗详情速览

种类		特点	价格
双道折叠		双道折叠纱窗适合大面积窗口或者落地窗，窗框比较宽，会占据开窗的面积，方便收纳，使用简单	260 元 / 平方米
一纱一道		一纱一道纱窗是带有不织布的款式，能够保证私密性，既可遮阳又能通风，材质软，重压易变形	300 元 / 平方米

注：表内价格仅供参考，请以市场价为准。

使用、存储方便

轻轻一按卷帘，隐形纱窗窗纱可自动卷起或随窗而动；四季无需拆卸，既便于纱窗的保存、延长了使用寿命，又节省了宝贵的存储空间，从而解决了传统纱窗采光不好及存放的难题。

安全美观、密封好

折叠式纱窗造型美观，结构严谨。纱窗以玻璃纤维纱网为主材，边框型材为铝合金，其余的衔接配件全部采用 PVC，采用分体装配方式。解决了传统纱窗与窗框之间缝隙太大、封闭不严的问题，使用起来安全美观且密封效果好。

适用范围广、纱网无毒无味

1. 适用范围广。直接安装于窗框，木、钢、铝、塑门窗均可装配；耐腐蚀、强度高、抗老化、防火性能好，无需油漆着色。

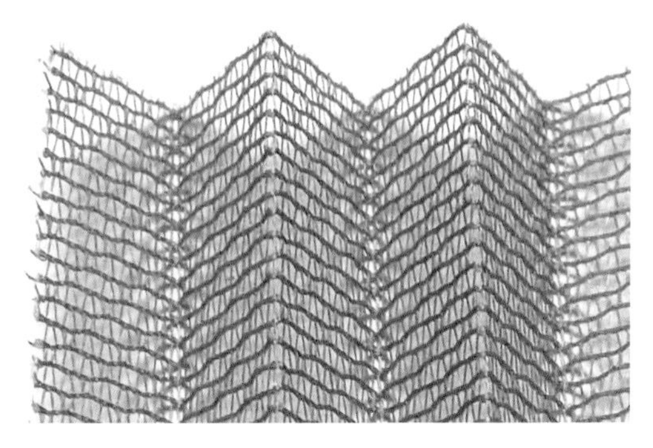

▲ 素色网纱面材既透光又防尘、防蚊虫

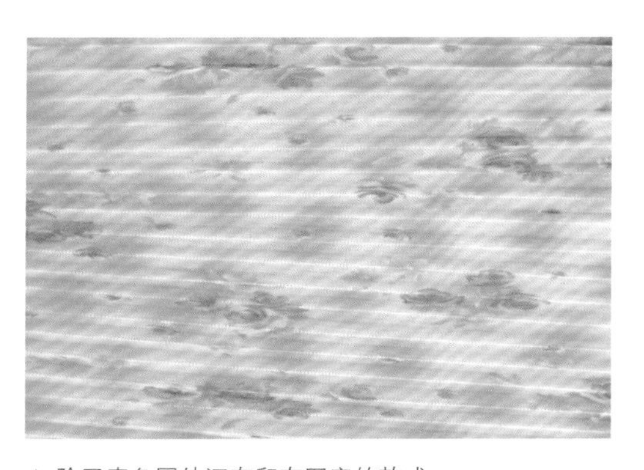

▲ 除了素色网外还有印有图案的款式

▲ 外形为风琴一样的网纱褶皱，开关方便

2. 纱网无毒无味。纱网选用玻璃丝纤维，阻燃效果好。具有防静电功能，不沾灰，透气良好。透光性能好，具有真正意义上的隐形效果。抗老化使用寿命长，设计合理。

加一层不织布可保证隐私性

如果在卫浴间、卧室等空间使用折叠纱窗，害怕保证不了隐私性，可以加一层半透光的不织布。而安装在客厅等公共区域的纱窗则不需要担心隐私性。若窗的宽度超过 2 米，建议安装双道或者多道折叠式纱窗，方面使用。

折叠纱窗的型材分类

折叠纱窗的型材现在市场主要分为铝合金和塑钢两种产品。塑钢型材工程使用较多，铝合金型材分为工程和家装两种，工程纱窗保修 2 年左右，家装纱窗保修年限会更长一些。轴承分为国产轴承和进口轴承。若所在地区风沙天气较多，最好选购进口全封闭无声轴承。国产轴承是敞开式轴承，如果进入尘土，运转就会不畅。

材料小知识

推拉折叠纱窗建议分段

折叠纱窗的推拉是依靠轨道里的线轴运动完成的，使用时虽然可以顺畅地一下拉到底，但是还是建议分成两段或者三段拉开，让线轴有一个缓冲，这样可以延长纱窗的使用寿命，也可避免因为暴力而提前损坏。

窗·隐形防护网

防盗窃、更安全

隐形防护网是一种安装于窗户、阳台等处，为居家生活及办公提供防护、防盗、防坠物等安全保障的新型建筑安防产品，它集安全、美观、实用等诸多优点于一身。

隐形防护网详情速览

图片	材质	特点	价格
	主要材料是钢丝，有 1.8 毫米、2.0 毫米两种直径	可以防止儿童坠楼，但不改变建筑外观，不阻挡视线，远处看不出来，加装报警器可防盗窃	300 元 / 平方米

注：表内价格仅供参考，请以市场价为准。

比传统护栏更美观

防护网钢丝以 5 厘米为标准间距、单根钢丝 110 千克以上的拉力承受能力，保障了防护、防坠物的最基本的功能。

安装隐形防护网，比起传统的护栏更美观，不会生锈、腐蚀。能够防止阳台上的衣物、花盆掉落；保障小孩安全，预防攀爬；缓和高空不适心理；充分利用阳台有效空间；不影响视线和城市景观；可与智能防盗系统连接；符合消防环卫要求；火警时可快速拆除；15 米外完全隐形等。

可接报警器，防盗系数高

钢丝中间绝缘芯导体可接报警器，钢丝区隔不反光，玻璃色隐形效果极佳。表面用特殊材料，更加透明，附着力更强。

明火燃烧，不自燃、不助燃，并且中心导体与外围钢丝绝不通导，不会误报，防盗系数高。

不吸水、抗强寒、抗腐蚀、抗紫外线。

▲ 防护网遇火灾可快速拆除

钢丝绳里面有 1 根绝缘钢丝，外面加 12 根微粗钢丝，总计 13 根钢丝。钢丝外有一层尼龙塑胶膜保护，以防护为主，兼防盗功能。

隐形防护网施工方式

施工之前需要备好的材料与工具有：铝合金轨道、钢丝、膨胀螺栓、线接口、柳钉、十字扣、一字扣、警报器、钢丝定位胀紧器等。

施工之前要测量阳台的长度与高度，根据阳台的长度来裁剪铝合金材料的长短，同时根据高度与长度来计算施工面积，以计算所需要钢丝的长度。

安装轨道时一般先安装下轨道，可以安装于防护网或地板面上，如果防护网本身是玻璃结构的，建议安装到地板上，若防护网是铁质、铝合金、不锈钢结构的则可以直接安装在防护网上。

如果轨道直接安装在防护网上，一般采用的是不锈钢螺栓，其长度应该长于 5 厘米，并且打螺栓的间距应该控制在 30 厘米一个，如果安装与地板面上，则采用膨胀螺栓，天花板位置的轨道采用膨胀螺栓固定。

拉钢丝时，将钢丝的一头固定于隐形防护栏轨道上的第一个螺栓上，然后钢丝向上环绕至上轨道第一个螺栓，钢丝绕过第二个螺栓之后向下环绕至下轨道第二个螺栓，依次类推，直到环绕完所有螺栓。

用钢丝定位胀紧器将钢丝拉紧，一般的做法是将钢丝从头到尾拉一次之后，再逐根钢丝拉，等到隐形防护网安装好了之后，需要保证其间最大距小于 7 厘米的水平。

对于阳台过高的情况，可以采用中间横向拉一根钢丝，然后用十字扣将横向与纵向的钢丝锁紧，以增加隐形防护网的安全性。若高度超过十字扣的应用高度时，则需要采用大铝条对隐形防护网进行加固。

在有需要的情况下，可以安装警报装置，低楼层住户建议一定要安装。

隐形防护网用老虎钳可夹断

防盗网与传统护栏不同，钢丝用老虎钳就可剪断，而传统护栏则不能短时间内切断，一旦遇到紧急情况不利于逃生。防护网剪断后需重新安装整组设备。

装饰窗·中式窗棂

塑造浓郁中式韵味

中式窗棂指的是中式窗上面的菱格，是具有浓郁中国传统特色的装饰品。在古代时其兼具实用性和装饰性功能，而现代多用其做装饰。因其浓郁的风格特征，即使是现代简约风格的室内环境，只要摆放或悬挂中式窗棂也能具有复古感。

中式窗棂详情速览

图片	材质	特点	价格
	中式窗棂的材料为实木，其中硬木最好，例如檀木、酸枝、花梨木等。因硬木稀少，市面上多为杉木等软木	中式窗棂具有浓郁的复古气息，能够将现代空间装饰出中式韵味，颜色通常为暗红色及褐色等，花纹具有典型中式古典特征	价格从几百元到几万元均有，与大小及所用木质、流传时间有关

注：表内价格仅供参考，请以市场价为准。

精致的做工具有古意

窗棂，即窗格——里面的横的或竖的格，窗棂不同于窗框，窗框是窗的四周木框。

中国传统木构建筑的框架结构设计，使窗成为中国传统建筑中最重要的构成要素之一，成为建筑的审美中心。中式窗的传统构造十分考究，窗棂上雕刻有线槽和各种花纹，构成种类繁多的优美图案。透过窗户，可以看到外面的不同景观，好似镶在框中挂在墙上的一幅画。

窗棂在现代居室空间的使用多半做局部的点缀性装饰，可用作壁饰、隔断、天花板装饰、桌面、镜框等。其雕工精致的花纹不仅为居室带来盎然的古意，更成为视觉的焦点，若搭配古典造型柜更显得别有韵味。

做屏风、隔断增强实用性

由于窗花门片的镂空特性，将它应用于现代居室空间的隔屏，除了可为室内带来通透性，增添艺术效果外，还增加了实用性价值，可谓一举两得。若室内空间采用精致的通花窗棂用于玄关做隔断，自然淳朴又不失实用的功能。让光影投射过去，在虚实交错中增添东方的神秘意境。

▲ 中式窗棂具有浓郁的古典韵味

还可以把窗花做成镜框挂于墙上，让充满现代家具中能够增添一点传统韵味。在装饰时需要注意的是尽量保留一点窗花上面原有的金箔及褪色的漆，不要完全去漆，否则就会失去其悠久的岁月痕迹。

并不局限于中式风格环境中

中式窗棂并不仅仅能够用在中式风格的空间中，因其独特的历史韵味，还可与其他比较厚重的风格混搭，例如欧式、东南亚、新古典等。除此之外，还可用于现代风格的空间中，即使搭配现代感的家具，也不会觉得突兀，还会为居室增添古典韵味和艺术感。

但混搭风格中使用，需要协调好窗棂的大小，做点缀之用，不宜喧宾夺主。

可定做仿古款式

窗棂可按时间分为老件和现代产品，老件指的是经历了时间流传下来的物件，通常时间较久远，带有浓郁的沧桑感，价值高，图案以传统的为主，如花鸟、蝙蝠、牡丹、祥云、美化、龙凤等，或文字的“福”“禄”“寿”等。购买时谨防有人以现代产品来混淆老件。

现代产品是现在通过工艺生产出来的，多为机器制造，也有手工产品。图案多经过改良，比较适应现代特点，尺寸多，可定做，价位比老件低，也可制成仿古的产品。

主材可分为软木、硬木

窗棂的主材分为软木和硬木，而老件毕竟很少，新产品多为软木，所以在选择的时候，建议还是从颜色和款式上入手，比较能够塑造出协调的效果。

中式窗棂的价值与年代有关

中式窗棂的价位差别巨大，年代是造成价格差的主要原因，其次是做工的复杂程度和选材。如果年代久远、木种稀少且做工精细，价格就比较昂贵。

装饰窗·仿古窗花

色彩多样、便于养护

仿古窗花指的是窗户上面的花纹图样，现在多为现代加工产品。仿古窗花有非常多的图案，且每一种图案都有不同的寓意，用在室内空间中象征吉祥，比如蝙蝠图案代表福气，喜鹊、梅花同在代表喜上眉梢等。

仿古窗花详情速览

图片	材质	种类	价格
	原材料为榆木、杉木、樟木等实木	按形状分为长方形、正方形、圆形、半圆形，其中又分方中套圆形，圆中套方形 仿古窗花按其图案分为文字表现式、花草表现式、飞禽走兽式、几何图案表现式	根据图案的复杂程度价格也不同，最低的几十元，贵的上千元

注：表内价格仅供参考，请以市场价为准。

卡榫结构更为合理

仿古窗花原料是实木，若在温度变化大的地区很容易出现热胀冷缩，机器生产的产品不如手工卡榫技巧衔接的性能好，后者没有钉子，有热胀冷缩的余地。

小配件加固

在窗花上可以安装铜片来加固，甚至不用给铜片做仿锈处理，让岁月斑驳的痕迹显现在铜片上，搭配上仿古窗花，更具韵味。

镂空的造型，加上独特的古韵，可以用来装饰屏风、隔断，假窗等，都非常美观。

仿古窗花可用精油保养

仿古窗花为实木产品，具有实木的特征，如过于潮湿或过于干燥则容易开裂，不能在阳光下暴晒。擦拭的时候不宜用太湿的抹布，如果有浮灰可以用细软的毛刷来扫除。建议定期用精油来擦拭保养，使其历久弥新。